问题
改造 文化
城市景观
艺术 城市 密度
城市设计
住宅 生态
空间原型
纯粹 纤维
概念
实验
融和 结构
瑞士
农场
概念
融合
抽象 手绘
拼贴
反常
边界 氛围 表达
非建筑
软控制
怪诞 仿生
地域
先例
可持续
帕拉迪奥 感官
尺度
流
变形
参数化
运动
空间
体验
SOM
贯通
毛细管
自然
滨水
动态
静态
互动
舒适
混合功能
零能耗
自然
搭建
软节点
尺度
团体
团队
路径
机制
建造
木作
工地
流动
展厅
哥特
参数化
生活场景
纽约
建构

超越设计课

海外名校的建筑之道

建道设计　编著

机 械 工 业 出 版 社

本书介绍了10所欧美建筑名校共计25门设计课的课程安排和学生作品，力图向国内设计专业学生和从业人员展现真实的海外留学之路，从而为设计师的学习、事业规划提供真实有效的参考信息，同时为国内建筑教育领域的学者提供教学参考。

本书所有文章均由正在海外拼搏的建筑和相关专业学生投稿撰写。全书通过五个关键词：实验、城市、自然、建造和表达来组织篇章，每个篇章5个课程作业，客观而详细地介绍了课程设置、学生的设计过程和最终成果。内容力图深入浅出、图文并茂，通过作者的真实经历和感受来呈现激动人心、收获斐然的留学之路。

本书同时请到了国内外16所著名学府的28位老师对本书文章进行点评。他们根据自己丰富的教学经验，从教学方法以及对学生能力的培养等方面给出了自己的真知灼见，从而保证了本书的专业性、学术性和权威性。

图书在版编目（CIP）数据

海外名校的建筑之道/建道设计编著. —北京：机械工业出版社，2017.1
（超越设计课）
ISBN 978-7-111-54584-2

Ⅰ. ①海…　Ⅱ. ①建…　Ⅲ. ①建筑设计—作品集—国外　Ⅳ. ①TU206

中国版本图书馆CIP数据核字（2016）第194071号

机械工业出版社（北京市百万庄大街22号　邮政编码100037）
策划编辑：时　颂　责任编辑：时　颂
责任校对：黄兴伟　封面设计：马精明
责任印制：常天培
北京华联印刷有限公司印刷
2016年10月第1版第1次印刷
210mm×285mm · 20.75印张 · 1插页 · 704千字
标准书号：ISBN 978-7-111-54584-2
定价：145.00元

凡购本书，如有缺页、倒页、脱页，由本社发行部调换
电话服务　　网络服务
服务咨询热线：010-88361066　机工官网：www.cmpbook.com
读者购书热线：010-68326294　机工官博：weibo.com/cmp1952
010-88379203　金书网：www.golden-book.com
封面无防伪标均为盗版　教育服务网：www.cmpedu.com

序

随着全球一体化的进程加快，近年来中国国内大学生选择出国留学的人数逐年增加，建筑类（建筑学、城乡规划、风景园林）专业的本科毕业生和硕士研究生中意欲出境继续深造的比例也在不断提高。对于这些学生而言，一个显而易见的问题就在于对外部世界的了解不足，这个问题与学生自身对于出国学习的目标认知的模糊性彼此缠绕，给学生造成很大的困扰。大多数情况下，同学们只能通过国外大学的官方网站获得一些基本信息，或者向已经出国留学的师兄师姐们打探一些必要的资讯，而这些信息显然是不够充分的。

“建道设计”由一群具有留学经历的青年建筑学子组成，他们有在国内申请出境留学的经验和体会，同时也了解其所在的国外院校的教学观念和体系。更加难能可贵的是，他们作为学长，愿意将自己的经验和体会拿出来与国内的学弟学妹们分享，并邀约了更多的境外同学撰文为大家提供咨询交流的机会。本书突破了介绍国外大学建筑学院设计教学的一般程式，转而从个体的视角，以交流的姿态，向大家提供设计教学和学习的心得，所以读来让人觉得倍感温暖和亲切。专家们的评点更是丰富了本书的视角和增加了体验的深度。我数月前赴美国出差时，就知道这几位在为本书辛勤工作，到出版为止，整个工作大概要一年有余，的确不易。作为本书的第一个读者，我一方面被“建道设计”的这帮年轻人的努力所感动，另一方面也很赞赏本书的结构安排和写作姿态，读来让人觉得有与学长当面讨教的感觉。每一个单元的内容，既有对就读学院专业设置及教学的面状扫描，也有对自己亲历的设计练习的心得铺陈和成果展现，丰富而立体。

相信各位同学会很乐意得到本书，预期阅读的心情也将是愉悦的，收获自不必言说。需要友情提醒的倒是，别忘了这些也就是学长们提供的境外学院的一个侧面，比教学个案更大的系统是文化的差异和力量，更何况大学教育的理念、体系和方法始终是一个动态的过程。从这个意义上说，本书的阅读对象倒也不必非是要出国留学的同学，对国内大学建筑学院的师生也是一种很有价值的学习参考书。

期待“建道设计”能保持这种乐于助人的胸襟，能不断产出更有新意的作品。

2016年5月21日，于东南大学中大院

建道设计 | ArchiDogs
团队介绍

汪澄波

建道设计联合创始人。东南大学建筑学本科，美国宾夕法尼亚大学建筑学硕士。现就职于普林斯顿 HDR 建筑设计公司，任项目经理、建筑设计师，AIA 纽约州注册建筑师。

栗茜

建道设计联合创始人。东南大学建筑学本科、硕士，美国宾夕法尼亚大学景观硕士。曾就职于 William McDonough + Partners，NBBJ 上海。目前在 Elkus Manfredi Architects 任建筑设计师。

季欣

东南大学建筑学本科、硕士，哈佛大学建筑学硕士。曾就职于上海现代集团、上海天华、扎哈·哈迪德事务所。

唐辰曜

东南大学建筑学本科，哈佛大学建筑学硕士。先后任职于纽约 KPF 和 Rafael Vinoly Architects 事务所。

马斯文

东南大学建筑学本科，哈佛大学设计学院硕士。曾在爱荷华州立大学设计学院交流一年。

熊飞

哥伦比亚大学建筑学院城市设计硕士，奥本大学景观建筑与城市规划双硕士。

联系我们：Archidogs.contact@gmail.com

编者序

建道设计 | ArchiDogs 坐标北美，是一个致力于向国内引进海外优质建筑教育资源的学术交流组织。本书作为建道设计的首款学术读物，力图通过展示国外名校的设计课程和学生作品，向国内设计专业的师生和从业人员呈现真实的建筑及相关学科的海外学习之路。

编写本书的初衷，源于对建道设计微信群中最常见问题的一言难尽。问题通常很简单："应该去哪里读书？""哪个学校好？""专业怎么选？"这些问题其实都是从一个基本问题衍生而来："你想学什么。"我们发现，多数学生根本不知道为什么要出国，只是随着留学的热浪浮浮沉沉，迷失了自己的方向。就建筑专业而言，我们认为学生迷茫的原因至少有两个：第一，国内多数建筑学本科院校的课程设置，关于职业技能培养的比重大过对学生开放性思维的培养；第二，国外建筑学科教育的第一手资料无迹可寻，仅有设计作品的成果展示和少量的专业院系介绍。这个现状令我们陷入思考：是否有可能让中国留学生发出自己的声音，通过客观详细地介绍自己的学业，让国内的学生获得基本的学校信息，做出更为理智的决定？这个想法一下子振奋了整个建道设计团队，我们立刻开始着手本书的策划。历经一年的邀稿、整理和校对之后，由 30 位优秀留学生和 28 位国内知名建筑院校教师参与编纂的这本《海外名校的建筑之道》终于面世。

本书共 25 篇文章，分为 5 个主题：实验、城市、自然、建造以及表达。每篇文章专注一门设计课程的主题阐释、设计过程陈述和思路成果展示，作者的心得体会也会随文奉上。每篇文章完成后，还附有国内建筑学知名学者专家的分析点评，以作教学思路的参考比对。我们力求每篇文章都能达到写作具体、立场客观、论述专业和评论精湛的要求。

我们寄望本书不仅能为学生拓宽设计思路、明确自己感兴趣的设计方向，还能对国内建筑院校的教师有所帮助。虽然本书所覆盖的学校范围尚有局限；但从我们的长远规划来看，我们有信心承诺，所有在建筑学教育上有特色或有建树的海外大学，最终都将被我们收入囊中，呈献给大家。

编写过程，满足大于辛苦，幸福大于艰难。这本书就像是我们梦想的果实，对我们来说是爱不释手的作品。但同时我们也深知水平有限，遗憾和错漏在所难免。恳请业内专家和热心读者直言指正。倘若本书能为您的学习或工作带来些许帮助，那就是我们团队最感念的荣耀。再次感谢您的阅读。

本书编写团队成员如下：

编辑：汪澄波，栗茜，季欣，唐辰曜，马斯文，熊飞。

作者：季欣，刘斐辞，温馨卉，刘松恺，吴冠中，王奕涵，武洲，熊飞，窦劭文，王亮，沙柳，吕晨阳，陈嘉雯，聂雨晴，唐辰曜，徐抒文，莫羚卉子，闫迪华，张一楠，肖蔚，刘默琦，马宁，张彤，李益，聂玄翊，张智文，潘晖。

汪澄波

于美国普林斯顿

CONTENTS
目录

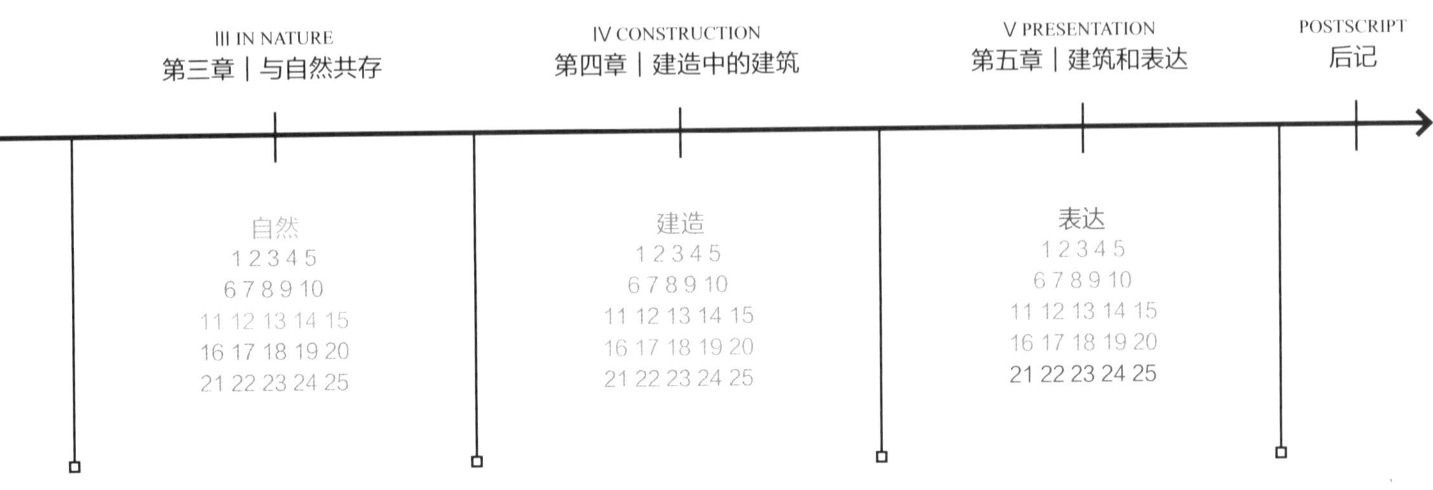

III IN NATURE
第三章｜与自然共存
IV CONSTRUCTION
第四章｜建造中的建筑
V PRESENTATION
第五章｜建筑和表达
POSTSCRIPT
后记
自然
1 2 3 4 5
6 7 8 9 10
11 12 13 14 15
16 17 18 19 20
21 22 23 24 25
建造
1 2 3 4 5
6 7 8 9 10
11 12 13 14 15
16 17 18 19 20
21 22 23 24 25
表达
1 2 3 4 5
6 7 8 9 10
11 12 13 14 15
16 17 18 19 20
21 22 23 24 25

I　CONCEPT，EXPERIMENT & ARCHITECTURE
第一章 | 概念，实验到建筑

哈佛大学设计研究生院

季欣

关键词
仿生，纤维，软控制

本科：
东南大学建筑系
硕士：
东南大学建筑系，哈佛大学建筑系

工作经历：
上海现代集团
扎哈·哈迪德事务所（Zaha Hadid Architects）

跟自然致敬，向材料学习

哈佛大学设计研究生院／仿生设计课程

MArch II ⊖的学生在哈佛设计研究生院（Harvard Graduate School of Design，以下简称 GSD）的课程设计选择余地非常大。作为初来乍到的学生，这学期我选择了一门偏重微观出发的设计课。一方面是为了拓展建筑师在人体尺度维度进行设计的视野，另一方面是希望能建立从材料性能出发进行设计的价值标准。这门课的全名叫材料性能：纤维构造与建筑形态（Material Performance：Fibrous Tectonics & Architectural Morphology），主讲教授是阿齐姆·门格斯（Achim Menges）。这门课在 GSD 的秋季学期开展有些年头了，作为仿生学和纤维材料技术科学的设计课，在 GSD 独树一帜。

团队成员：季欣、霍飞蛟、苏曼、山本淳子（Junko Yamamoto）

⊖ 本书提到的 MArch I、MArch AP、MArch I AP、MArch II、MLA 等名词作如下解释：前四者均为建筑学硕士课程。其中 March I 为专为本科非 5 年制建筑专业毕业生而设的课程，一般学制为 3 年；March AP 或 March I AP 只有部分学校设置，专为本科为建筑相关专业毕业生而设，学制一般为两年；March II 为本科 5 年制建筑专业毕业生而设的课程，一般学制为一年到一年半。MLA 为景观建筑学硕士课程，学制类同建筑学硕士。——编者注

STUDIO INTRODUCTION
01 / 课程介绍

▼教师

阿齐姆·门格斯教授自建筑联盟学院（Architectural Association School of Architecture，以下简称AA）毕业之后就一直致力于计算机造型、生物机械工程和计算机辅助制造的整合性设计研究。他的工作因为协调了结构机械工程师、计算机工程师和生物学家，因此对于设计领域的贡献一直处于不可复制的状态，也正是因为这种状态，他的研究对于建筑学科的贡献有两面性。一方面因为绝对独到的设计切入点，思想层次的贡献度不言而喻；另一方面因为是绝对的高技派，他的研究是否产生了设计价值泡沫，这一点值得讨论。

计算机辅助设计研究所（Institute for Computational Design，以下简称 ICD）是德国斯图加特大学的一个研究和教学机构，组织的负责人就是门格斯教授。顾名思义，这个机构致力于研究计算机辅助设计和建造在建筑设计领域的贡献。从 2010 年开始，这个机构每年会建成一个展厅作为研究实践成果的展示，到 2015 年已经是第 6 个年头了。而从 2012 年开始，每个展厅的主题开始围绕纤维仿生技术展开。从 ICD 的官网（http://icd.uni-stuttgart.de/）上可以了解到详细的信息，这里就不一一介绍了。但值得一提的是，从 2012~2015 年，每一个展厅都有着对于仿生和技术建造的新理解，可以说从一开始表面上和理念上对生态的模仿，到后来从内核转向操作的模仿，这一变化在这几年展厅的实践中还是很明显的。而这一理念和技术上的进步也体现在了与德国本土研究机构同步开展的哈佛的设计教学上。

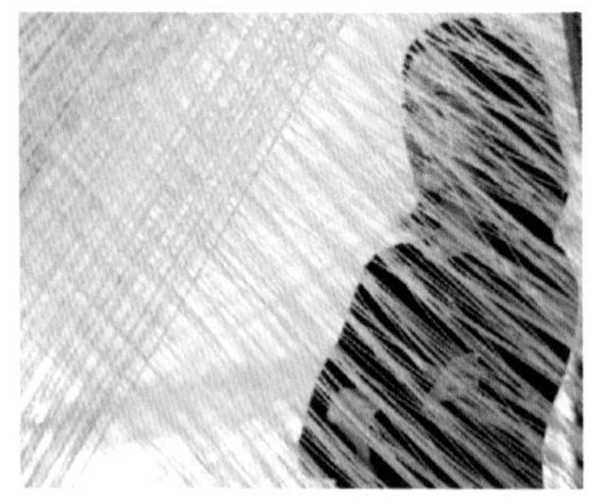

▲ **ICD2012 年的实验建造项目 来源：**http://icd.uni-stuttgart.de/

门格斯教授于 2009 年就在哈佛任教。从设计结果来看，这门设计课随着时间的推移一直在调整教学的框架和内容。门格斯作为主讲老师一方面希望学生可以摆脱之前的教学成果，走出自己的一条新路来；另一方面，面对可教内容的容量如此之大的教学项目，他也希望可以将之前的教学成果尽可能多的教授，这样每一年的设计成果都可以有所进步。例如，相比较去年的项目，今年门格斯希望我们能更多地推进到建筑的尺度，探讨最后建造的可能性。这就导致了我们前期的基础性研究处在了一个工作量大、周期短的境地。

▼课程

这个展厅和德国 ICD 的研究是并行的，无论是设计课题还是研究课题，这其中的价值内核可以通过回答两个问题来归纳：**第一，为什么要仿生？第二，为什么要用纤维材料？**

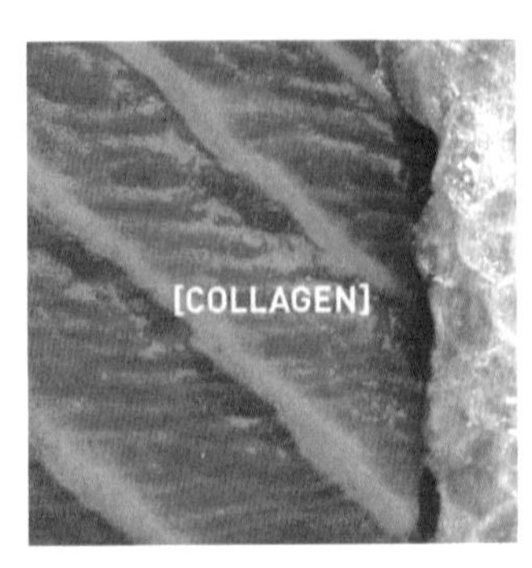

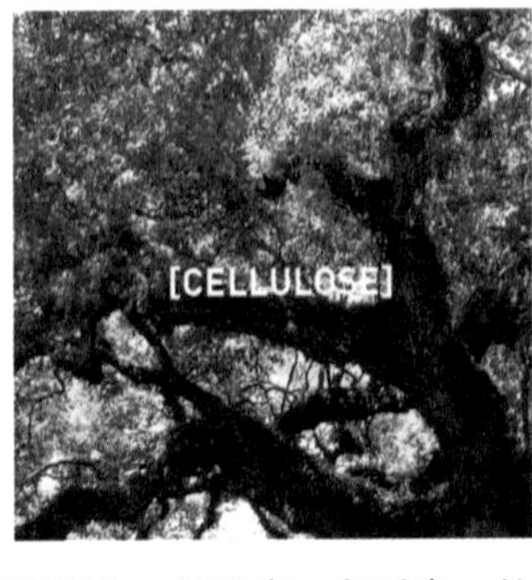

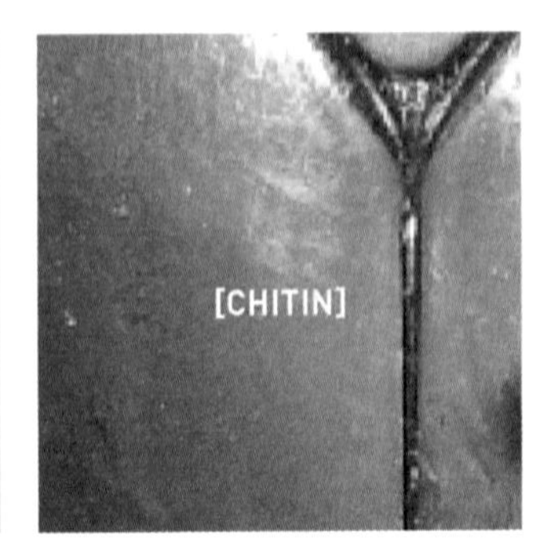

▲自然界中的四种基本纤维：胶原蛋白、纤维素、角质素、丝

为什么要仿生？

在建筑学中，材料是廉价的，形式是昂贵的；而在自然界中，材料是昂贵的，形式是廉价的。生物界运作的根本目标是生存，为了生存而“费尽心机”地积攒能量，能量却可以“不由自主”地转变为形式。相反在建筑学中，不断提高的生产力可以更快更简单地造出基本的材料，而如何将这些材料组织成为更好的形式则需要动用更多的心智和时间。因此在这个展厅中，学习生物界，是为了在拥有“廉价”材料的同时，让我们可以更加“轻而易举”地得到形式或结构。简单地说，我们希望借鉴的是方法，而不是形式。

为什么要用纤维材料？

在自然界中，几乎一切的承重骨架都是纤维材料，例如骨骼或是枝干。作为链状分子结构的纤维，一旦两两相交产生摩擦力，纤维之中就会产生张力，而大量绷紧的纤维是具有很高的结构强度、灵活性和冗余度的。来看龙虾的外壳，各个部位的硬度很不一样，但是分子级别上却都是一样的材料。如此高度整合的表皮结构却拥有如此的各向异性，完全是因为分子排布方式的差异性决定了结构体强度分布的差异性。

在工业生产中，纤维材料的使用其实已经非常广泛。常见的高强度材料都和纤维强化材料分不开，例如飞机机身、汽车车身或者帆船船身。而在建筑领域，纤维的应用也有不少，但都局限在了模块化地处理纤维强化材料，例如 GRC 挂板幕墙，或者局限在了增强已有建筑构件的强度这样的应用上，例如强化墙体或者结构。

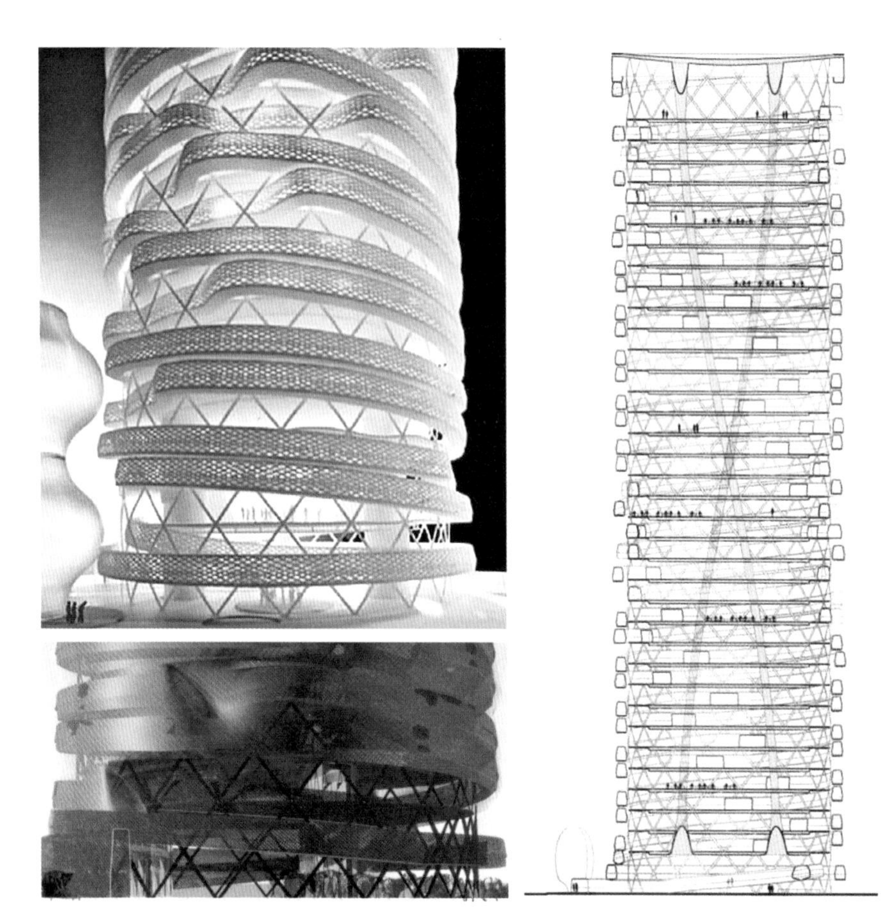

▲碳纤维塔楼，彼得·泰斯塔，2002
碳纤维塔楼的概念方案，就是充分利用了碳纤维的高强度性能而形成的新的建筑结构形式

"你对砖说：'砖，你想成为什么？'砖对你说：'我爱拱券。'你对砖说：'你看，我也想要拱券，但是拱很贵，我可以在你的上面，在洞口的上面做一个混凝土过梁。'然后你接着说：'砖，你觉得怎么样？'砖说：'我爱拱券。'"充分尊重建筑材料的特性表达，这是建筑学科自上而下设计的基本方法中一直需要但一直被忽略的地方。在这个课程中，正是希望从材料出发，由生物学中的基本现象出发，自下而上地探讨设计的可能性，并最终运用到可建造的层面。

设计课程提供给我们的技术支持是相当充分的，从材料、机械手这样的硬件，到德国专攻材料科学的工程师这样的软件，都为我们考虑得十分周全。课程安排上，老师对我们并没有严格的方向限制，放任自由的管理意味着把基本的知识原理告诉我们以后，剩下的工作都需要自己完成，老师只是辅助，帮助我们明确方向。

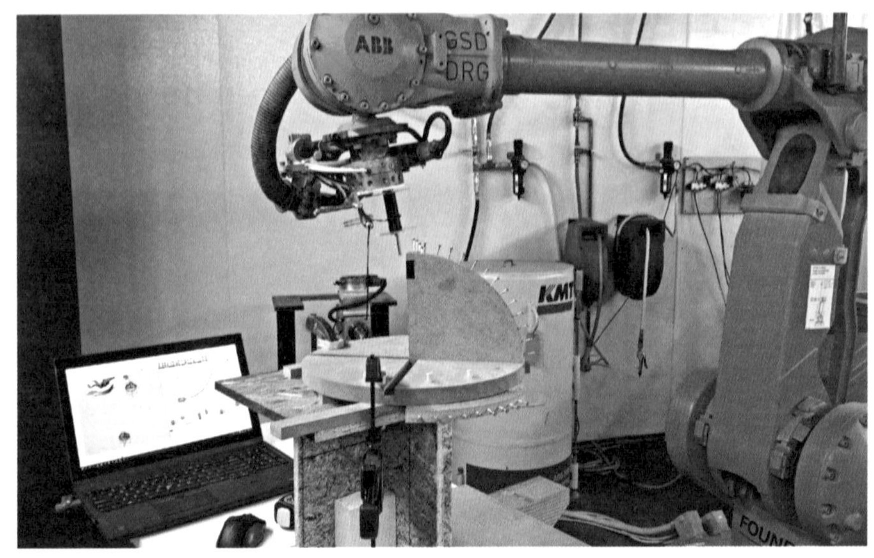

▲通过机械手臂进行纤维编织

作为背景知识和学科框架如此庞大的一个课程设计，一学期的时间其实远远不够。根据课程的安排，对于生物学、材料工程知识甚为匮乏的我们在课程开始恶补了相关知识。这里简要介绍一下我们是如何把纤维材料的工业应用方法带入该课程的。我们主要使用了碳纤维、玻璃纤维、树脂和固化剂几种材料。树脂和固化剂按照一定比例混合后涂在纤维材料上，在一定时间后会“固化”碳纤维，使其具备结构性能。微观层面上是因为有机和无机两种高分子化合物在脱水作用下造成链状分子中产生拉力，从而具备承重的能力。

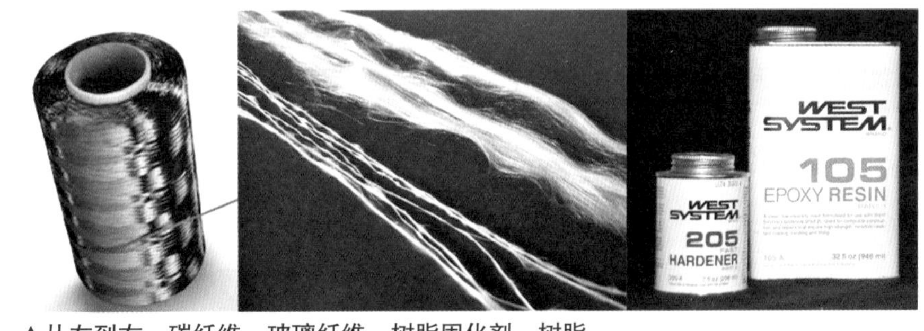

▲从左到右：碳纤维、玻璃纤维、树脂固化剂、树脂

DESIGN METHOD AND PROCESS

02 / 设计过程和方法

我们的探索从一个有趣的自然现象出发，即一切自然界中的形式都是无法预测的，设计和生产几乎是同时交互进行。这种不可预测性来源于生命形式在面对自然和自身复杂条件时的自主调控。对于这种具有智慧的生成过程，我们最初的考虑是希望可以专注于某一具体的生物体，然后用纤维材料进行建筑层面的模仿。可是在课程设置中，这在操作层面上对于技术要求过高，所以我们转向希望从材料自身特性出发，在概念上去模拟生物界中的这种现象。我们从纤维之间的受力关系出发，希望寻找一种结构系统，由于受力作用和材料特性发生多维互动关系，因而它可以使得最终的形态具有一定的不确定因素，从而实现设计过程和实现过程的互动。

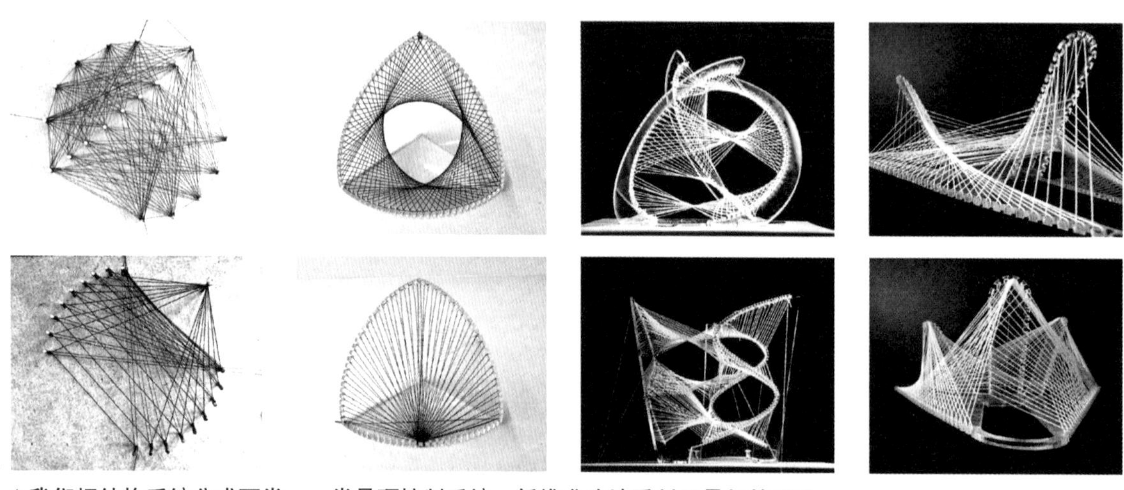

▲我们把结构系统分成两类，一类是硬控制系统，纤维准确地受制于骨架的预设

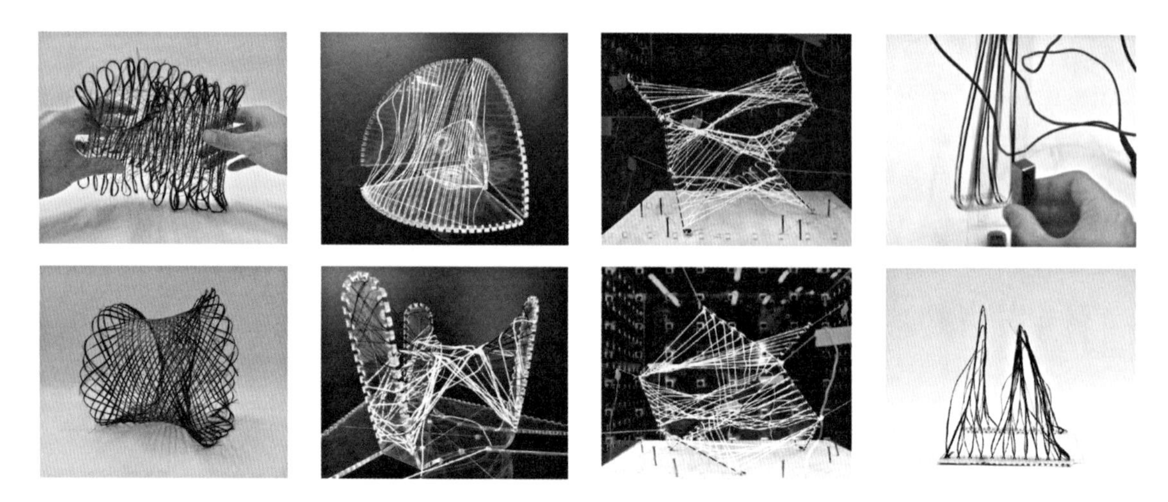

▲另一类是软控制系统，纤维的运动受到限制，但同时也会根据自身特性和受力环境发生不可预测的变化

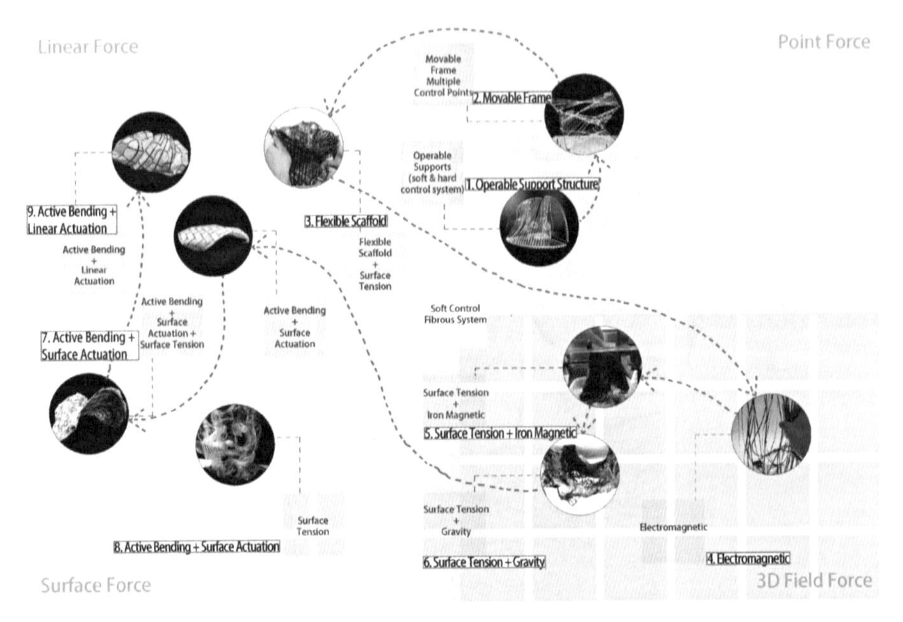

我们探讨了 9 类软控制系统，从最开始的线性控制、体积控制、表面控制最终回到线性控制，受力关系从简单到复杂再被简化，层层递进，不断向可建造可施工的标准靠近。这 9 类软控制系统分别是：线性控制 1（可移动骨架 / 可折叠骨架 / 灵活骨架）、体积控制（电磁场 / 表面张力和磁力 / 表面张力和重力）、表面控制（表面收缩力和抗弯作用力 / 表面收缩力、抗弯作用力和表面张力）、线性控制 2（抗弯作用力和轴向拉力）

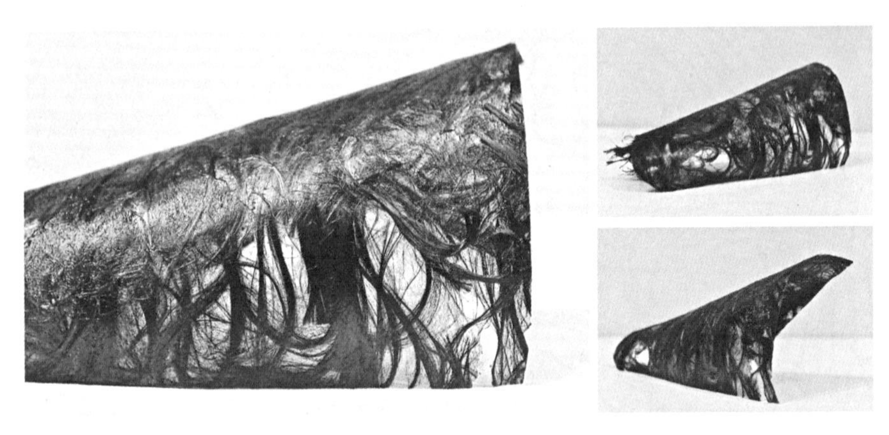

▲表面张力作用下，碳纤维可以形成结构效率极高的薄壁结构形式

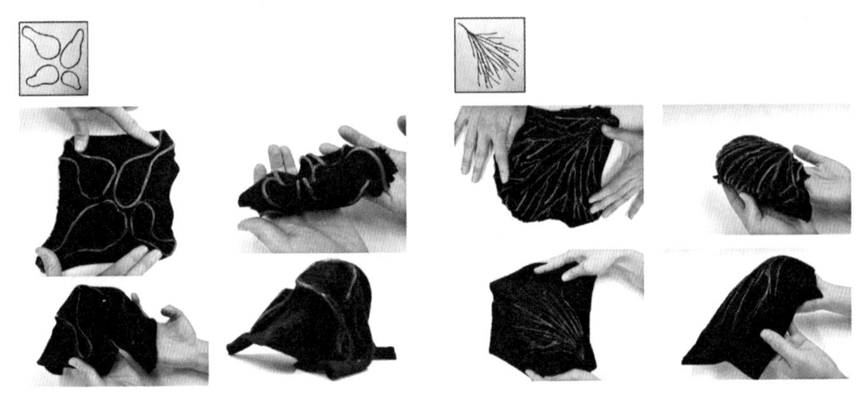

▲不同图案下的抗弯作用力与同样的布料收缩力作用下的形式生成研究

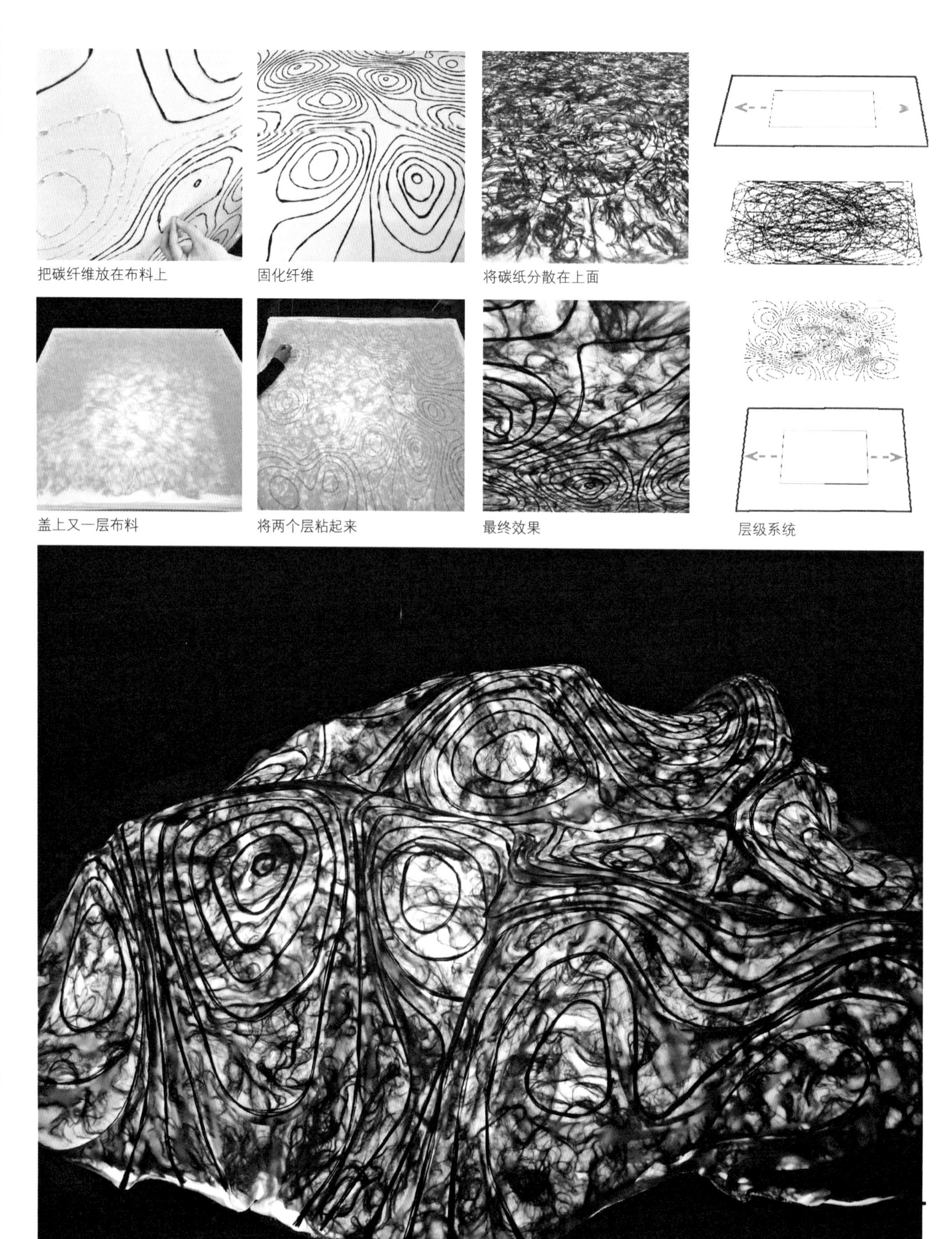

▲采取“三明治夹心”的技术手段，将碳纤维纸张的表面张力、碳纤维的抗弯作用力、纤维布料的收缩力整合处理

1. 在不能延展的布料上加强脊线

2. 产生等距的细胞核

3. 通过沃罗诺伊（Voronoi）方法产生细胞抗弯臂

4. 沿脊线用张拉绳索封闭细胞

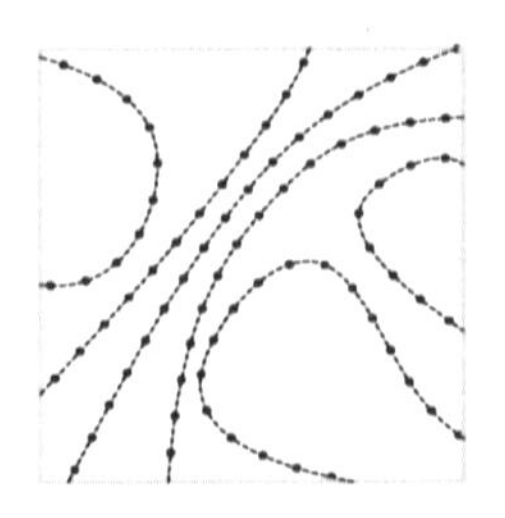

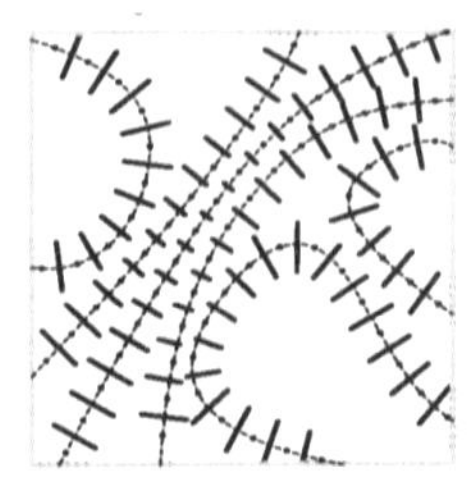

不相交的开放曲线

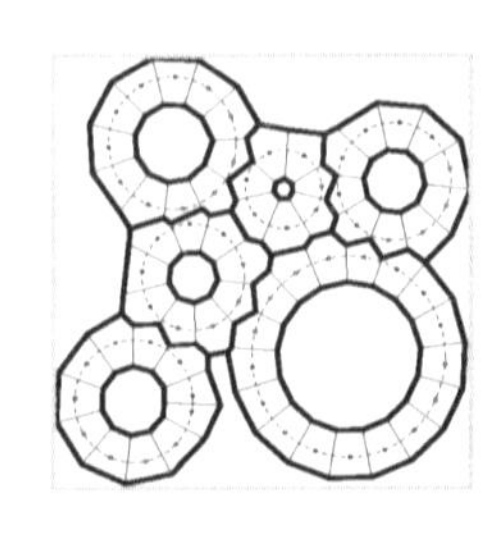

不相交的闭合曲线

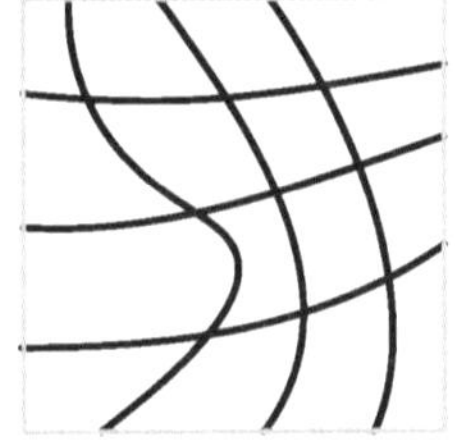

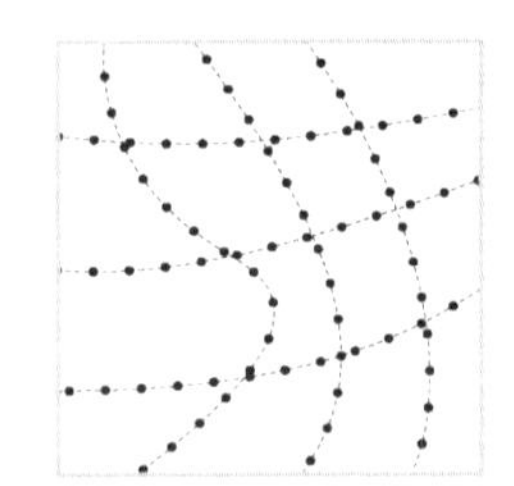

相交的开放曲线

建造管理

拉紧中间的张拉绳索

拉紧中间和周边的张拉绳索

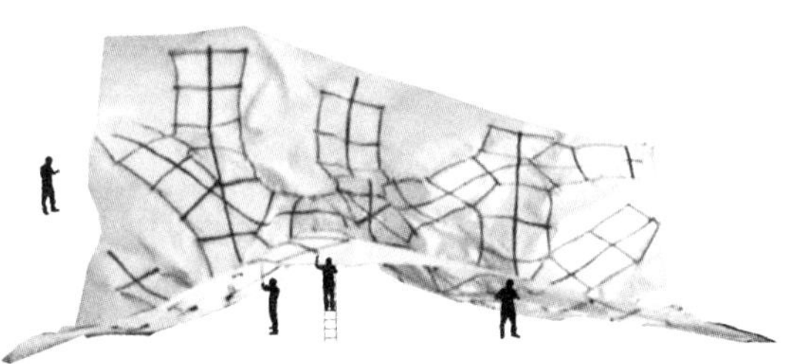

拉紧中间和周边的张拉绳索，调整过高的线

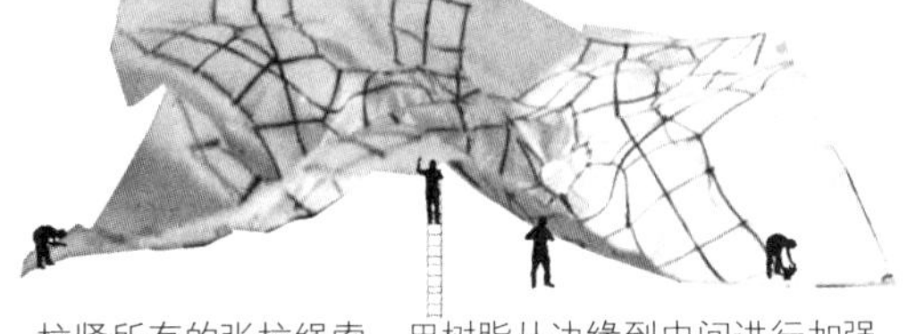

拉紧所有的张拉绳索，用树脂从边缘到中间进行加强

▲图案的细分方法和施工进程的简要图解

EXPERIENCE
03 / 个人感受

课程设计结束以后，总的感觉是一个学期的时间还是太短。小组的磨合、生物学科的学习、技术上的熟练都需要大量的时间，而没有边际的探索以及不断地总结和进行判断则需要更多的时间和精力。

> **1.**
>
> 我们普遍认为，如果这是一年的课程，那么成果将会更加的深入和具体。一方面会找到更准确的生物参照，以改良技术；另一方面也会综合考察各个步骤中的优势，整合到最终的施工方案中去。
>
> **2.**
>
> 即便是门格斯教授，依然承认这样的建筑设计方式即使在德国也是没有办法普及的。越是高技术的建造，政府对于它的限制越是严格。放在国内，如果放在纯粹的、理性的建筑学科框架中，这样的设计尝试是十分有益的，从材料构造到空间的营造都从本源进行了探索，整个课程几乎不会用到计算机辅助设计（CAD），因此还被戏称为“纺织女工”展厅。但是如果考虑到为什么要建造、我们如何理解建筑等这些文化因素，这样的技术探索是否在推行技术的全球化道路上走得太远而忽略了人文精神，确实依旧值得讨论。

最后，需要感谢我的组员：霍飞蛟、苏曼、山本淳子。我们机缘巧合地组成了团队，夜以继日地相互学习，一起工作，为这个团队和整个项目贡献了很多灵感和汗水。没有他们，也不会有以上这些文字。对于有兴趣参与这门课的同学，我建议一定要对生活节奏和作业强度有所准备，并自学一些基本软件操作。

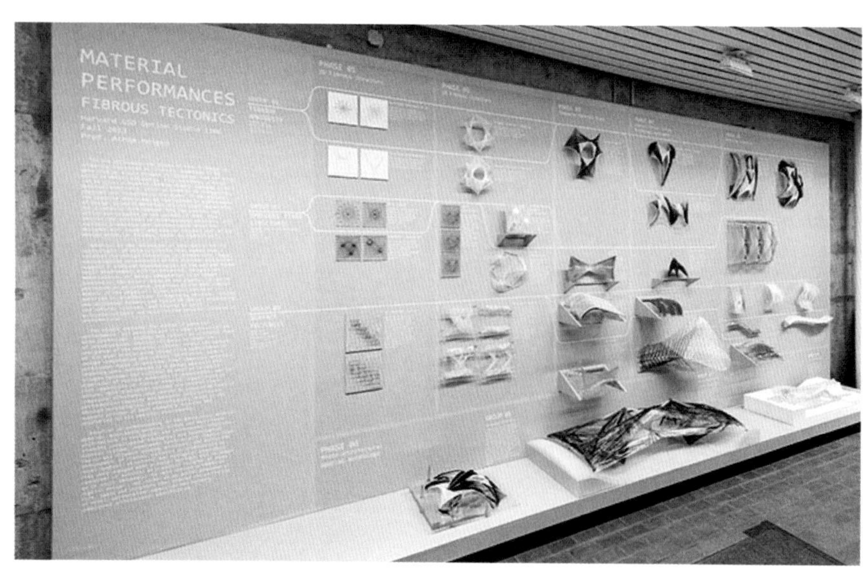

▲往年的成果展示

FINAL
04 / 成果展示

最终两个模型的内部效果。

上图是表面收缩力、抗弯作用力和表面张力共同作用下的技术优化结果。

下图是上图的可施工版本，将表面力拆解成局部的线性力，边施工边调整以适应现场状况。

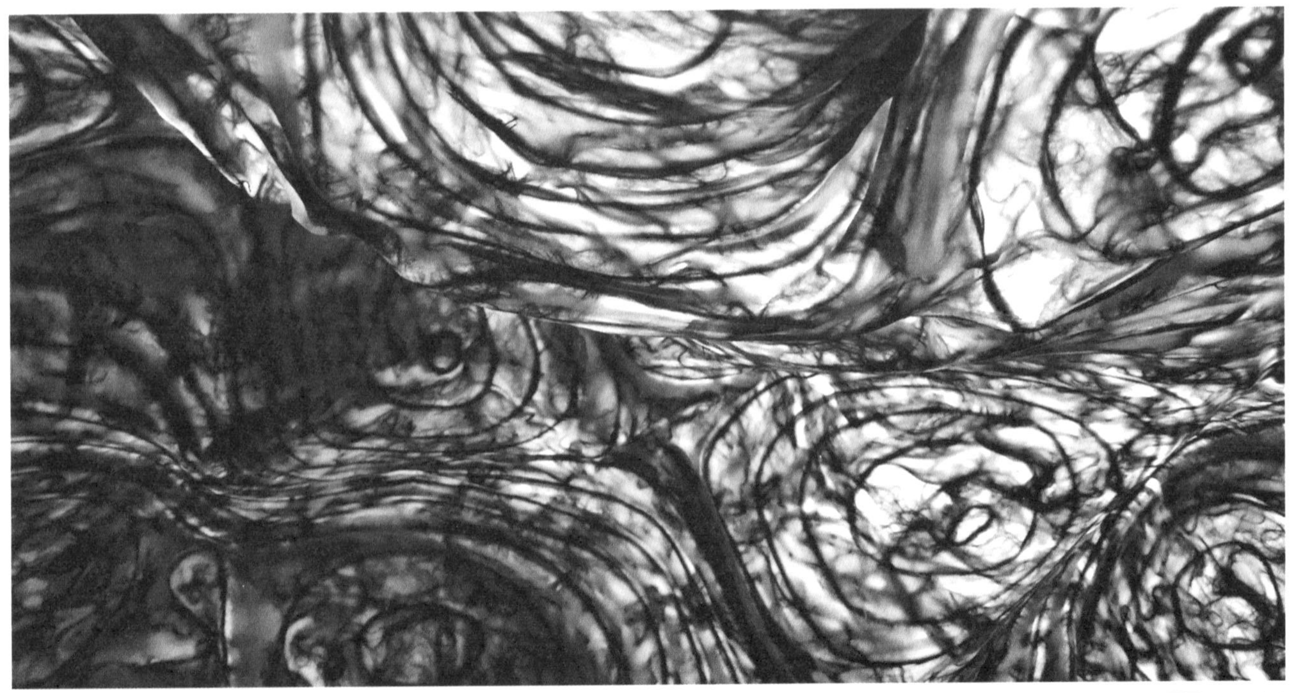

REVIEW
05 / 学者点评

天津大学 | 许臻

副教授，天津大学建筑学院副院长，主管本科教学，从事数字化建筑设计教学和研究 15 年。作为“天津大学—加州大学洛杉矶分校联合建筑工作坊”指导教师，连续 10 年参与教学工作。

这个设计课最有趣的地方是将纤维材料作为主题加以设计，有一种“城会玩”的新鲜感。这是学建筑还是学纺织呢？

但仔细想想，纤维确实是生物最基本的支撑结构和表面张力的提供者，和建筑还是很有关系的。而且，自然界中的多数软体动物可以将支撑和表面张力合二为一，是高效运用纤维材料的典范。但接下来的设计依旧很难，如何对纤维材料进行改性似乎又是材料学专业的课题。就这样，思维在不同专业领域的边缘游走，尝试着各种结合的可能性，经历着各种冒险和有用无用的发现，但始终没有离开对设计本体的思考，也许这正是设计的乐趣。

东南大学 | 朱雷

博士，东南大学建筑学院副教授，一级注册建筑师，曾赴日本爱知工业大学和美国麻省理工学院访学。关注现代建筑空间设计及教学研究。中国建筑学会“青年建筑师奖”获得者。

这是一个起始于研究性的课题，并力图通向设计，从中也可以瞥见哈佛大学对 “设计研究”的关注。它重新追溯自然材料的主题，从微观层面入手，揭示一种有机体的内在机制，但最终目标并非分析或模仿，而是通过对自然材料的学习，产生一种内在的设计生成逻辑。由此，该课题从抽象的理论分析出发，又回到实体材料的建构，在理论思考和物质实验之间来回穿梭，通向未可预测的结局，展现了一种基于科学研究的创造性的设计方法。

独立建筑师

俞挺

博士，教授级高工，国家一级注册建筑师，上海现代建筑都市院总建筑师，Wutopia Lab 创始人，Let's Talk 创始人，城市微空间创始人，旮旯联合创始人。

我很欣赏这个课程鼓励学生动手试探材料多种可能性和由此产生相关的结构可能性。这约莫是国内课程所欠缺的。

不过我对课程仿生的理由以及选择纤维材料的理由保持怀疑。如果不仔细观察生物赖以生存的组织结构和建筑结构在应对环境挑战上基本思路的差异，那么仿生最终会落入形式主义的窠臼。就此，特地强调纤维材料其实并没有说服力，而我使用这个材料的经验告诉我，复合使用更有效。

宾夕法尼亚大学 刘斐辞

关键词
城市，农场，融和

本科：
大连理工大学建筑学
硕士：
宾夕法尼亚大学建筑学

工作经历：
上海联创建筑设计有限公司
HDR 建筑设计公司

典型非线设计教学

宾夕法尼亚大学／西蒙·金设计课程（Simon Kim Studio）

这次的课程设计是一个未知数很多的设计。西蒙给了我们相同的方法，各组做出的结果却很不一样。而在这个过程中，每一步都需要充满想象力与清晰的逻辑思维。我们需要分层分方向做出很多尝试和变形。虽然设计的结果与开始的材料形态已经不一样，但是研究的过程越清晰，最后的设计逻辑性也就越强，也就是做出了所谓的有设计感的建筑。所以，我觉得我们要充分重视设计过程中的每一个环节，不要妄想在快要交图的时候灵感大迸发。

STUDIO INTRODUCTION
01 / 课程介绍

▼教师

西蒙·金（Simon Kim）教授从AA毕业以后，先后就职于扎哈·哈迪德和弗兰克·盖里的事务所。先后从教于麻省理工学院（Massachusetts Institute of Technology，以下简称MIT），耶鲁大学和AA。他最近的研究包括机器人建筑、动态环境和持续感知城市空间。在MIT读研究生期间，他致力于研究控制论、机械、建筑以及它们之间的互相影响。

▲西蒙·金（Simon Kim）

▼课程

PPD全称为高级专业设计（Post-Professional Design）的建筑硕士学位，是为学制为五年制建筑本科学生量身打造的建筑硕士学位，学制为三个学期。项目旨在培养学生敢想敢做的创新精神，如果说本科学习塑造了一个建筑设计知识全面发展，安分守己的设计师，PPD则教给了我们大胆创新的利器。Maya、Grasshopper、Python、Z-Brush[⊖]及很多参数化相关软件拓展了我们的设计思路，所谓工欲善其事，必先利其器。

而从2016年秋季开始，PPD将更名为MSD，全称为科学高级建筑设计硕士（Master Of Science Advance Architecture Design），学制要求与PPD相同。在第三学期，课程将在纽约进行。纽约更加丰富的建筑资源，更多的建筑设计事务所，将更好地让学生了解政府经济与社区建设。

建筑课2.5：身临其境（Architecture 2.5：The Immersive）是我在最后一个学期参加的课程设计。基地位于韩国首尔永登浦洞。城市密度极高，多层建筑集聚，家庭手工作坊与生活区混在一起。环境恶劣，净污流线交错。设计目的是通过设计新型工作坊 / 生活（LAB/LIFE）模式来振兴该区域的发展。工作坊 / 生活模式以家庭为单位，工作坊与生活区相结合，明确生产与生活流线，满足商品观赏，内销与外销等多种经营模式，同时提供良好的生活环境。

▲ 永登浦洞

▲ 拥挤密集的家庭手工作坊

⊖ Maya、Grasshopper、Python、Z-Brush：参数化设计中涉及的主要软件，可用来建模、渲染、制作动画等。——编者注

▼设计过程

整个课程设计分为四个阶段：

1. 材料与原型的探索研究；2. 场地尺度的动态设计；3. 工作坊 / 生活模式的整体设计；4. 建筑设计。接下来将结合我的设计进行说明。

设计是从不同材料的融合、碰撞、胶粘出发的。不知道实验的结果是怎样，只是从选择那些可能创造丰富空间的材料出发，例如泡沫、纸团、蜡烛和液体橡胶等。探究伊始，材料的选择可以分为两种类型，一种是可以形成丰富空间，或本身就有凹凸变化的纹理的材料；另一种是可以流动的材料，它们可以自由流淌到前者丰富的空间之中。这样两种材料的结合，可以得到比复杂空间更丰富的变化，同时又填充固定了本来不存在的空间肌理。带着这样的思路，做了三组尝试：**海绵 + 蜡烛**、**滤纸 + 冰**以及**滤纸 + 液体橡胶**。

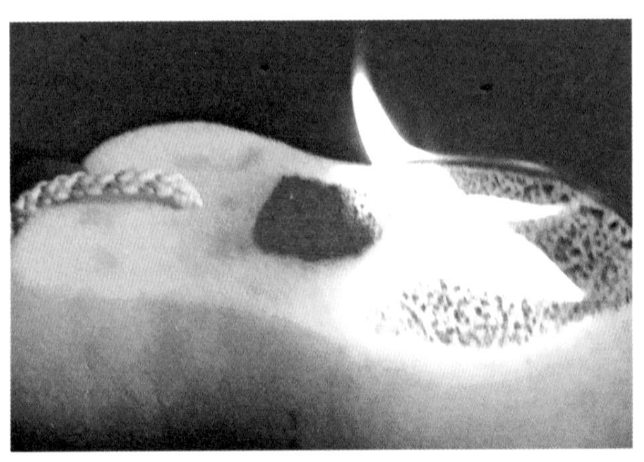

▲ 灼烧海绵形成不同的纹理和洞穴，然后把蜡烛注入这些洞穴之中得到丰富的空间。遗憾的是海绵燃烧只能在表面进行，于是得到了灼烧后肌理的图案

▲ 第二组实验将咖啡滤纸塞入气球之中，然后注入有颜色的液体，放在冰箱冷冻，得到滤纸固定之后的纹理

▲ 比较成功的是第三组实验，将咖啡滤纸捆绑在一起，得到变化的空间。之后把液体橡胶注入这些缝隙当中

▲ 由于没有颜色的变化，空间效果不是很明显，在第二次尝试中我们先浇入红色的蜡烛，之后注入液体橡胶定型。得到的剖面具有丰富的颜色、肌理以及空间的变化

被球击中后的多层表皮

伸展阻力 20
压缩阻力 10
恢复阻力 10

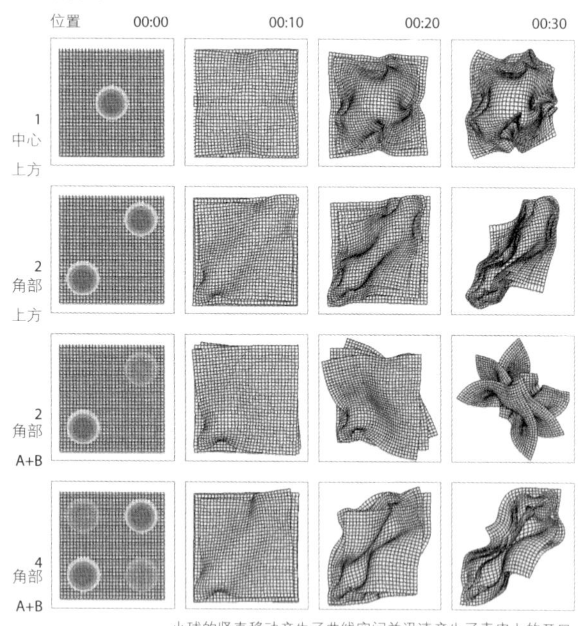

小球的竖直移动产生了曲线空间并迅速产生了表皮上的开口

被球击中后的多层表皮

伸展阻力 0.5
压缩阻力 0.1
恢复阻力 1

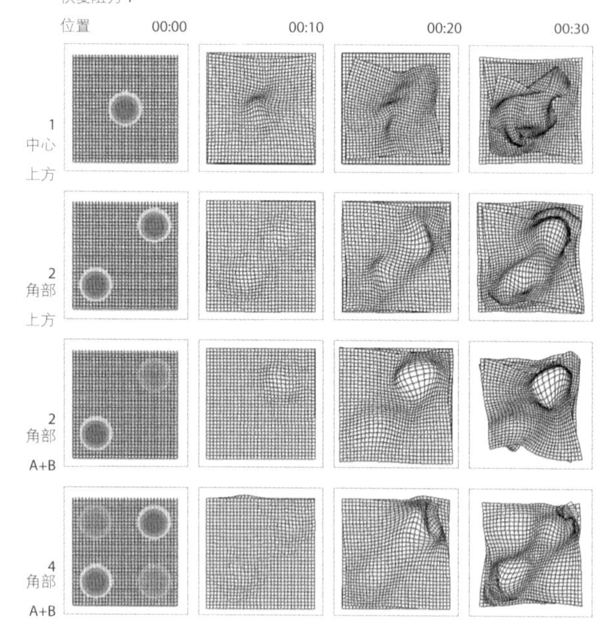

小球的竖直移动产生了曲线空间并迅速产生了表皮上的开口

被震荡干扰后的单层表皮

动态重量 1
目标顺滑度 3

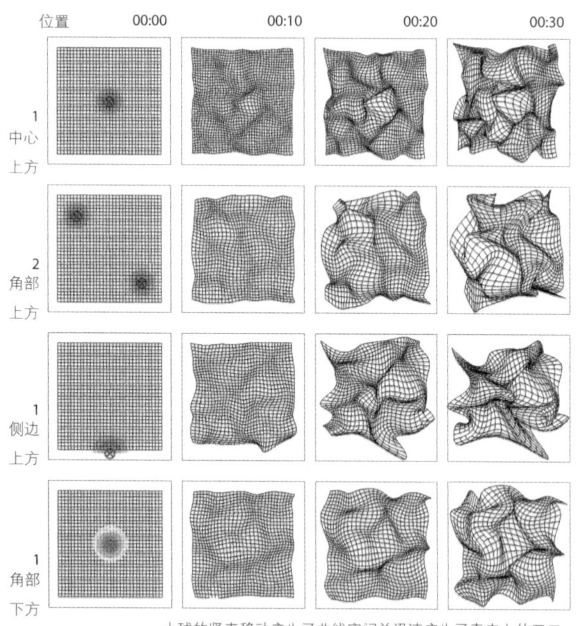

小球的竖直移动产生了曲线空间并迅速产生了表皮上的开口

被震荡干扰后的单层表皮

动态重量 0.1
目标顺滑度 0.1

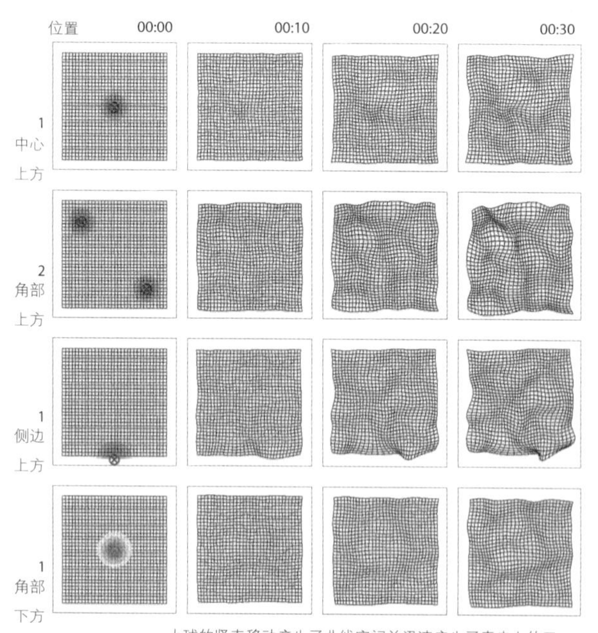

小球的竖直移动产生了曲线空间并迅速产生了表皮上的开口

▲在材料的探索结束之后，我们将物理模型的性质用Maya动画中的动力场进行模拟。先从咖啡滤纸的探索中得到堆叠重复的柔软性质，于是用 NCloth㊀的方式得到柔软的表面。用两种方式对柔软表面进行干扰，硬质球和动力场。其中一组根据球的位置不同、落下的速度不同来影响柔软表面的形变方式。另外一组模拟从动力场出发，场的位置以及干扰力度的不同可以得到不同的形变结果

㊀Ncloth：Maya 高级布料特效。

橡胶和铁丝网格 多层表皮

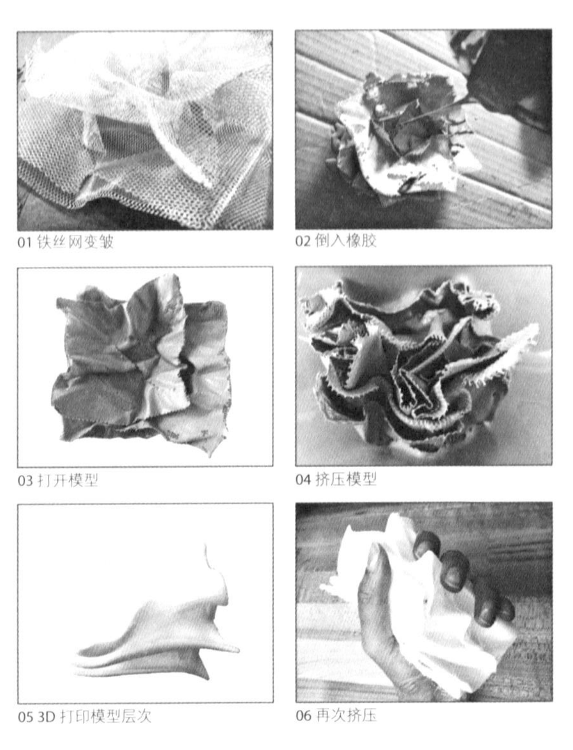

01 铁丝网变皱　02 倒入橡胶　03 打开模型　04 挤压模型　05 3D 打印模型层次　06 再次挤压

橡胶和铁网格 震荡

01 把铁丝网放在底部　02 倒入橡胶　03 3D 打印模型　04 放上铁丝网　05 倒入橡胶　06 挤压后的模型

▲用重叠的铁丝网模拟 NCloth，原因是它可以任意地揉搓又可以保持形状，这也像是在第一步的材料研究中用橡胶固定咖啡滤纸一样。在动力场中，先从一个平面出发，加上机械装置对其进行变形，然后用已经褶皱过的平面进行继续挤压，得到丰富的空间关系

▼场地尺度的动态设计

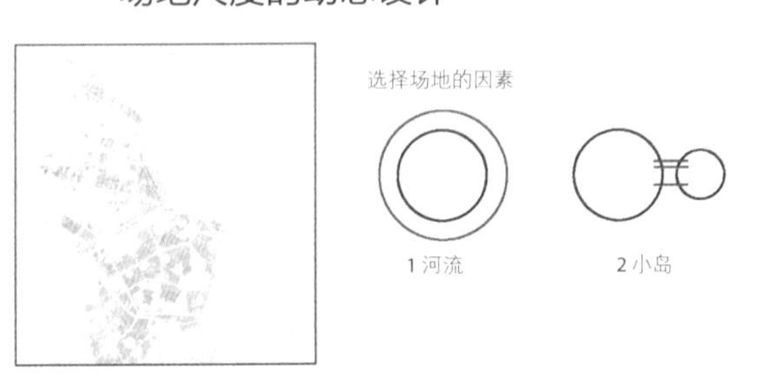

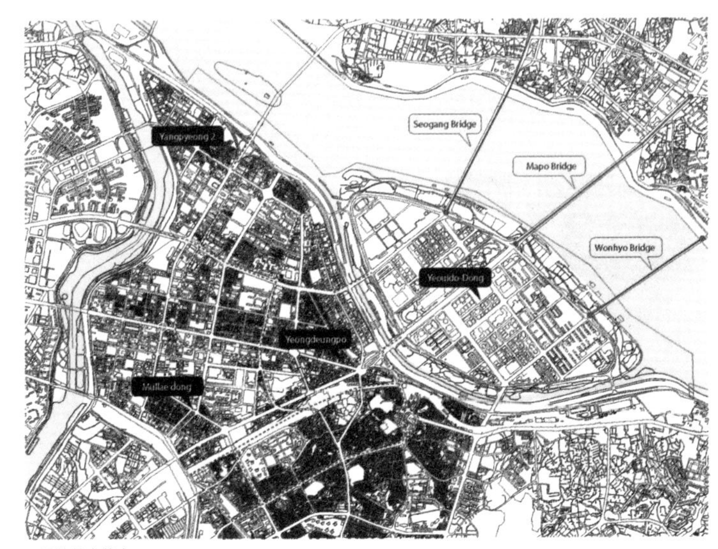

01 场地基本信息

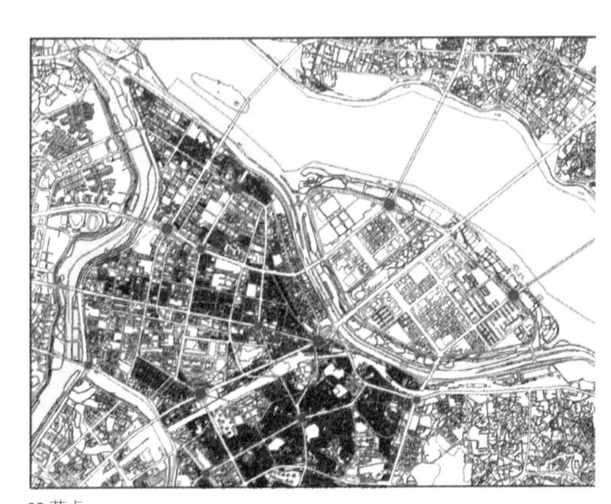

02 节点

03 场地划分

▲在永登浦洞划分区域，将该区域分成若干份，然后用动态原型中的手段对地块进行变形。我们的机械装置是声控挤压物理模型，老师起名叫作挤压式建筑（crumbing architecture）

▲受声音传感器干扰后的场地。原本平坦的城市肌理被挤压变形后形成起伏的地势。各区域之间形成缝隙，汉江的水便流进场地之中

▼工作坊/生活（LAB/LIFE）模式的整体设计

经过前期一系列的铺垫，终于进入了建筑设计环节。我所选择的功能为“城市农场”。场地内水资源丰富，城市土地资源紧缺，利用光照和水蒸气种植水培植物既可以有效利用资源，又可以为拥挤的城市提供新鲜环境。

▲红色光和蓝色光对植物的生长有很重要的影响，蓝光有助于叶子生长，而红色光有助于花的生长。因此水培植物实验室多采用紫色光

EXPERIENCE
03 / 个人感受

1.

大家对非线性设计的认识普遍存在“乱”的感觉，尤其是国内学校的老师，他们讨厌逻辑性差的设计，这一点我很认同。我们喜欢理性的设计，喜欢研究了许久恍然大悟的设计。非线性不仅可以满足空间层次与丰富感的要求，更能得到让人意想不到的逻辑性，就像做游戏一样。通过这次课程设计，让我可以全面理性地分析铺垫，得到很多可以控制的变量，从而得到理性的非线性设计。

2.

西蒙喜欢通过效果图传递空间氛围，表达设计概念。这是我之前没有过的设计体验。之前做效果图，往往选择比较满意的角度进行渲染，后期处理也是根据能力范围来进行。而这次，在我们还没有深入建模之前，西蒙就让我们确定想用什么样的环境与气氛来展现概念，然后为了这个概念，进行建模。比如我做的是城市农场，需要地下灌溉系统。于是我要做雾化的效果图，建一些管道排水系统，来着重表达设计理念。这样有目的的设计，不仅节省很多时间，也让我们自己越来越清楚想要的是什么。

▲在整体设计环节，利用前期探索研究所得的结果设计结构单元，红色的“花蕊”作为工作坊，由生活将其包围。生活区环绕生产区，生活区的流线与场地连通，生活及花卉参观通过地面交通连接；生产区需要大量水蒸气，所以中间部分垂直与水面连通

FINAL
04 / 成果展示

最后的设计为四个规模不同的水培工作坊，在每个单元的核心位置，下面与水面相通。

第二层是生活区域，既可以满足交通的可达性又可以利用植物种植作为景观得到品质良好的生活空间。第三层则为设备层，灌溉系统、水培系统及水道在这一层运作。

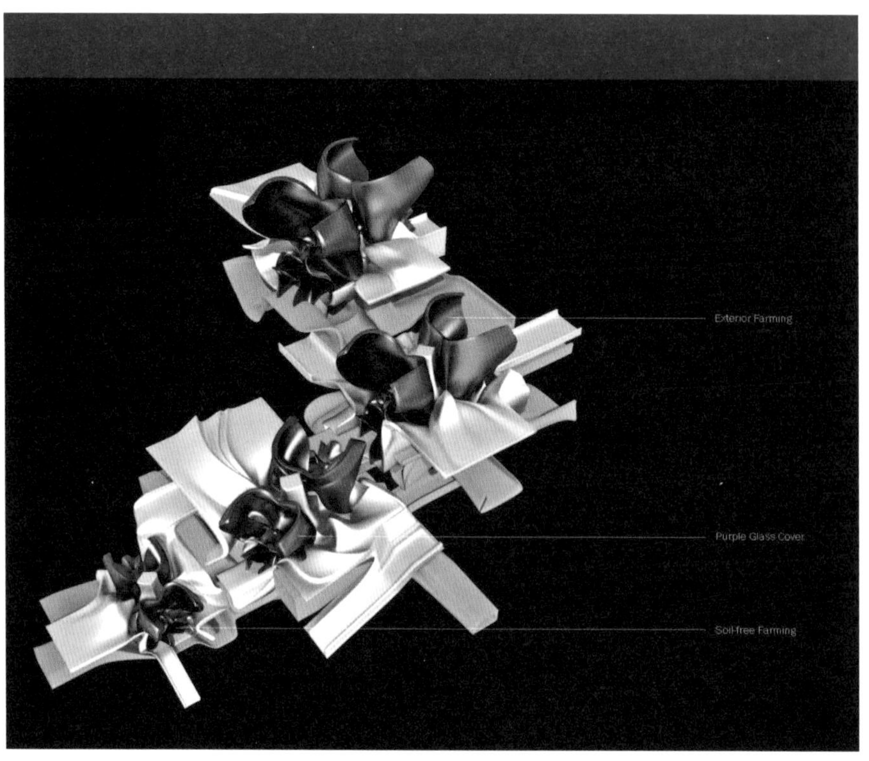

▲建筑轴测图

▲ 休息室

▲傍晚的时候，培养植物所需的蓝紫光照亮场地

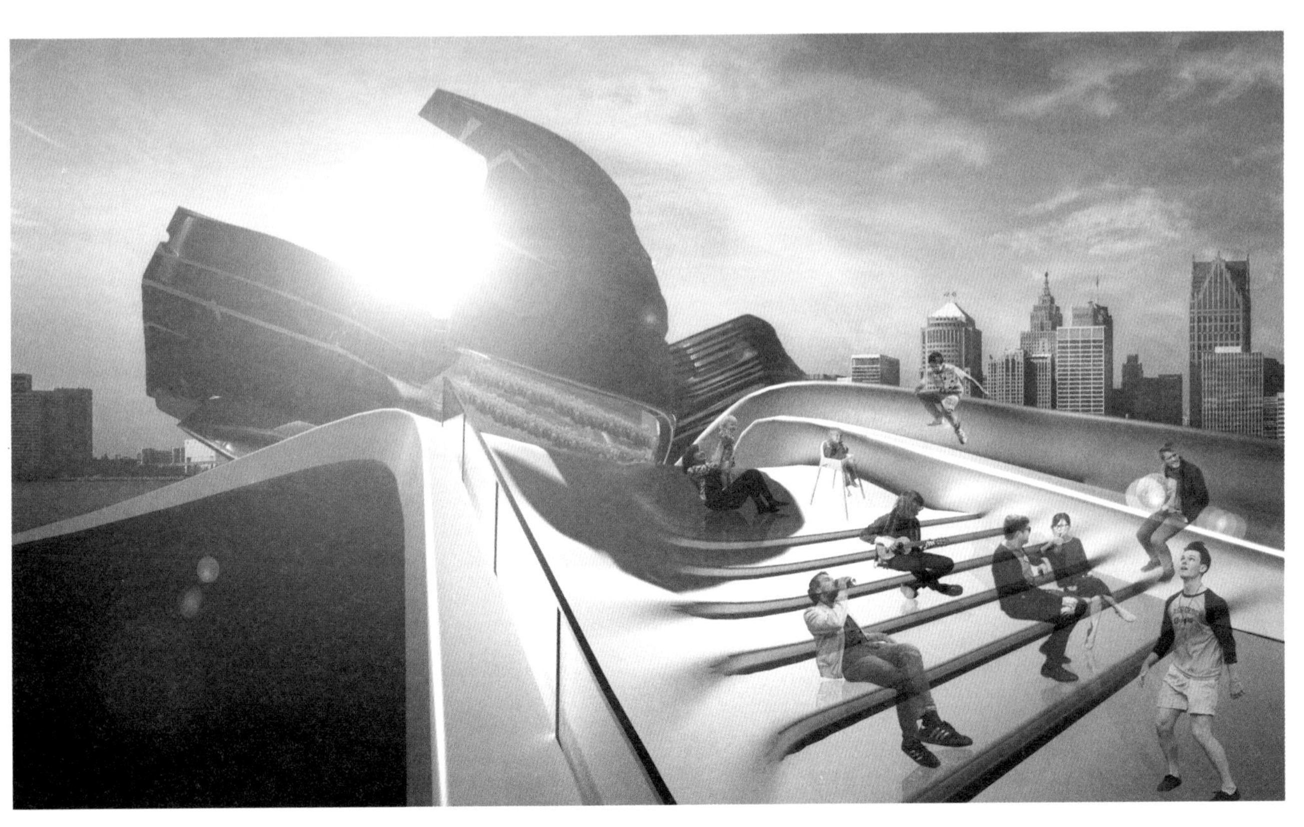

▲ 室外广场

REVIEW
05 / 学者点评

天津大学 **许臻**

副教授，天津大学建筑学院 副院长，主管本科教学；从事数字化建筑设计教学和研究 15 年。作为“天津大学—加州大学洛杉矶分校联合建筑工作坊”指导教师，连续 10 年参与教学工作。

非常喜欢这个课题的设计，四个设计教学过程思维的幅度非常大，但又环环相扣，逻辑非常清楚。这种情况下，学生的思维既不会跑偏，又有足够驰骋的空间。

第一步，两种材料结合得到一个基本的形状；第二步研究图形对场地的适应性；第三步，进行功能整合和连通；第四步，从形式推演到建筑设计，一切都井井有条。刘斐辞同学的设计也非常精彩，将几种完全不同的元素处理得井然有序，清晰自然。我在想，这种建筑也许一辈子也很难建起来，但是这种探索未知的思维方式和处理技巧则是非常实用的。对一个建筑师而言，它比学会任何知识性的东西更加重要。

长安大学 **赵敬源**

长安大学建筑学院教授，博士生导师，长安大学人居环境与建筑节能中心主任。研究方向为绿色建筑与城市生态，先后主持多项国家自然科学基金等国家及省部级课题，兼任中国建筑学会建筑物理分会理事，陕西省土木学会节能与绿色建筑专业委员会秘书长，西安市绿色建筑研究会监事长，陕西省绿色建筑标识评审专家。

采用了颠覆传统的设计方法，非线性的跳跃性设计方法，与国内强调逻辑性的设计方法有很大的差异。但是在非线性的设计方法中存在着理性的分析和清晰的逻辑分析，是一种创新性的设计方法。

通过 Maya、Grasshopper、Python、Z-Brush 等参数化软件分析建筑设计的思路，改变了传统的建筑设计模式，使建筑设计方法与当今数字化工具相结合。

建筑设计的创意和灵感可以来自建筑之外的因素，丰富的想象加清晰的逻辑思维，其结果必然是一个合乎逻辑的建筑。

清华大学 **韩孟臻**

清华大学建筑学院副教授，
日本京都大学工学博士，
国家一级注册建筑师。

实验式研究是该课程设计的特色：从物理空间中基于特殊材料的实验出发，获取空间形式原型；进而在虚拟空间中使用计算机技术进行模拟，将形式原型转变为可控的形式生成工具；最终再将之应用到城市、建筑问题之中。

该过程有助于摆脱建筑学科中各种先验的形式传统，生成新的形式可能。但与先验形式决裂的同时，也势必与其对应的社会、经济、功能等合理性基础发生了脱离。尤其当该方法被应用于城市设计尺度之时，该问题就更加凸显出来。

宾夕法尼亚大学 温馨卉

本科：
华中科技大学 建筑学学士
研究生：
宾夕法尼亚大学 建筑学硕士

工作经历：
RUR ARCHITECTURE DPC 事务所
Studio Link-arc 事务所

关键词
怪诞，反常，纯粹

奇奇怪怪的房子，也是一种设计观

宾夕法尼亚大学 / “大笨物”设计课程（Big Dumb Object Studio）

和我们正常参与的课程设计相比，这次似乎一直在反其道而行之。貌似一直以来我们所谓的正常设计思路和审美到这里就不见踪影了，更别提所谓的“高大上”。这大概是有史以来做得最“荒谬”，最“无厘头”的设计，可是从一开始的完全茫然，到最后竟也深深喜欢。

因为几乎整个课程设计从头到尾都有人在问我：“你们组到底在干吗？你们组是专门派来卖萌的吧。”所以我觉得我有必要着重介绍一下这个课程设计的主题：**我们在做一件伟大的事情。**

STUDIO INTRODUCTION
01 / 课程介绍

▼教师

保罗·普雷斯那（Paul Preissner）经营着自己的事务所保罗·普雷斯那建筑事务所（Paul Preissner Architects），并且是芝加哥伊利诺斯大学（University of Illinois at Chicago，以下简称 UIC）的副教授，同时也是宾夕法尼亚大学设计学院的讲师。

▼课程

本课程设计是由来自 UIC 的保罗引导主持，乔纳森·歇尔萨（Jonathan Scelsa）联合指导，这可能是保罗在宾大指导的第一个课程设计。课程主题为大笨物（Big dumb object），也可以叫作探索错误（the exploration of mistakes）。如今似乎大家提到建筑设计，形式和艺术美感算是主流追求之一，但如果建筑成为这些雄心壮志的反面教材，成为这些元素的矛盾载体，变得没有形状，缺少艺术，又会发生什么呢。所以这就是我们要做的，挑战一些习以为常的审美和决定，打破一切来追求变革。

课程前两周保罗会安排我们读一些相关的文字资料，例如反理论（Against Theory），还有看一些美国当地的电视节目，来体会引申理解建筑中的尴尬和笨拙。但是由于阅读文章中哲学成分过多，电视节目又完全体会不到笑点，这一部分几乎算是很努力地尝试，但是收获甚微。同样情况几乎发生在所有非美国本土的学生身上。

▲比如一些超尺度的设计，克莱姆·麦德摩尔（Clem Meadmore）的这个作品给人们巨大的冲击，因为作品表现的和我们通常期待的常规比例不同，建筑本身被对比显得非常正常的小，于是似乎被缩放成了人的尺度，可以交流对话

▲再比如一些荒谬甚至是怪诞主义的设计，这个树篱真的很丑，但是不得不承认你忍不住想看它，与一堆正常树篱在一起的时候，它一定是最受关注的那个。其实这个时候你大概就要开始质疑我们传统思维中的美丑定义了

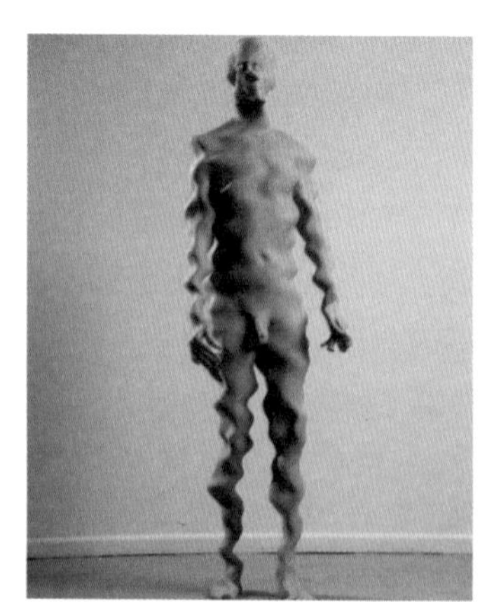

▲有时候一些小的反常的视觉冲击就能引起人的情绪变化。例如这个波纹小人（wiggly men），多多少少让正常人变得紧张

DESIGN METHOD AND PROCESS
02 / 设计过程和方法

整个课程设计大概分为三个阶段：

1. 体量探索（Volumn Possibilities）。
2. 空间设计（Pavilion）。
3. 建筑设计（Project design）。

▼第一阶段　体量探索

第一阶段的探索有点像类型学，用最简单的形体来诠释笨拙。一开始有同学会涉及不同层级的东西，例如大形体上还有线型变化的纹理，但是保罗认为此阶段要在同一层级上进行探索，以免相互干扰。而体量、表皮、线条三种元素中，体量最有潜质发展成空间。每个人大概要做50~60种变形，归属于3~4个类型。

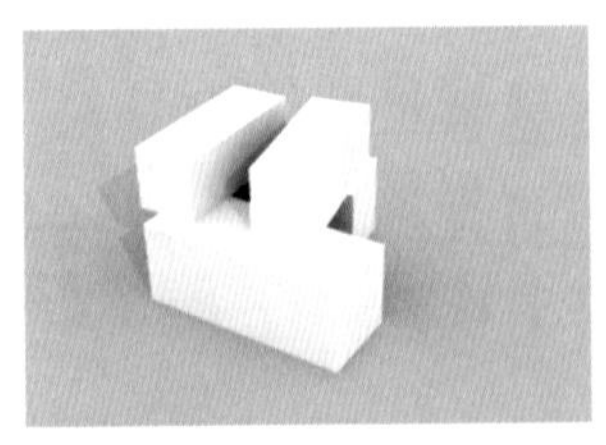
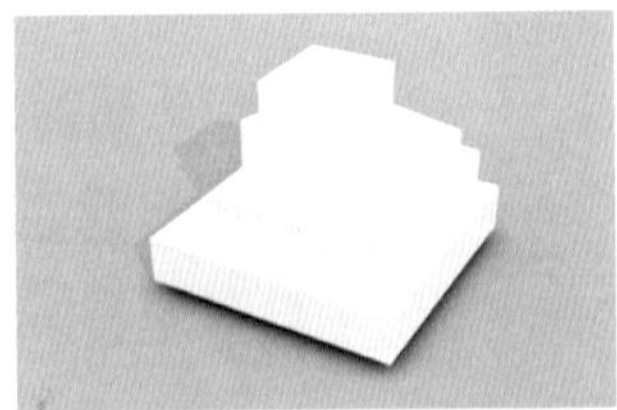
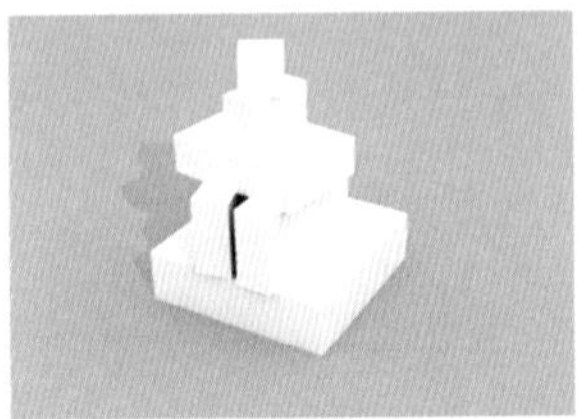
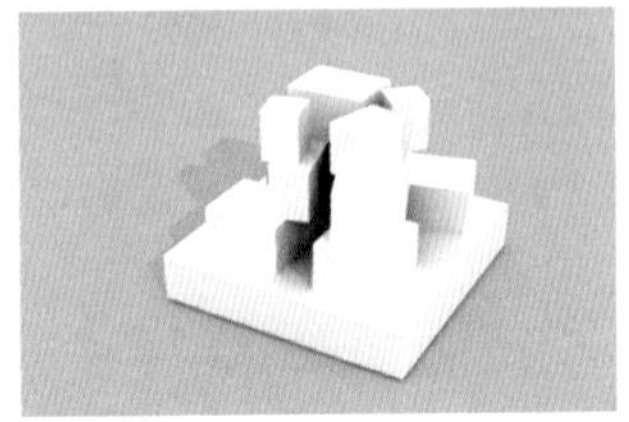

▲第一组：堆砌的金字塔。就像回到孩童时期堆积木的心境，摒开已有建筑储备只是单纯地把这些木块堆到一起

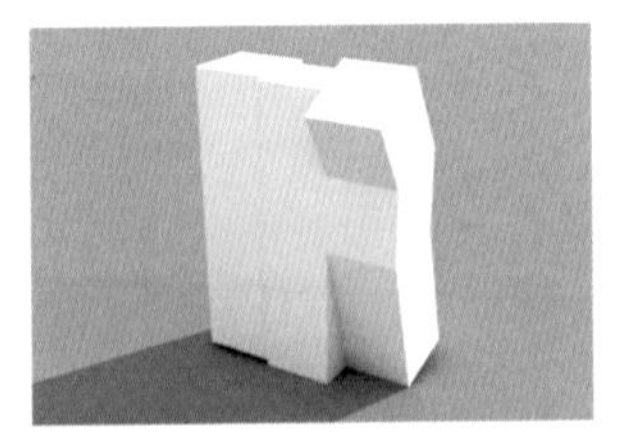
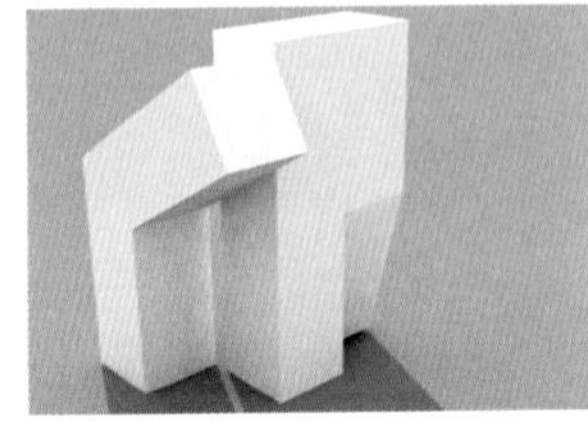

▲第二组：行走的机器人。每个木块看似漫不经心地依靠在一起，最后却似可行走可说话，是感性的

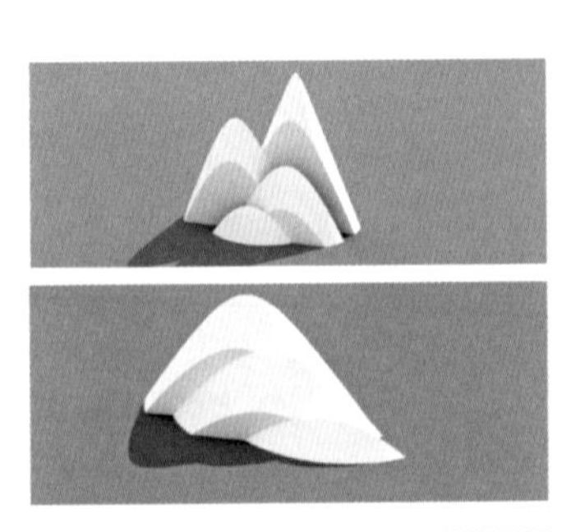

▲第三组：变形椎体。使用圆锥体的一部分，展现连续的曲线轮廓

▼第二阶段　空间设计

这个阶段我们是沿袭上一轮的探索，选择其中一个形式加入尺度和空间，设计一个笨拙的展览空间。不需要考虑功能，只要最大限度地给游客带来与众不同的参观体验即可。

▼第三阶段　建筑设计

期中之后我们就正式开始建筑设计了。对于功能和场地，保罗给予我们很大的选择自由度。我们的基地位于瑞士苏黎世最无趣的区域：宾茨（Binz）。该区内的建筑大多方方正正，色调偏灰，且尺度感偶尔失调。这样的环境给笨拙的设计做好了对比铺垫，我们要设计一个极为怪异，但拥有强大力量的建筑。

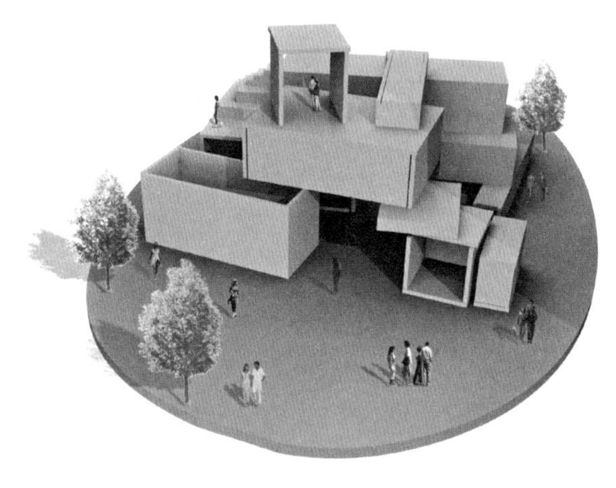

▲过程设计模型

▲过程总平面图

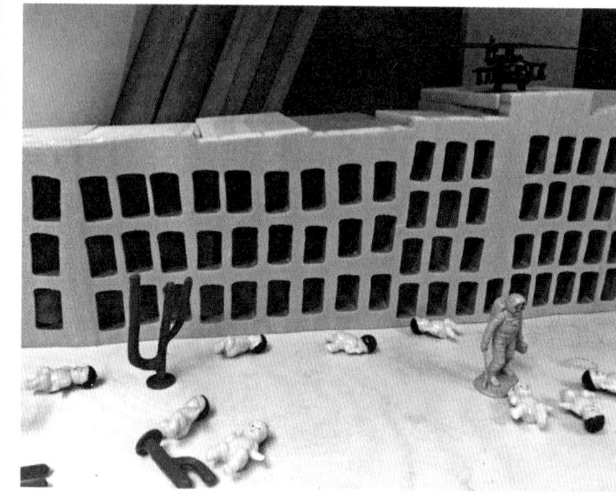

▲过程模型

▼形体的协调

两次评图后，方案从第一幅图深化到第三幅图，原因是第一幅图变化太多，太像建筑师的语言了。第二幅图是过渡，第三幅图是正解。似乎所有的过程，都要返璞归真到一个孩子玩耍的心态才是最好。

▲过程模型

▼深化方案

大体方向定下之后就开始深化方案了。而保罗是个很注重细节的人，内部细节除了核心筒这样必需的存在，连平面设计中的安检设置都有所涉及，巧克力工厂生产线的设备这一环节也要求阐述清楚。至于材料选择、颜色设计都是要根据你所要表现的“笨拙”来确定的。例如我们通过选用折射性的材料使主结构在立面连续的同时也被折射出波纹起伏的效果，就像开头那个波纹小人。而我们希望外部的整体简明与内部的复杂丰富形成对比，于是选用反射性的材料，让原本已经被生产线盘旋的内部更加精细，充满探索的乐趣。

▲成果模型展示

EXPERIENCE
03 / 个人感受

总的来说，在如今的设计大潮中还能保持着像保罗这样宠辱不惊的心态，做着向所有人开放、但并非每人都会理解的事情挺让人羡慕的，但愿很多年后的自己也能这样淡定自如。于无心处收获，于意外中惊喜，人的生活想来也是这样，要淡定。最后用我们在苏黎世联邦理工大学（ETH）的会议中，艾利克斯说的一句话结束这篇文章：“如果你用力试着做笨拙的东西，那么你就一点都不算笨拙。”（“IF YOU ARE TRYING HARD TO BE DUMB，YOU ARE NOT DUMB ANY MORE.”）

FINAL
04 / 成果展示

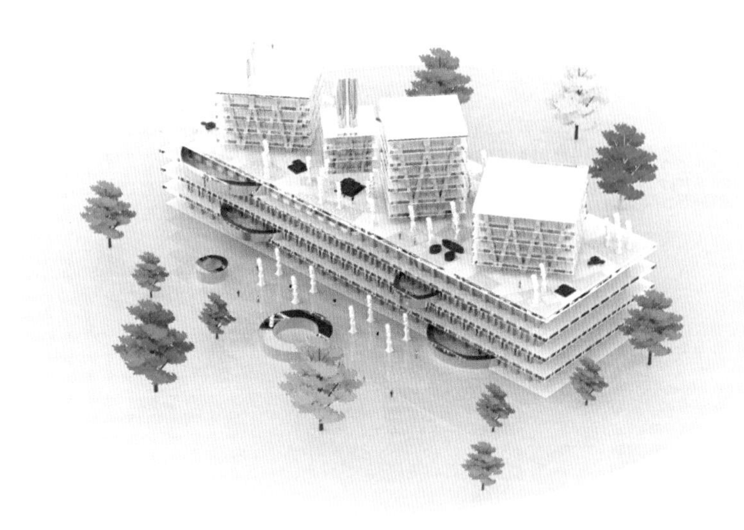

▲模型照片

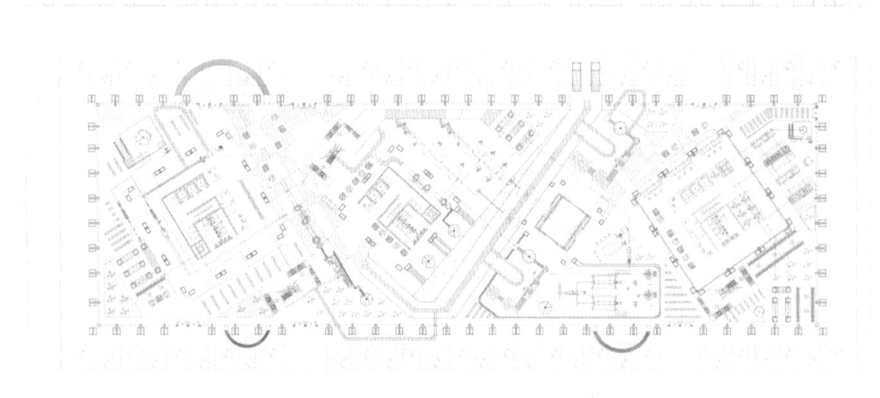

▲平面图

▲内部细节

REVIEW
05 / 学者点评

天津大学

许臻

副教授，天津大学建筑学院副院长，主管本科教学；从事数字化建筑设计教学和研究 15 年。作为“天津大学—加州大学洛杉矶分校联合建筑工作坊”指导教师，连续 10 年参与教学工作。

探索未知世界一直就是科学和艺术的追求，科学需要往前走，而艺术却经常回头看。不是别的，只是因为在大千世界中很多东西我们忽视了，忘记了，与之失之交臂。而当它们重新进入我们的视野，成为分析和审美的对象时，事情开始变得有趣起来。

温馨卉同学分享的这个教学案例就是提醒我们，学设计要多留心那些被我们忽视的、忘记的、鄙视的甚至丑陋的东西，它们同样是一种合理的存在，也是一种世界观。教学设计的步骤很有趣，虽然是一个紧凑的设计，但仍然没忘记做类型的探讨，而且类型的设定主观、多样和有趣。

独立建筑师

俞挺

博士，教授级高工，国家一级注册建筑师，上海现代建筑都市院总建筑师，Wutopia Lab 创始人，Let’s Talk 创始人，城市微空间创始人，旮旯联合创始人。

房子并不奇怪，因为指导老师和我所处的建筑语境差异甚大的缘故。对“笨拙”的思考，我觉得学生并没有完全理解其中意义，但这不重要，重要的是是否建立起一种面对习以为常的反思。

有时候在快消品主义盛行的当下，是需要波德莱尔那种“彼之蜜糖，我之砒霜”的态度的，所以这种批判性似乎不应仅仅针对形式和艺术美感，作品最后呈现的结果则似乎丧失了这种批判。

哈尔滨工业大学 **白小鹏**

教授，国家一级注册建筑师。1985年开始在哈尔滨工业大学建筑学院（前哈尔滨建工学院）任教至今。研究方向：公共建筑设计，建筑环境心理学及行为建筑学，建筑灾害学。

这是一个从哲学思维入手的建筑设计方法实验。从形式的感悟出发的设计结果有可能像一场梦，也许浪漫，也许纠结。但是，在这里找到了一个方法，这个设计来告诉你：在貌似形式主义的浪漫外衣下，理性主义的光芒是如何熠熠生辉的。

学会了回答这个问题，对抵御受到光怪陆奇渲染图式蛊惑的建筑设计就有了正本清源的清晰思辨 。从感觉的理性，再到把这一切从建筑师的内心传达给业主和展示给公众，并且得到大多数人的理解和认可甚至是赞誉，这不是所有建筑师都追求的心理历程吗！

长安大学 **武联**

长安大学建筑学院院长，教授，硕士生导师，注册城市规划师，中国建筑学会建筑史学分会学术委员。研究方向：城市更新与历史文化名城保护，地域文化与地域建筑，生态化小城镇规划设计。

《道德经》里说："无生有，有生无。"思维方式演进发展的矛盾运动，足以让学生脑洞大开，充分发挥想象力；东西方文化的差别又进一步加大了其作用，使该课程设计的趣味性增强。

设计方法的掌握是开展课程设计的目的之一，学生在整个过程中的思考与探索，讨论与推进，对其形成良好的设计思维更加有帮助。

设计阶段的设置与过程的把握使学生注意到在每个阶段的关注点是什么，不至于迷失在细节当中，而丢失本心。鼓励学生发现设计与生活的关系，设计师对待设计的态度应该是放轻松！

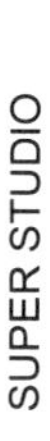

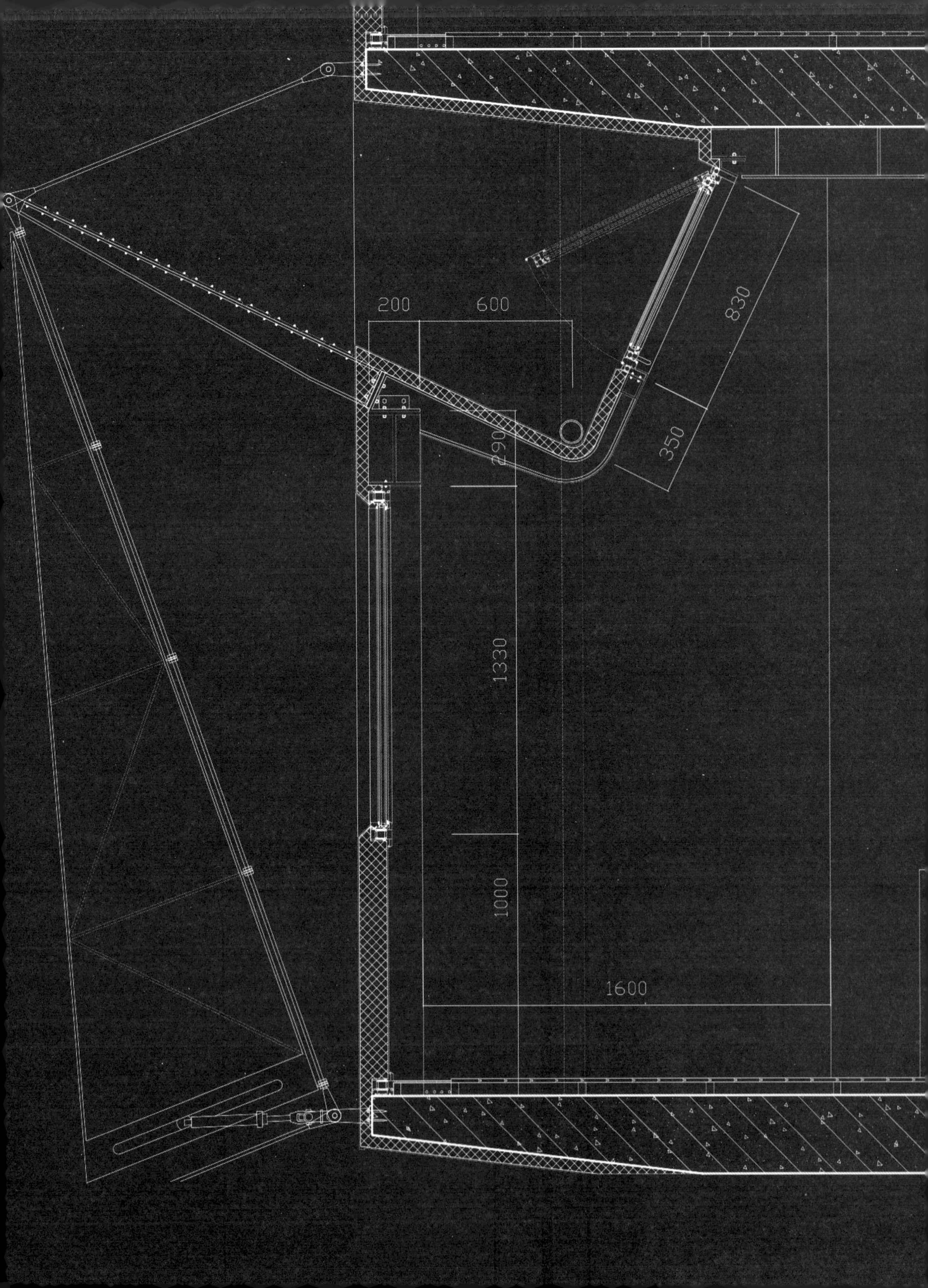
200
600
830
290
350
1330
1000
1600

纽约 SOM 可持续建筑研究中心（CASE）

关键词
可持续，参数化，SOM

吴冠中

本科：
华侨大学
硕士：
纽约 SOM 可持续建筑研究中心（CASE）

工作经历：
张雷联合建筑师事务所
彼山设计事务所（LA&SH）

技术为先

纽约 SOM[1]可持续建筑研究中心（CASE）/ 绿色参数化设计课程

本设计基于 Grasshopper[2]的程序编写与数据处理开放平台上，从而实现其他专业的技术信息多节点输入。在建筑方案初期，通过计算机程序结合优化建筑初步方案设计与工程师编写的能耗程序载入估算，筛选得出初步建筑形态，并进一步对其细化计算找出极端时段作为目标样本进行优化，经过团队成员研究得出适当的立面构件做法，并通过计算机优化软件大量取样优化计算得出合理尺寸，并通过适度加入主动技术增加设计弹性适应环境变化。

[1] SOM：Skidmore，Owings & Merrill LLP，建筑设计公司，以下简称 SOM。——编者注
[2] Grasshopper 是一款在 Rhino 环境下运行的采用程序算法生成模型的插件，该插件不需要太多的程序语言知识，而是可以通过一些简单的流程方法达到设计师所想要的模型。——编者注

STUDIO INTRODUCTION
01 / 课程介绍

▼教师

课程设计的老师分别由一位伦斯勒理工学院（以下简称 RPI）的教授和一位 SOM 建筑技术总监组成，并辅助一位纽约本地事务所主持设计师补充实际技术构造方面支持。三位教授不同的工作背景与专业能力给予了课程全面的技术支持，在创新、操作和实际应用方面皆可予以平衡，加强了课程的深度与意义。

2013~2014 年建筑学硕士（March II）项目的三位老师分别为：

杰森・沃伦
库伯联盟（Cooper Union）建筑学学士，匡溪建筑学院（Cranebrook）建筑学硕士，RPI 建筑学院教授，现为 AECOM（建筑工程顾问公司，Architecture，Engineering，Consulting，Operations and Maintenance，以下简称 AECOM）可持续中心总负责人，多年从事建筑可持续设计研究设计。

瓦伦・克里
AA 建筑学硕士，SOM 建筑技术设计部总监，曾主持 SOM 在世界范围内诸多可持续建筑项目设计，GSD、宾夕法尼亚大学客座教授。

威尔・劳福斯
亚琛科技大学建筑技术博士，哥伦比亚大学客座教授，曾主持曼谷国际机场、巴塞罗那体育馆等项目深化施工设计。

▼课程

建筑科学与生态中心（是 SOM 的设计和工程专长与 RPI 的研究实力相结合设立的建筑研究中心，以下简称 CASE）开设的学位项目，建筑学硕士（March II）课程命名为建筑可持续参数化（Environmental Parametric），此课程涵盖的课程设计内容皆是与绿色可持续技术相关的建筑学参数化设计。

CASE 的工作室位于华尔街 14 号 SOM 纽约分部中，由于曼哈顿高昂的办公空间租金压力空间略显局促，但也促进了学科间的沟通交流。课程与生活可以共享 SOM 的空间与设备资源，SOM 特意为员工设置的专业提升课程（PDC Lecture）也是 CASE 硕士课程选修课程，其中 SOM 会邀请纽约各先锋顶尖设计人才针对各自研究成果做专题演讲。课程中授课老师对构造技术的把控以及实际成果的安装测试都是对设计可操作性的支撑。CASE 年度设计成果也将与 SOM 共同策划，在双方合作主办的纽约建筑学会的系列展览中展出。

▲ CASE 位于纽约的工作室

▲威尔徒手绘制幕墙节点大样

▲ CASE 和 SOM 共用的实验室将实验成果制作完成，供后期实验评测

▲节点制作

▲构件制作完成后安装在工作室内，学生成为第一批使用的用户

▲制作完成的构件模型

▲ SOM/CASE 和美国建筑师学会（AIA）联合举办的开放日

▲ CASE 的学生可以参加 SOM 内部职业发展讲座，享受参会，免费餐饮等

CASE的教学一切从实际出发，将实验与实践紧密结合。

DESIGN METHOD AND PROCESS
02 / 设计过程和方法

▼课程目标

课程目标是在以 Grasshopper 为开放的设计操作平台，兼容 CASE 中各专业技术资源，利用绿色参数化工具，对拟定课程题目进行设计与优化，并较为真实地模拟设计结果，完善其可操作性与可实施性。参数化设计优化部分主要使用基于 Grasshoper 平台上的绿色技术软件 DIVA、Octopus[1]等，以及构造细部技术设计部分主要使用的 Therm[2]等。

▼基地

基地位于纽约加弗纳斯岛，学生自行选择研究方向如办公建筑的采光、温度等，笔者选择的是办公空间的采光优化研究。

▼设计目标

此课程为关于办公建筑可持续设计方法研究，主要使用 Grasshopper 及相关绿色建筑插件。

设计过程首先根据气候数据对建筑体量、布局、朝向、尺度等进行优化判断，然后进行案例研究，选择适宜的立面策略，并建立单元构件、输入参数和输出结果的关系，通过参数化计算软件进行优化效果筛选，得到最优单元构件形式，最终对选用构件进行构造细化设计，确定选用材料并对其进行测试得到最终优化设计结果。

▼定义问题

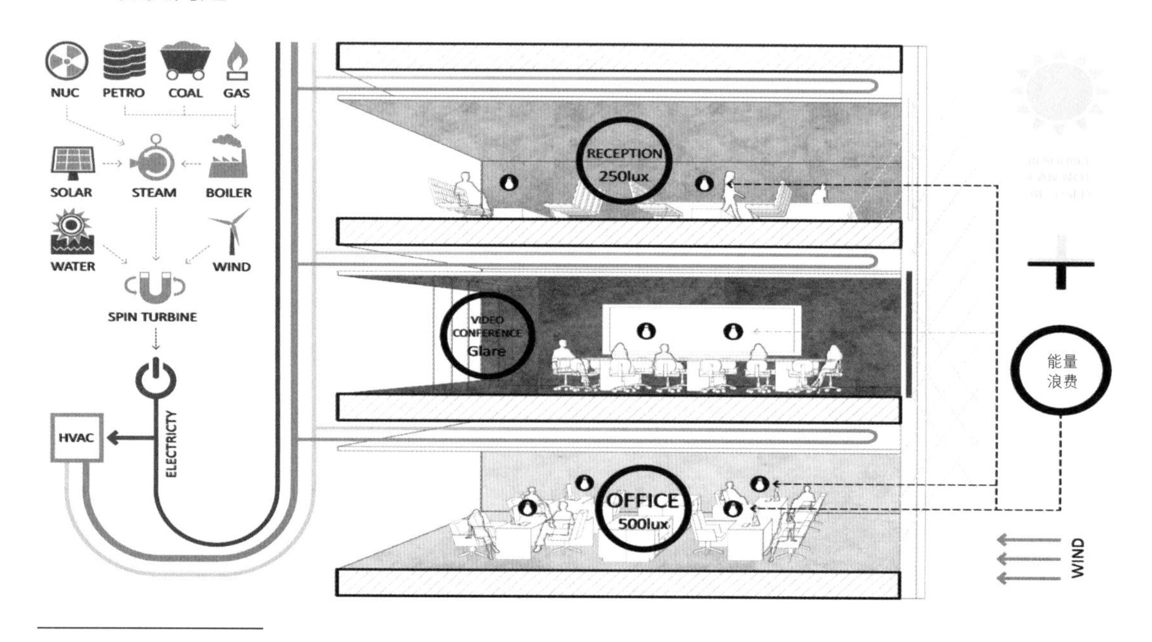

[1] DIVA、Octupus 是数据图形化后进行处理的软件，基于 Grasshopper 平台之上，运用于非线性建筑设计。——编者注

[2] 业内最常用的热工分析计算软件，它能采用有限元方法分析幕墙、门窗框架的热工性能。——编者注

▼方法概念

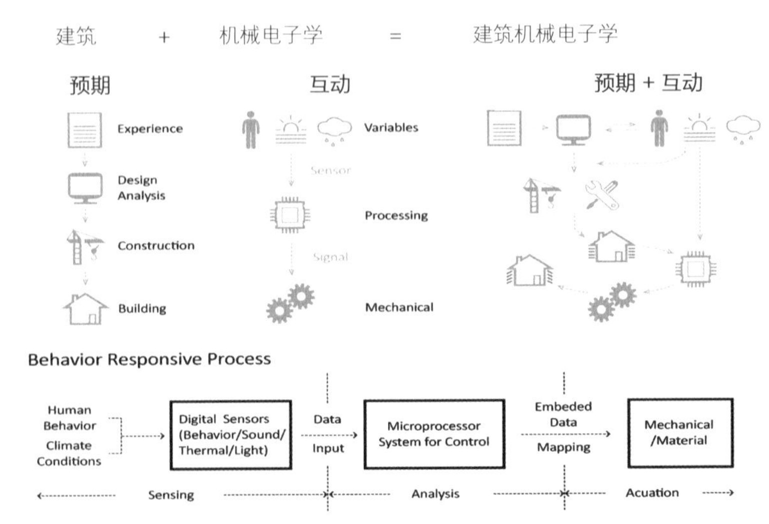

感受系统的语言

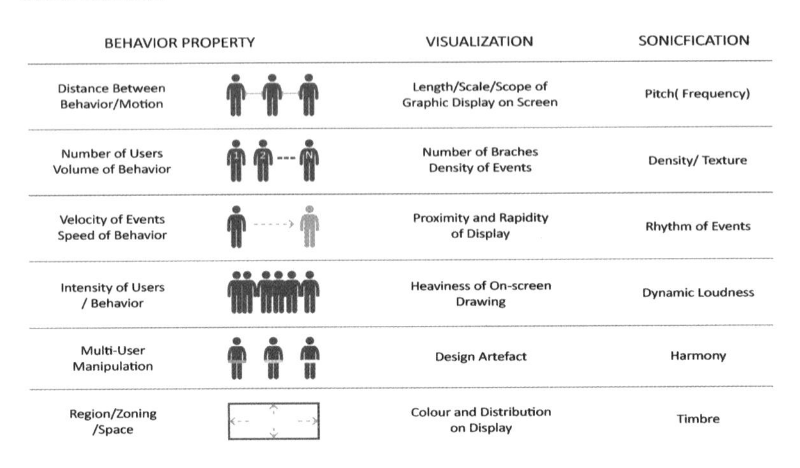

BEHAVIOR PROPERTY		VISUALIZATION	SONICFICATION
Distance Between Behavior/Motion		Length/Scale/Scope of Graphic Display on Screen	Pitch(Frequency)
Number of Users Volume of Behavior		Number of Braches Density of Events	Density/ Texture
Velocity of Events Speed of Behavior		Proximity and Rapidity of Display	Rhythm of Events
Intensity of Users / Behavior		Heaviness of On-screen Drawing	Dynamic Loudness
Multi-User Manipulation		Design Artefact	Harmony
Region/Zoning /Space		Colour and Distribution on Display	Timbre

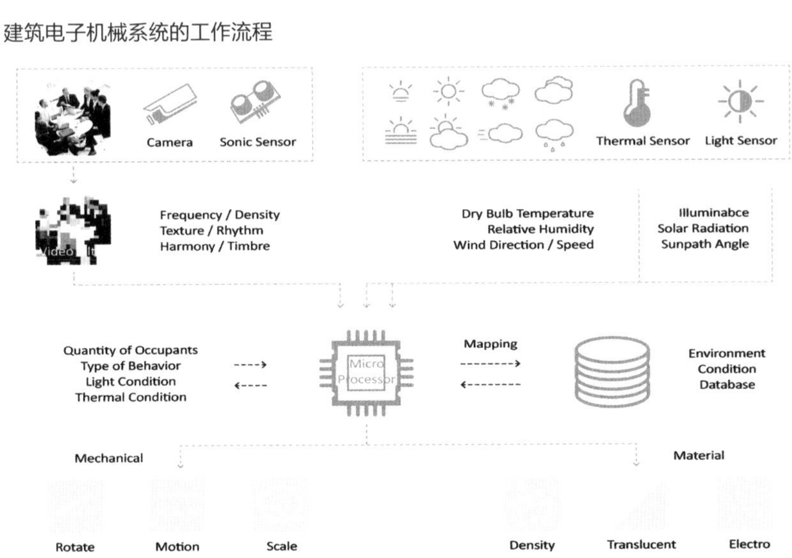

第一步 体量和体系

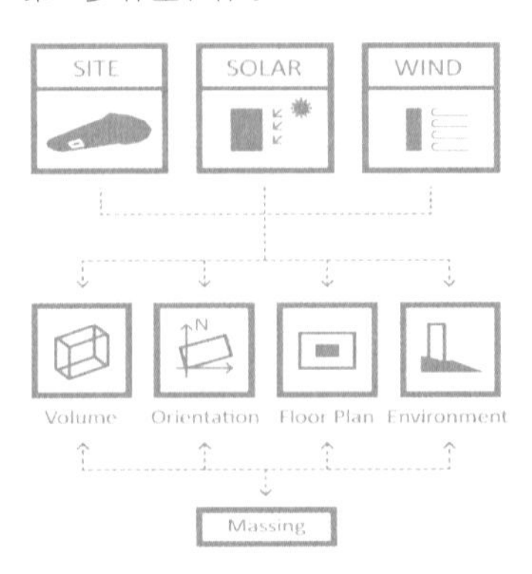

第二步 统一性优化

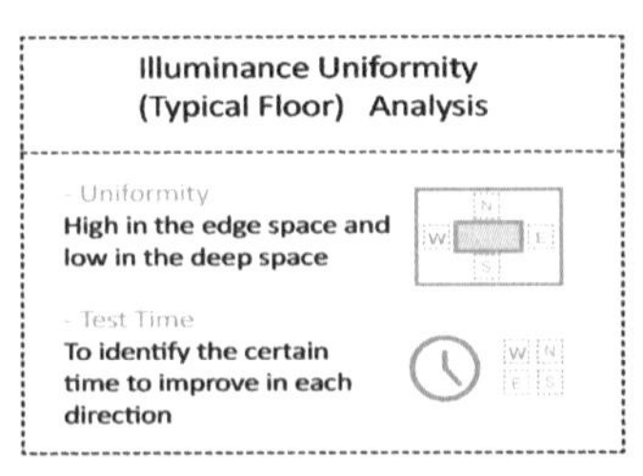

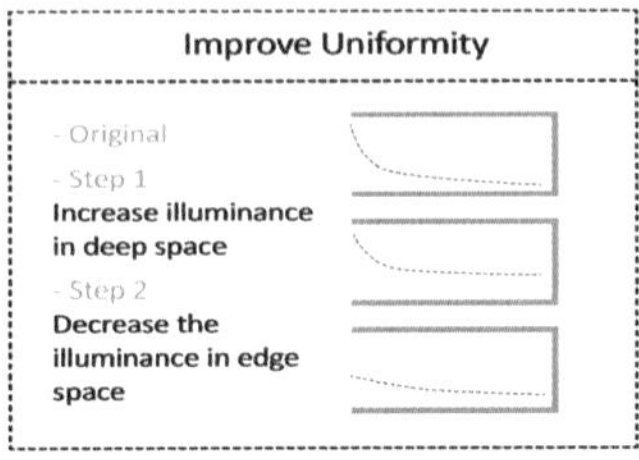

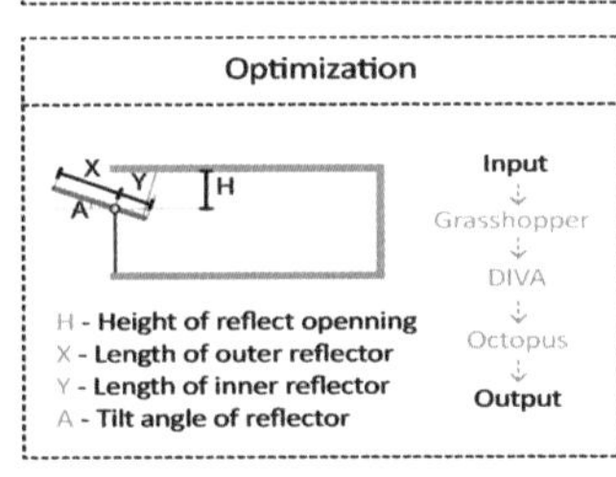

第三步 建筑设计

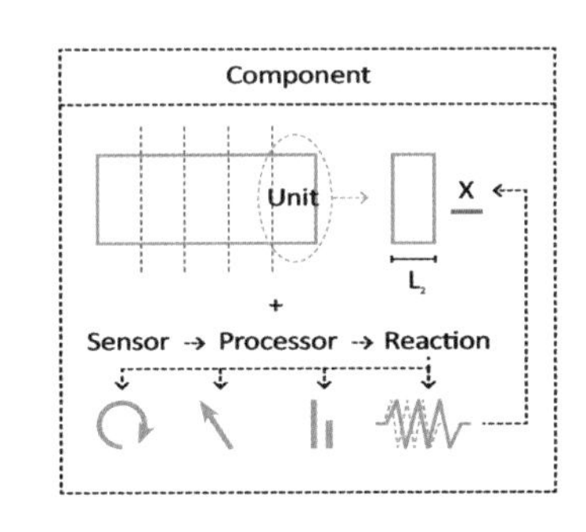

▼体量分析

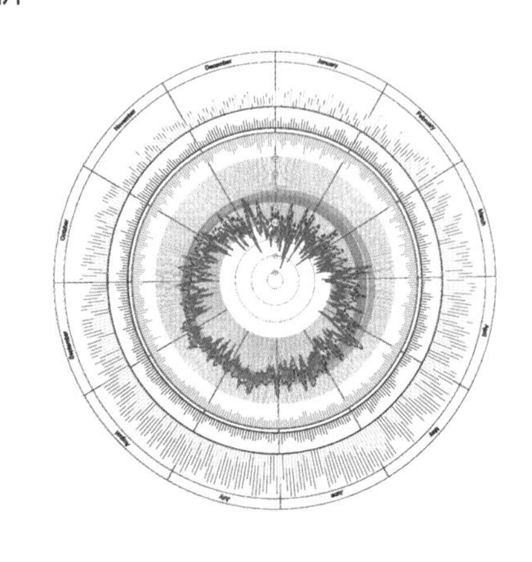

纽约

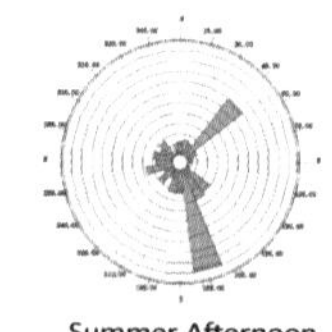
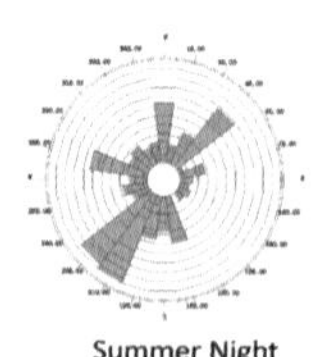

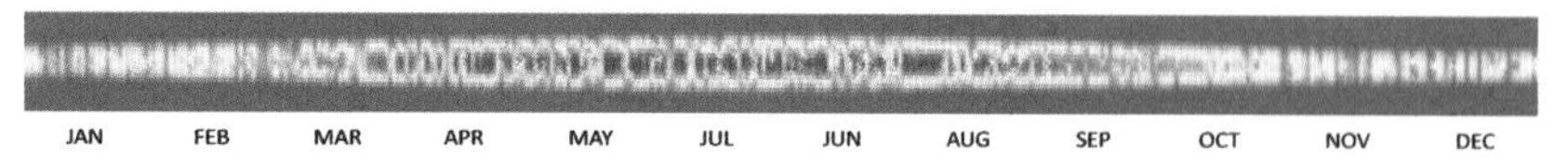

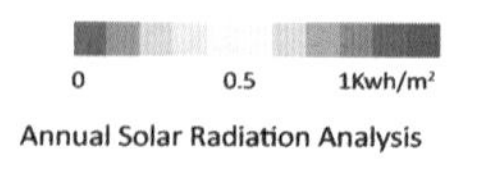

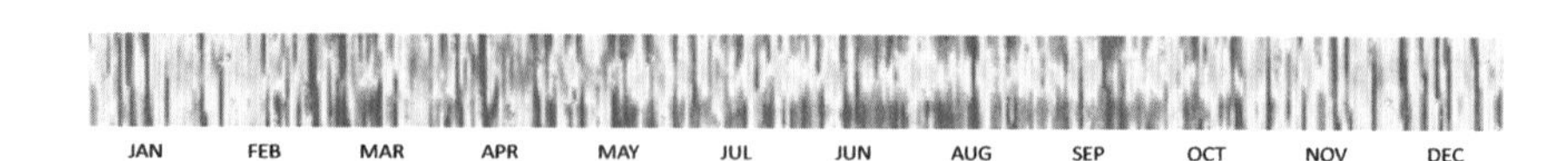

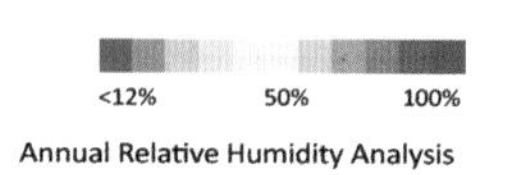

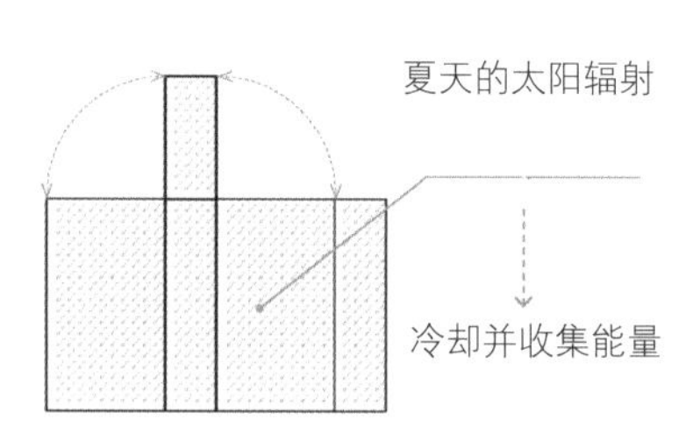

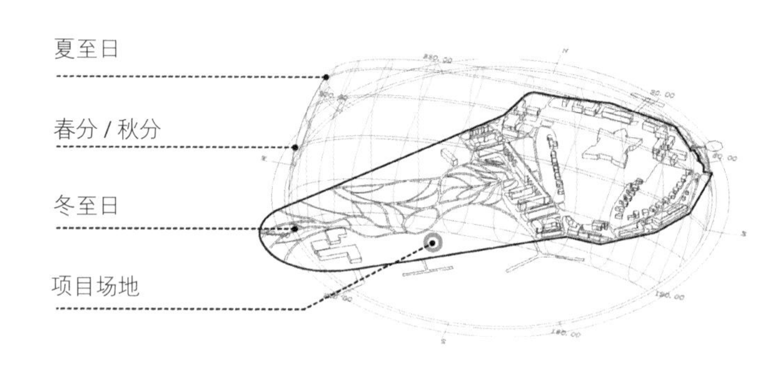

▼设计参数优化

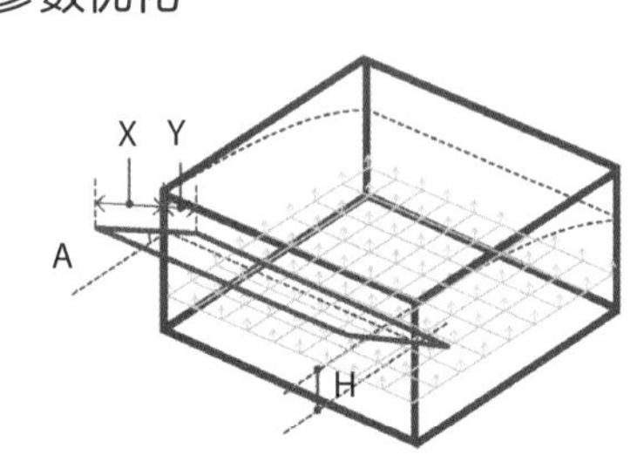

输入参数

H- 反射开口高度
X- 外部反射面长度
Y- 内部反射面长度
A- 反射面倾斜角

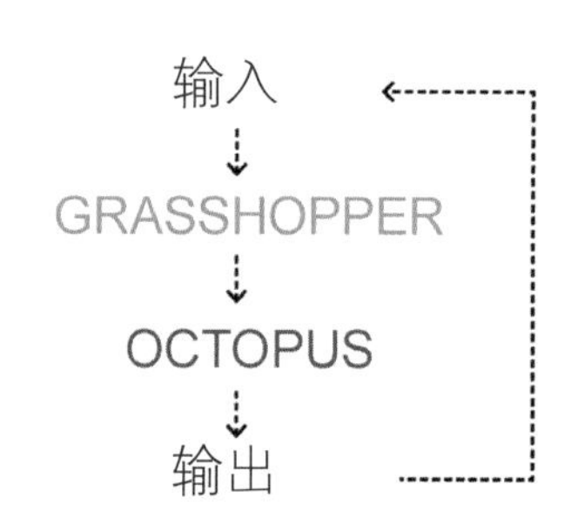

输出参数

最小照度：测试区域内的最小测试值

比率：测试区域内的最大 / 最小测试值

▼光照均匀度分析

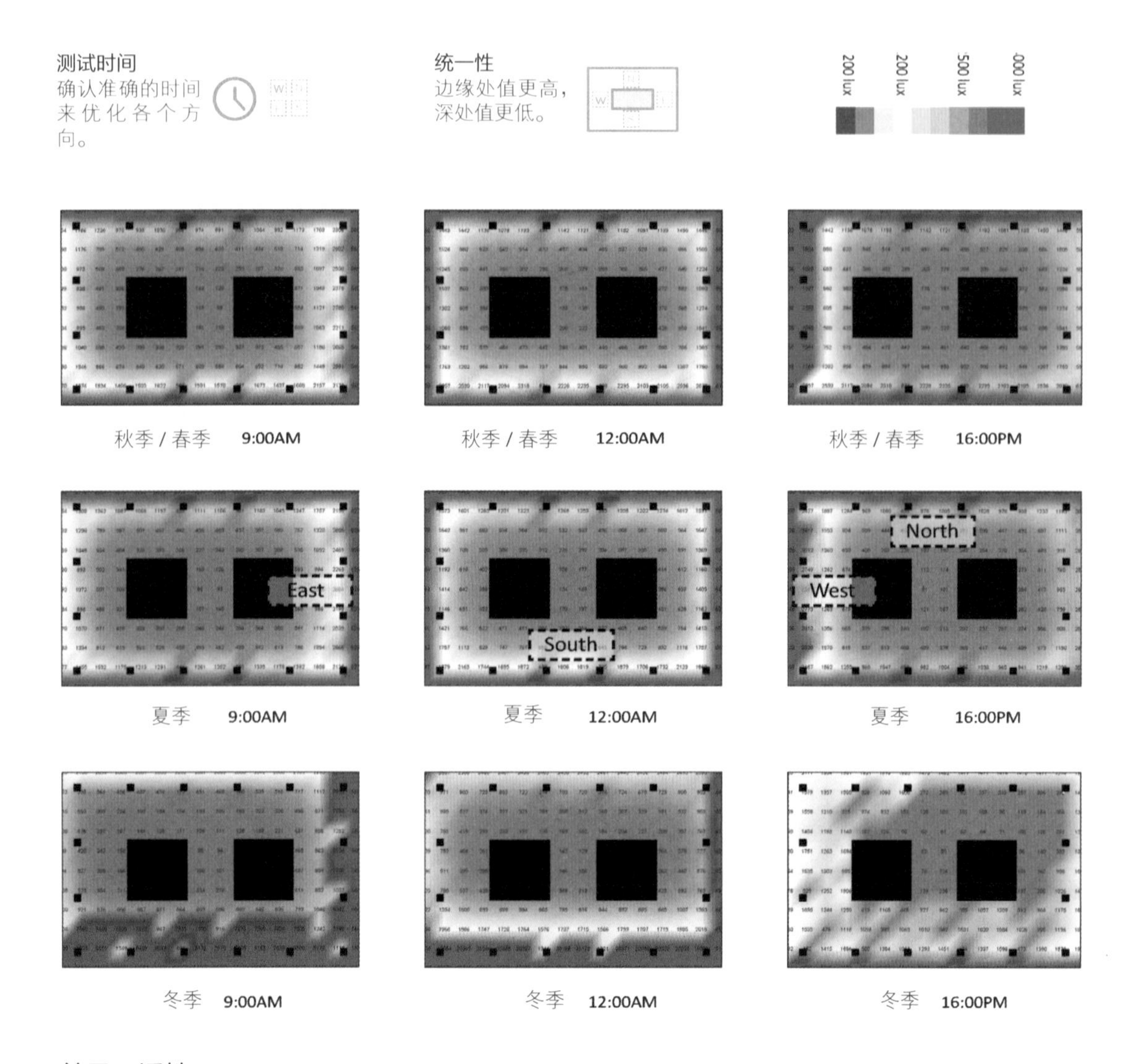

▼单元可适性

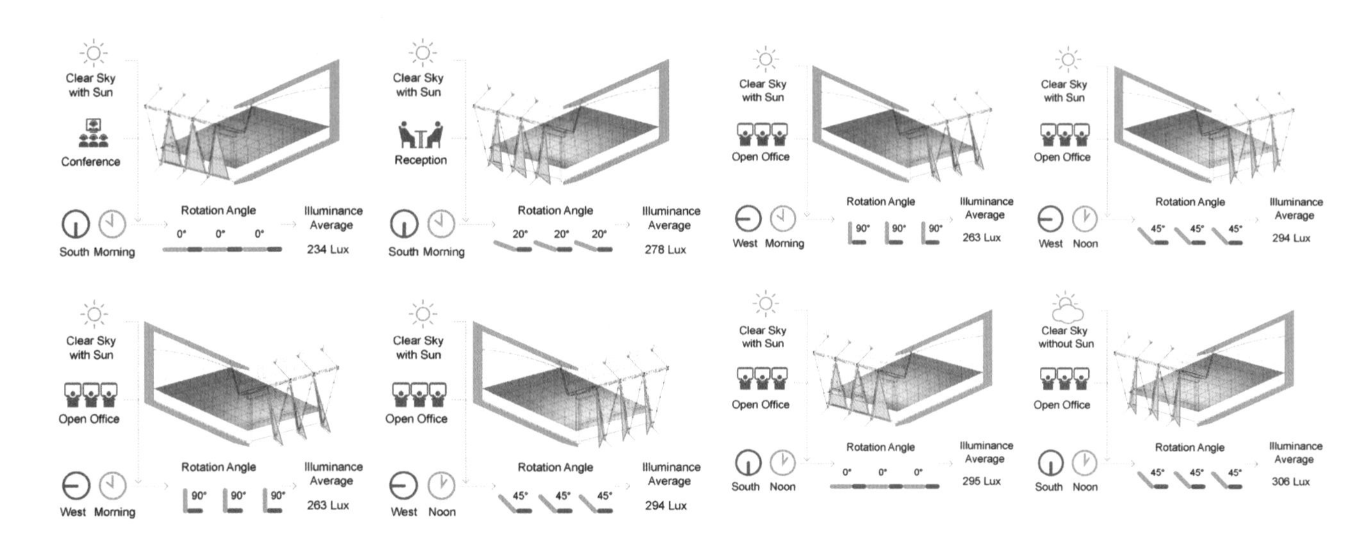

▼循环系统

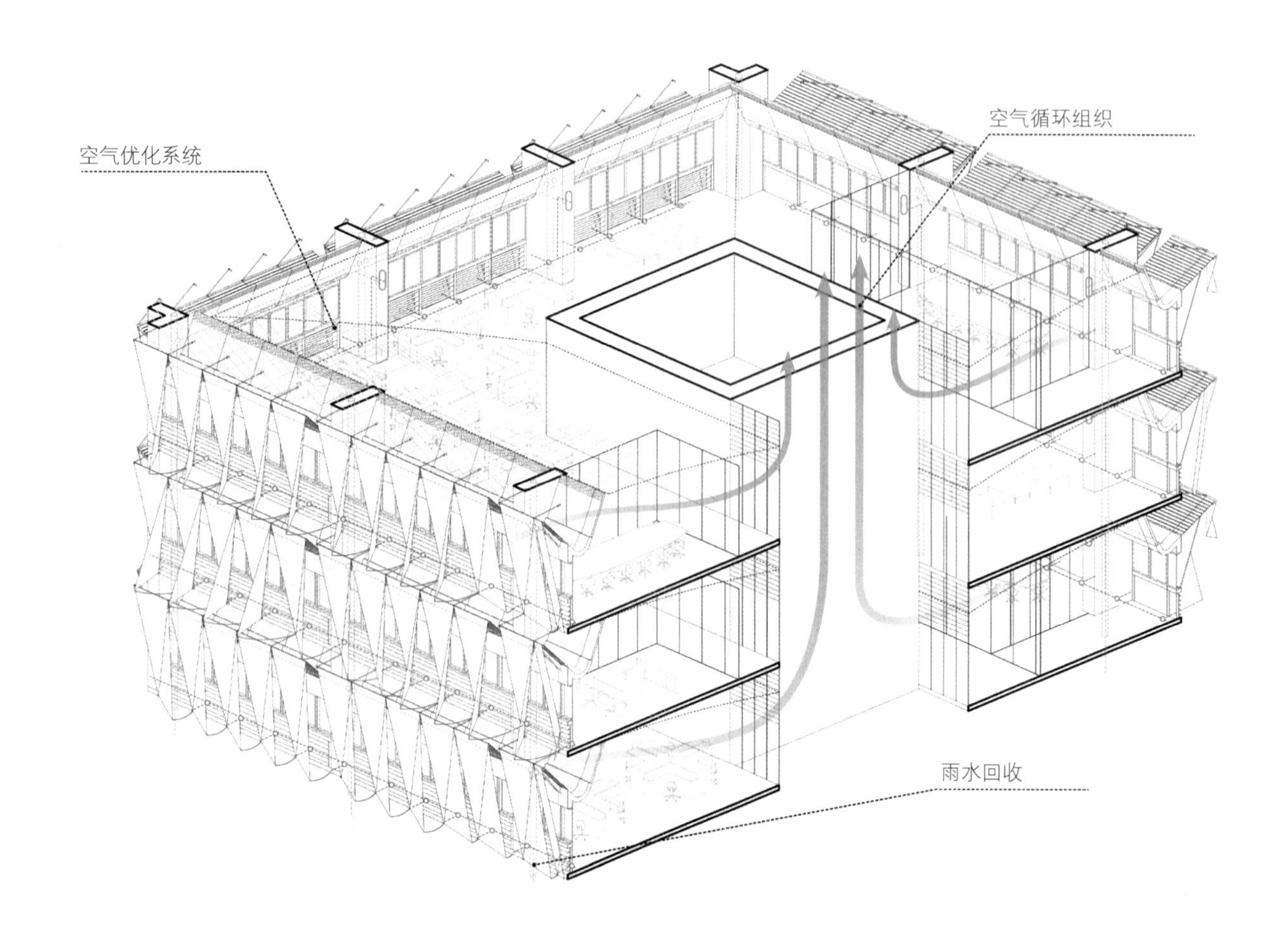

EXPERIENCE
03 / 个人感受

1.

此课程系统学习了解了建筑可持续参数化设计方法，并初步掌握各技术操作手段，可运用到未来的实际项目工作之中。

2.

硕士课程中配合设计课设置了相关的专业课时，如幕墙构造技术、建筑节能系统等课程，辅助课程将对设计课形成有效的技术支持。

3.

课程强调理性的推理和对数据的分析，将建筑设计过程更加逻辑化，培养了学生对设计过程思考、判断、筛选的能力。

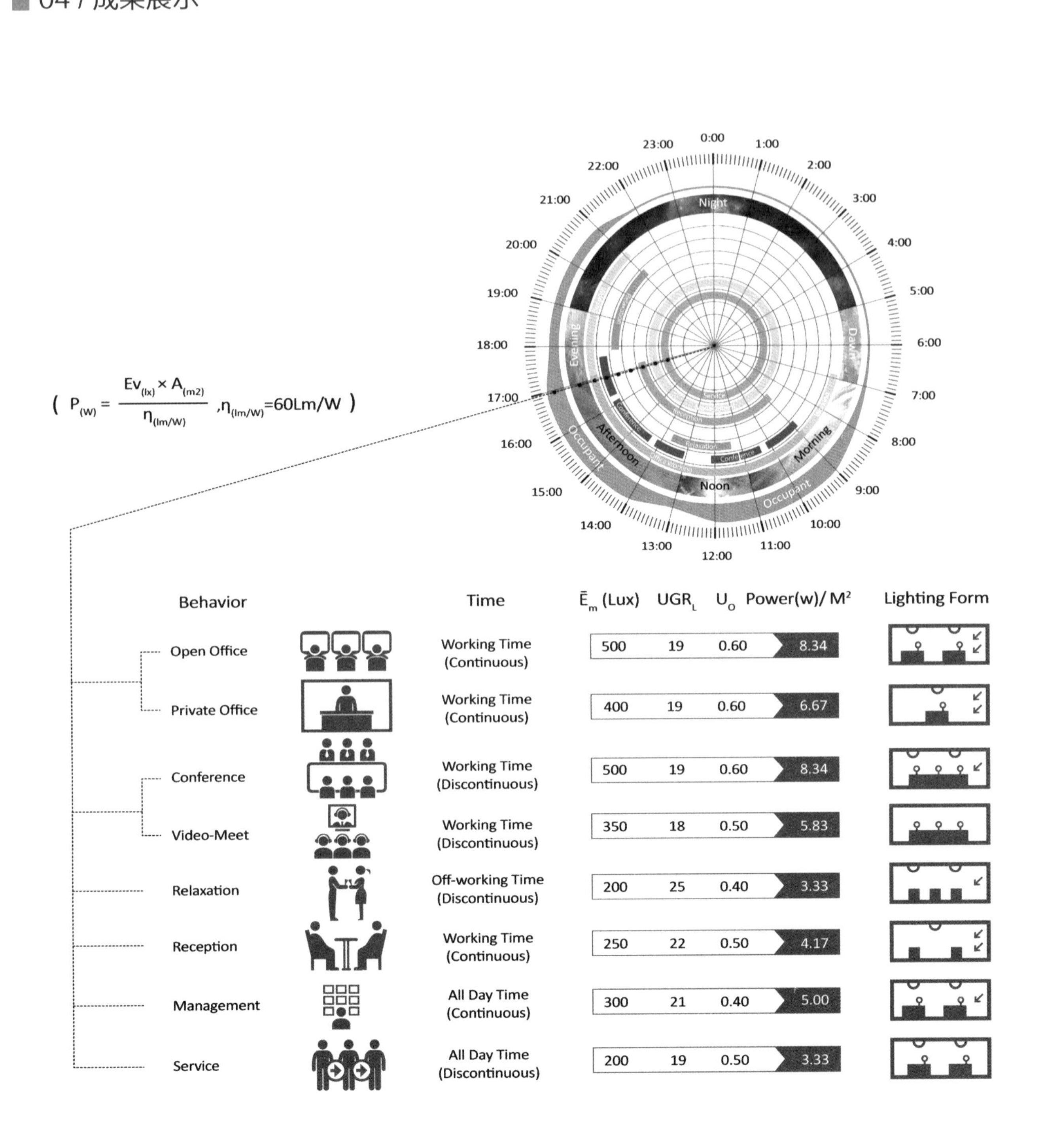

$$\left(P_{(W)} = \frac{Ev_{(lx)} \times A_{(m2)}}{\eta_{(lm/W)}}, \eta_{(lm/W)} = 60Lm/W \right)$$

Behavior	Time	$\bar{E}_m$ (Lux)	UGR_L	U_O	Power(w)/M^2	Lighting Form
Open Office	Working Time (Continuous)	500	19	0.60	8.34	
Private Office	Working Time (Continuous)	400	19	0.60	6.67	
Conference	Working Time (Discontinuous)	500	19	0.60	8.34	
Video-Meet	Working Time (Discontinuous)	350	18	0.50	5.83	
Relaxation	Off-working Time (Discontinuous)	200	25	0.40	3.33	
Reception	Working Time (Continuous)	250	22	0.50	4.17	
Management	All Day Time (Continuous)	300	21	0.40	5.00	
Service	All Day Time (Discontinuous)	200	19	0.50	3.33	

REVIEW
05 / 学者点评

天津大学 张昕楠

京都大学建筑学博士，天津大学建筑学院副教授，硕士导师。
研究方向：建筑设计及其理论，建筑设计教育研究，建筑及城市空间环境行为心理量化研究，知识生产型办公建筑空间环境研究。

无论庇护所、房屋抑或建筑，其建造和设计的过程始终处于一种选择的状态，而决定或支持选择的目的性条件从开始的“不塌”“美”再到“功能”“效率”，实则体现了不同时代的价值观或技术制限。参数化设计方式的出现，为我们当代的建筑设计选择提供了无限的可能，特别是当“美”成为选择标准时，反而会使设计者陷入一种“乱花渐欲迷人眼”的境地。在吴冠中同学的这个设计案中，其基于生态、气候条件的参数化设计过程，从体量、空间和气候调节方式等层面，很好地利用了计算机技术带给设计者的方便，也使我坚信了之于理性形式的观点——即“形式追随目的”。

华南理工大学 孙一民

哈尔滨工业大学博士，长江学者特聘教授，国务院特殊津贴专家，中国建筑学会常务理事，国家百千万人才工程入选者及“有突出贡献的中青年专家”。
“建筑设计”国家精品资源共享课的负责人、主讲教师和国家级教学团队主要负责人。曾主持多项国家大型体育建筑工程，完成奥运会、亚运会、世界大学生运动会、全运会及其他体育建筑工程 22 项。

数字时代，技术更加需要专注。虚拟的世界，更加需要逻辑。建筑学生的设计教育，更加需要培养技术思维的逻辑。现实中，经常看到建筑设计过程中的数字技术的介入与使用变成了花式炫耀。往往是，观者不知就里，恐怕学生也多是乐在其中，而未必知其所以然。这个设计课，通过技术全面的教师团队，一步一步让学生摸索前进，学习掌握思考的逻辑方法，进而完成了推理严谨的技术设计。相信，形式之外的教育是学生最大的所得。

清华大学 韩孟臻

清华大学建筑学院副教授，
日本京都大学工学博士，
国家一级注册建筑师。

该课程设计应用参数化设计工具，以办公空间的采光性能优化为目标，发展出内在技术合理的办公建筑立面。设计的过程和结果都体现出理工型大学与大型设计企业联合开展建筑学研究的务实风格。期望在中国建筑设计市场逐渐走向成熟之后，建筑教育领域也能够出现这一类研究型的设计课程，建筑学的学生也能够更加重视形式操作之外的建筑设计出发点。

门德里西奥建筑学院 | **潘晖**

本科：
东南大学建筑学院
研究生：
瑞士门德里西奥建筑学院

工作经历：
实习于北京标准营造
苏黎世克里斯汀·克里兹工作室

关键词
概念，结构，瑞士

从智性到感性

门德里西奥建筑学院 / 瓦勒里奥· 奥加提设计课程

门德里西奥建筑学院（Accademia di Architettura of Mendrisio）位于瑞士提契诺学派发源地提契诺州，由马里奥·博塔（Mario Botta）于 1996 年成立，现在已经成为瑞士最重要的三所建筑学院之一。这篇文章主要介绍了门德里西奥建筑学院瓦勒里奥· 奥加提设计课程（Valerio Olgiati Studio）基于对区别于现代主义的当代建筑的理解的教学方法和笔者的切身体会。

STUDIO INTRODUCTION
01 / 课程介绍

▼教师

瓦勒里奥·奥加提曾在苏黎世联邦理工学院学习建筑。在苏黎世生活和工作一段时间之后，他曾在洛杉矶生活数年，1996年他在苏黎世开始了自己的建筑事务所，并于2008年与他的妻子塔玛拉·奥加提来到了弗利姆斯。他的主要建筑作品有帕斯派尔斯校舍、弗利姆斯的黄房子、沙兰斯的音乐家工作室和策尔内茨的为瑞士国家公园设计的博物馆。其他一些重要项目包括意大利卡纳斯酒庄、德国霍亨拜因斯坦（Hohenbeilstein）庄园的音乐堂和秘鲁首都利马的一栋高层建筑。他在苏黎世联邦理工学院、AA和纽约州康奈尔大学任客座教授。2009年，他得到了哈佛大学丹下健三教席。自2002年起，他一直在意大利语区大学门德里西奥建筑学院任全职教授。

▼课程

门德里西奥的瓦勒里奥·奥加提设计课程由1名教授、3名助教和24名学生组成，学生主要来自研究生一二年级。学期长度为三个半月左右，在整个学期的学习过程中，24名学生会被安排成3组，分别由3名助教负责教学管理。

每个助教在教授监督下可以提出自己的设计题目，但是与其他设计课程不同的是，设计题目一般只有一个基本词汇，而除了基本词汇以外的一切条件都是完全自由的。在2014春季学期3个基本词汇分别是：柱子、碎片和联排住宅。而今年瓦勒里奥是门德里西奥2015年毕业设计的督导，他所出的题目是：森林、混凝土、购物中心、屋顶和100000m^2。可以看出他所出的题目都是围绕最基本的建筑学元素：材料、功能、面积和结构等，力求围绕某一个建筑最基本问题进行深入地探讨，而断绝与建筑学之外的学科如文化、历史、文学等的关系。每周三学生必须向助教发邮件陈述一周的工作进度，而周四则与助教面对面交流。助教是不被允许携带纸笔，也不被允许给予任何参考资料。

在助教与学生之间的讨论中，学生在向助教解释完方案以后往往会陷入长时间的沉默。助教会设法使用最简洁的词汇总结学生的基本概念，并提出对于概念的异议或者方案中与概念相矛盾的地方。虽然一般奥加提教授每周五都会以公开答辩的方式与学生交流一次，但是实际上每周只有6个助教认为最优秀的方案才有资格和教授交流，而其他学生则通过旁听答辩反思学习。在学生与助教交流后，助教会以邮件方式通知哪个学生有资格在第二天的公开答辩中展示方案。这无形中也给学生施加了巨大的压力，事实上个别学生的方案在最终答辩之前从未与教授有过任何交流的情况也是经常出现的。由于思考太久，我的最终方案在答辩之前就从来没有和教授有过直接的交流，幸运的是最后还是得到了很好的评价。

在下半学期某一周，奥加提会请结构工程师专门与学生探讨结构问题。学期倒数第三周，教授会进行最后一次公开答辩，之后的两周则由学生完成最终的方案呈现，包括图纸、模型、2m×2m拼贴图像和答辩文件。

▼工作方法

奥加提教授的设计课程对于建筑制图方式有十分严格的规定，虽然在评图过程中也会出现细部层次的讨论，但是在最终的技术图纸中不需要体现任何的细部而只保持一种极度抽象的单线状态。事实上，工作室最终评图时学生只需要打印一张由最重要的技术图纸（如一个剖面或平面）和背景图片拼贴而成的 2m×2m 的图像就可以了，其他技术图纸和图像的呈现都在投影仪上完成。而教授和答辩评委则围绕最重要的技术图纸展开讨论。在整个学期的学习过程中，学生不被要求制作任何研究模型，而始终在抽象的图纸层面与助教和教授进行交流，也不需要制作任何的图像，事实上在跟随奥加提教授学习的一学期中大部分时间都在思考的状态。而在最终答辩前学生必须制作模型，每个学生需要在公开答辩中向教授详细解释模型的制作方式。这些模型都必须保持一种完整物体的状态，所以单独拆去一面墙或者只制作无法辨识的片段是不被允许的。模型制作可以选择任何适合的材料，但是最终都必须被刷成抽象的白色。奥加提教授认为白色是最适合想象的颜色，而类似彼得·卒姆托（Peter Zumthor）㊀材料模型是永远无法接近真实的。换句话说他更相信基于经验之上的想象，并放置在奥加提自己设计的专门的模型支架上。模型与支架如何优雅地连接也是讨论的一部分。

2m×2m 的拼贴图像是学生需要最终打印的成果，图像由最重要的一张或几张技术图纸和有助于解释方案的图片拼贴而成。

▲期末答辩教室

▲模型

▲期末答辩前最后一次“拼贴”答辩

㊀彼得·卒姆托（Peter Zumthor）：瑞士巴塞尔的建筑设计师，2009 年获得普利兹克建筑奖（Pritzker Prize），代表作有品沃尔斯温泉（Thermal Baths at Vals）。

▼**设计观**

虽然我们看到很多奥加提教授的学生作业都有十分类似的语汇，但实际上在教学过程中奥加提并不关心这些，他教学的主旨就是引导学生用**单一概念**（one idea）去控制一个方案，这里所说的概念与国内的理解有些许不同。在这里，一个结构体系可以成为概念，一种特殊的空间经验也可以成为概念，而概念都必须紧密围绕最基本的建筑学元素展开。一个好的方案的每一根线条都必须围绕这个概念，形成一套严密的逻辑系统。

奥加提在一次访问中提到，他觉得**单一概念**是他最重要的工作方法之一，原因是他觉得只有通过紧密围绕**单一概念**的方式才能最精确地控制住整个建筑。一个好的建筑必须是一个严密的系统，是任何一部分都不能脱离于其他部分而独立存在的整体，任何元素都具有其存在的意义。如果没有强有力的概念支撑，他会很容易受到外界干扰，每一次旅行，甚至看电视看杂志都会给他带来新的影响，而这对于他是危险的。好的建筑应该趋向于一种没有参照的全新创造，虽然他自己也承认这是不可能完全做到的，但是他仍试图用这个标准严格要求自己和他的学生。在他看来将建筑学与其他学科相关联的做法是没有意义的，这其中也包括将建筑学与文化过多的联系起来。建筑学必须是完全独立自治的，在这个基础上用最基本的建筑学词汇去重新探讨建筑并且创造出有别于任何既定风格和历史的新的、独立的建筑形态，只有这样才能对建筑学做出最大的贡献。而奥加提要求学生用极其抽象的表达方式的目的也在于将讨论局限在最为本质的建筑学词汇之内。

任何立即就可以被完全理解的建筑都是无力苍白的。好的建筑应该能够引发人们思考甚至成为一种社会事件。正如达·芬奇最著名的画作蒙娜丽莎的微笑，神秘而未可知的答案引发了人们的讨论也成就了它的伟大。在奥加提自己的设计和他所指导的学生作业中，矛盾性是非常重要的组成要素。矛盾性往往能给予建筑一种上升到哲学层次的张力，也是激发人们思考的重要工具。而这种矛盾性必须是自主地、顺其自然地发生的，而非刻意地构图。这也是为什么建筑必须是一个严密的整体的原因，因为只有这样才能合乎逻辑地组建一对矛盾。奥加提举过一个例子：如果你想象进

▲**答辩嘉宾**

▲奥加提在门德里西奥建筑学院的个展

入一个小房子，那么你能预期会看到一个楼梯，然后通过那个楼梯上楼。但是现在如果你进入同样一个房间但是却看到了两部楼梯，于是你就会开始思考为什么需要两部楼梯，只有当你体验了整个房子以后你才能理解为什么会有两部楼梯。而引发这种矛盾性的条件必须是这里没有任何元素是牵强附会添加的，一切都像一个有机体一样是固有的，建筑只不过诚实地展现它本来应该拥有的面目。

感性的诗意与身体体验。虽然方案最终呈现的方式是抽象的，但是在与教授讨论方案的过程中，奥加提却表现的极为感性。他习惯用想象力去完整地体验学生的方案，当遇看到让他兴奋的出色方案时，他会用语言甚至用肢体去描述他所观察到的优秀的体验感觉。事实上在奥加提自己的设计过程中他十分擅长于提取在旅行所体验到的令他着迷的独特体验，将其以一种新的呈现方式运用到自己的设计中去。

奥加提的父亲鲁道夫・奥加提（Rudolf Olgiati）是瑞士极具声望的建筑大师，而从里斯蒂安・克雷兹（Christian Kerez）在鲁道夫死后不久为其收藏的无数老房子的部件所拍的照片中我们也可以发现，鲁道夫是一位十分尊重历史、对传统持保守态度的建筑师。想摆脱父亲的影响也许就是奥加提设法脱离传统束缚的最大原因之一。 他年轻时在美国的经历和日本建筑师尤其是筱原一男（Kazuo Shinohara）对他的影响也是非常重要的。现在奥加提仍然与日本建筑界尤其是东京工业大学（TIT：Tokyo Institute of Technology）有着十分密切的联系，在他的邀请下，长谷川豪（Go Hasegawa）成为门德里西奥建筑学院最年轻的访问教授之一。

现今在瑞士有一大批年轻建筑师都受到了奥加提的巨大影响，其中最杰出的代表莫过于今年刚成为苏黎世联邦理工学院访问教授的帕斯卡・弗莱姆（Pascal Flammer）和现在是奥斯陆大学访问教授的拉斐尔・朱伯（Raphael Zuber）。其中拉斐尔在门德里西奥做访问教授期间，带领他的学生编写了一本《重要的建筑》（*Important Building*）极具启发价值。这两位都是奥加提在苏黎世联邦理工学院做访问教授时期的学生，在奥加提成为门德里西奥的正式教授后跟随他做了数年助教工作。

▼异同

与苏黎世联邦理工学院的米罗斯拉夫·西克（Miroslav Sik）教授和门德里西奥的昆塔斯·米勒（Quintus Miller）教授等典型的瑞士建筑师对于图像的态度十分不同的是，奥加提在学生发展方案的过程中基本不使用图像，而只针对小比例的平立剖技术图纸进行深入的讨论。但这并不意味着奥加提是一个完全摒弃图像的建筑师，图像对于他仍然至关重要，我们从他在 2G 杂志（国际建筑杂志，International Architecture Magazine）上所发表的图像自述中就可以体会到图像对于奥加提的重要性。

每个学期学生开始设计工作之前，奥加提都会组织一次图像答辩，在这个答辩中每位学生必须呈现三张对自己具有关键影响的图片并且进行解释，而教授也会针对这些图片进行探讨。他强调学生所选择图片价值观的一致性，以及除了构图之外其他具有深度的意义。他希望学生能通过图像来形成一套自己独特的价值体系。

我们深入了解奥加提所选择的图像以后会发现，他对于图像的选择绝不仅仅停留在视觉层次，图片内容所体现的背后的深刻意义是更为重要的，这种对于图像的理解方式也经常导致误读。

EXPERIENCE
03 / 个人感受

通过这次课程设计的学习理解了瓦勒里奥·奥加提教授在清晰的建筑历史观指导下对于当代的建筑反馈。学习如何使用理性、精确、节制的设计手段，从最基本的元素出发，试图创造出新的建筑类型。理智的诗意是重要的目标。

FINAL
04 / 成果展示

词汇：柱子
功能：教堂与牧师的家
基地：香港某街角

反转：具有神圣意义的教堂被巨大的柱子所支撑，但是其空间却并没有表现出强烈的特质，作为结构的楼梯也具有进入教堂的仪式化意义；下侧的世俗部分中，由于结构的介入具有了强烈的空间特质，而结构本身则是为了教堂而存在。

谜：建筑被分割成私密与公共，上与下两个部分。进入教堂的人只能体验到仪式感极强的楼梯与教堂空间，而在牧师的家中则只能看到巨大的结构。只有体验过建筑整体的人才能理解建筑的真正含义。立面作为结构的面具而存在，在建筑外部只能看到一个楼梯入口与一根柱子。

▲场地

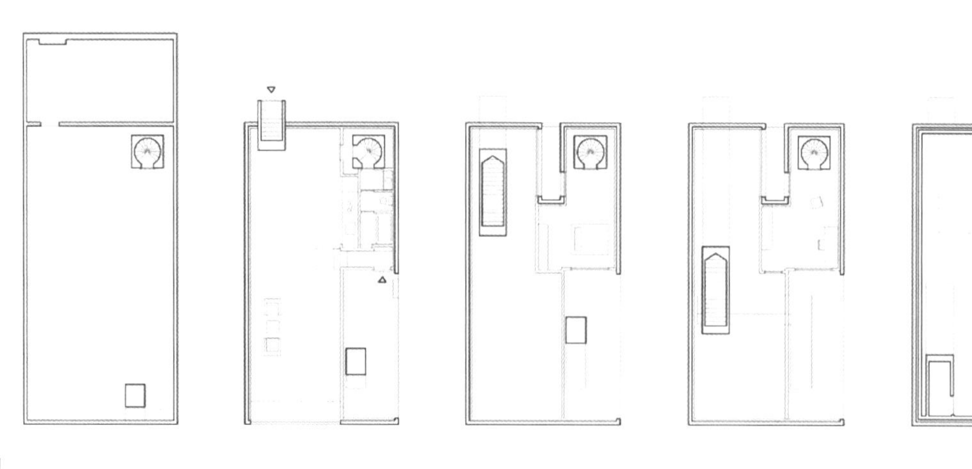

▲平面图

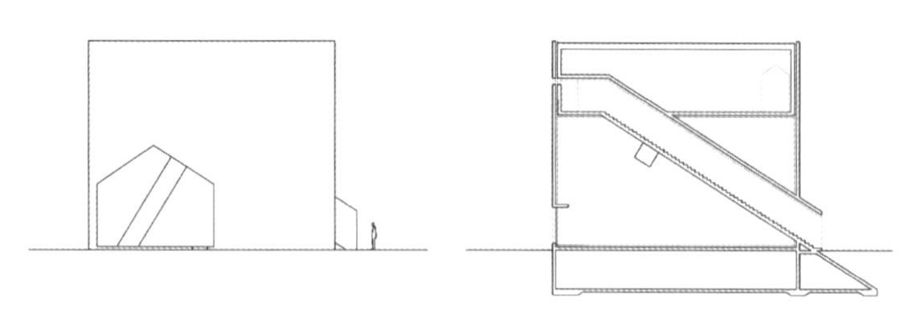

▲剖面图

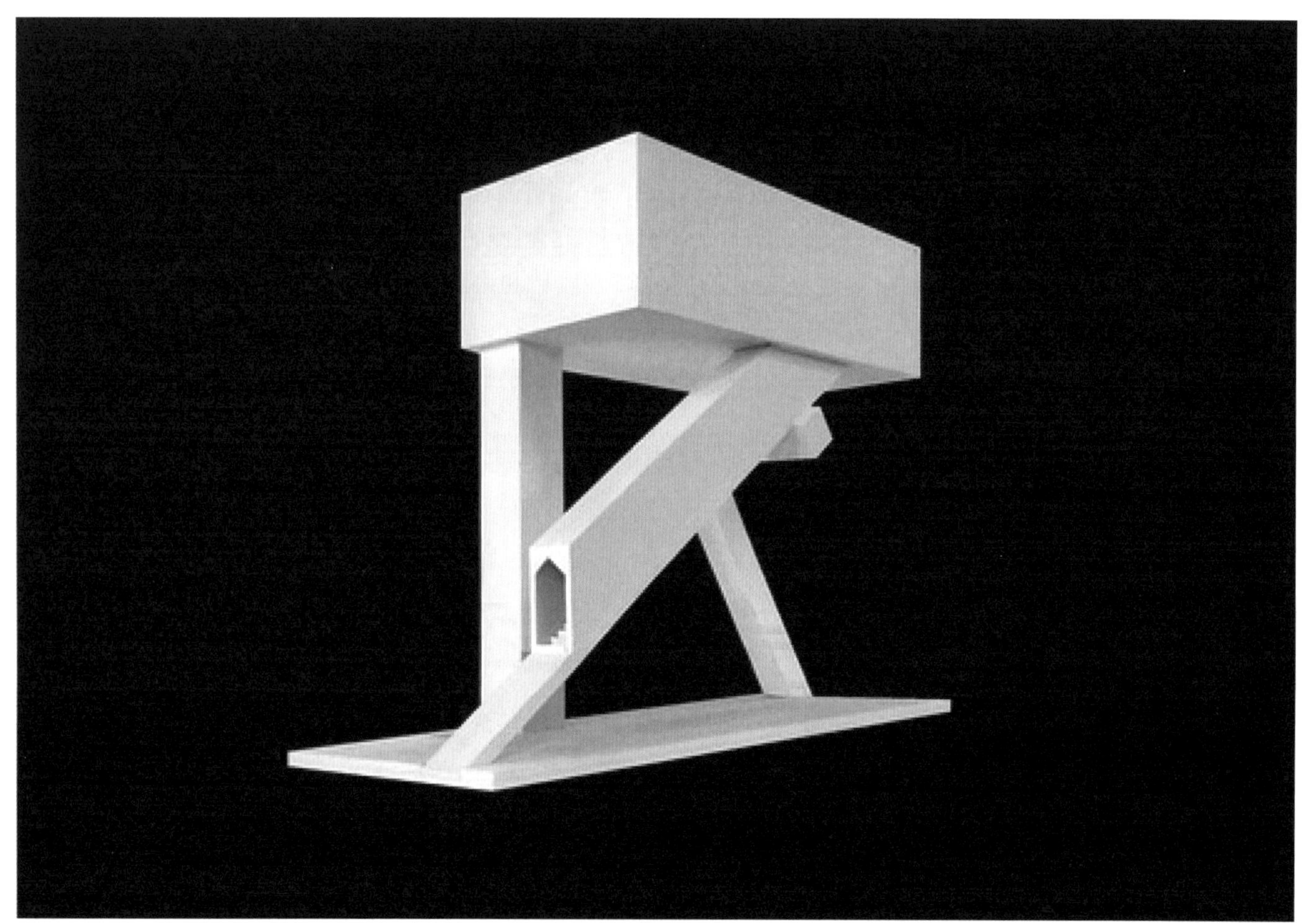

▲模型照片

▲室内效果图

REVIEW
05 / 学者点评

同济大学 王方戟

同济大学建筑与城市规划学院教授，上海博风建筑设计咨询有限公司主持建筑师。
主要参与本科三年级建筑设计教学，研究生城市与建筑设计联合教学。

从介绍中可以体会到这个作业的导师有一种强烈的将建筑社会意义剥离、使建筑的本体性得到加强的意愿。他制定的这个教案也试图排斥建筑的其他性质，把建筑维护在一个非常纯净的自我定义的范畴之内，是一个比较偏激的教案。这样的教案不适合对专业理念尚不成熟的本科低年级学生的训练，但作为对高年级或研究生的建筑设计训练还是很好的。建筑与其他艺术的差异就体现在其社会性之上，要是将社会性剥离，建筑还是建筑吗？对于高年级学生进行这样的设问，再在这样的无杂质纯净专业“空气”中挣扎一下，这种体验还是很难得的。潘晖同学的能力很强，作业的设计及表现都很好。他一定也理解，这是一种极端的思考方式。要以这种思考为参照，再环视各种建筑观念，最后建立自己的独立思考。

天津大学 张昕楠

京都大学建筑学博士，天津大学建筑学院副教授，硕士导师。
研究方向：建筑设计及其理论，建筑设计教育研究，建筑及城市空间环境行为心理量化研究，知识生产型办公建筑空间环境研究。

一切建筑的设计问题，最终都无法逃脱物件或要素的协调，这一协调的过程既贯穿于设计的图纸上，更体现于建造的过程中。在“教堂与牧师的家”这一方案中，所有的物件被一种克制的方式、恰如其分地实现了其在空间、序列及类型上的意义，同时也保持了其在结构本源上的身份。某种意义上，奥加提教授这一设计题目中对于单一概念和词汇的严苛要求，在束缚学生旺盛设计想象的同时，反而激发了他们对于存在的现实物件的深刻思考，更给予了他们在不同的设计层面，深化单一概念的机会，而这一深化的能力恰恰是当下的中国学生容易缺失的。

长安大学 刘启波

长安大学建筑学院副院长，副教授，硕士生导师。
研究方向：建筑设计方法论，绿色建筑设计，建筑节能技术体系研究。

建筑学是一门综合型强的应用学科，随着科学技术的发展和学科的细分，更多的学科对建筑学产生影响，设计中要考虑的因素也越来越复杂，我们到底要设计什么、要怎样设计恐怕困扰了不少学设计的学生。该设计课排除一切外界因素，只单纯地考虑建筑学元素，不失为一种很好的锻炼设计思维的方法。

不一样的思考方法，不一样的表现方法，不一样的成果要求，设计本身就在追求独特性，这就是很好的独特性，影响力是巨大的。

II URBAN & ARCHITECTURE
第二章 | 建筑与城市

“BROWNSVILLE

IS A
PLACE SO IMMUNE
TO GENTRIFICATION
THAT IT IS ALSO
IMMUNE TO THE
NEGATIVE FALLOUT
FROM
GENTRIFICATION”

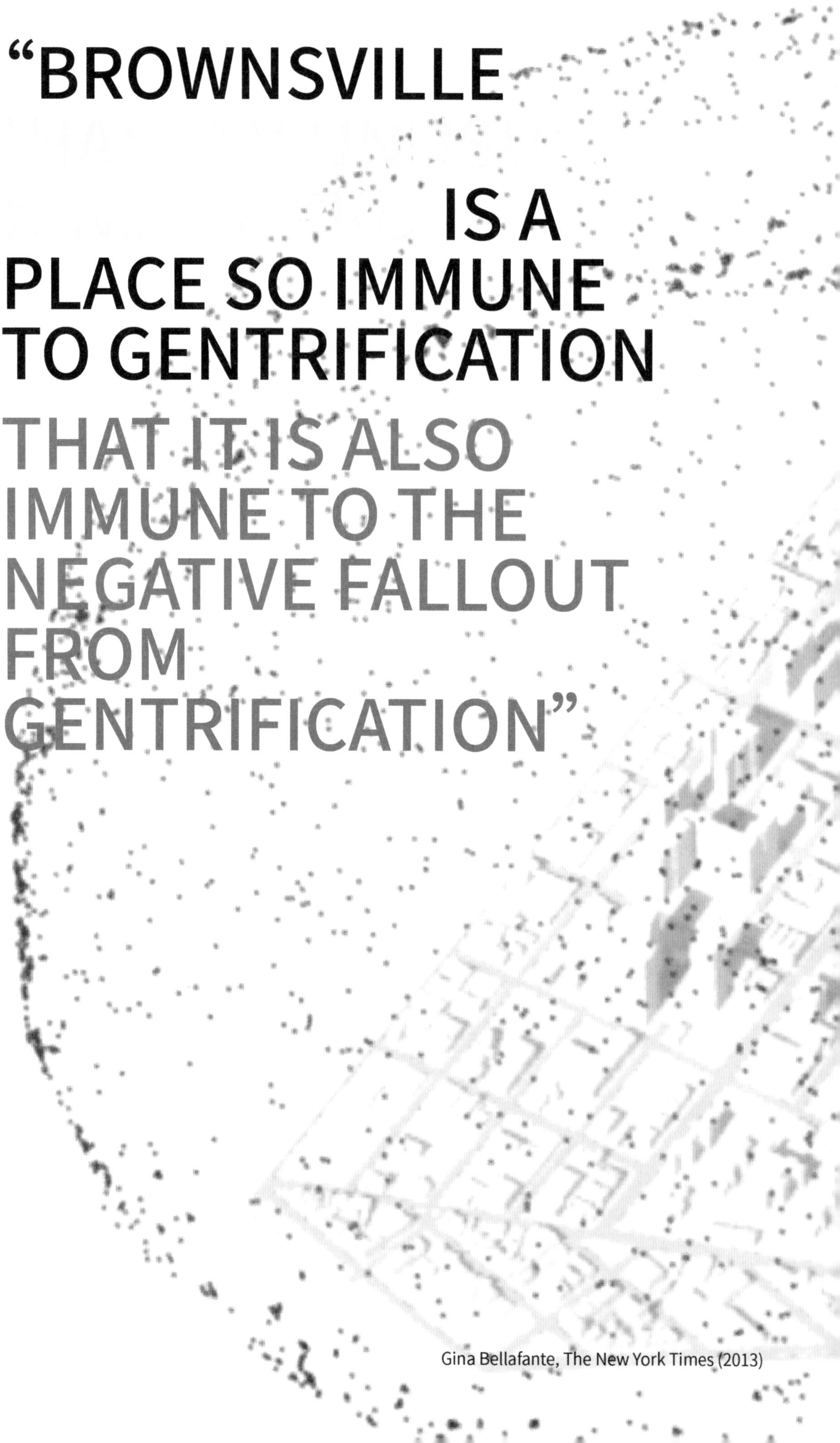

Gina Bellafante, The New York Times (2013)

哥伦比亚大学 | 武洲

关键词
问题，改造，艺术

本科：武汉大学城市设计学院
硕士：哥伦比亚大学建筑系

工作经历：
基本研究室（Preliminary Research Office）

罪恶之城的改造计划

哥伦比亚大学 / 建筑与城市设计项目基础课程

城市中，日月更替之间，有太多的人和事在城市这座舞台上演。每当我们拿起相机，用镜头聚焦这座舞台，用独特的视角来观察我们这个纷繁复杂的世界，都会有无数的故事呈现在我们面前。转换的镜头之间，城市的布景在不断变化，故事的情节也或喜或悲，耐人寻味。当我有幸来到纽约这座现代化的国际大都市，我用我的镜头记录下了这座舞台光鲜靓丽的瞬间，而在繁华的背后，这座城市也有鲜为人知的灰暗和辛酸。纽约像是一本鲜活的教科书，让我穿梭于摩天大楼间的时候，也会思考这座城市发展的点滴故事。

在哥伦比亚大学建筑系（GSAPP）的学习课程中，收获最大的莫过于用电影的视角解读城市。用电影的方式来讲述城市中的故事让我学会如何发掘我们身边有趣或者值得思考的话题，也让我学会如何在荧幕上将故事生动呈现。

团队成员：武洲，曹广月，曾子杨，格雷·西·萨利斯伯勒·米尔斯（Grey Sea Salisbury Mills）

STUDIO INTRODUCTION
01 / 课程介绍

▼教师

富东（Phu Duong）先后毕业于华盛顿州立大学和哥伦比亚大学，并且先后取得建筑学学士和建筑与城市设计学硕士，现在纽约的 NBBJ 事务所工作。他从 2003 年开始在哥伦比亚大学教课至今，主要从事城市范围内的公共空间与设计。

▼专业

课程全称为“城市设计的数字化建模（DMUD）”和“阅读纽约都市生活（RNYU）”，在我们的课程安排中这是两门独立的课，但其实这两门课的教程、教学进度以及教授的配置紧密相关并相互配合，使学生最终完成一个视频项目。相比之下，城市设计的数字化建模作为帮助学生进行三维城市设计基础建模的指导课程，更强调计算机软件运用，包括 Maya 建模、动画模拟以及渲染操作。

在熟悉基本操作之后，老师更鼓励大家通过地理信息系统 GIS 以及参数化建模工具 Grasshopper 的辅助，制作信息化城市模型，使数字模型不仅仅能表达物理性的设计信息，还要能反映出城市模型内部的时间、地理位置及其他具有独特城市系统属性的数据信息。

在课程中，老师会指导学生制作不同的城市肌理、城市系统模型，随着课程的进展，学生会对这些模型不断加工，通过剖切、视角变换和动画模拟使模型更加丰富，展现出不同的信息。与此同时，“城市设计的数字化建模”这门课让我们学会了从获取数据、信息分析到建立虚拟模型的一套完整的城市设计方法，这也是整个学期课程的基础。RNYU 的课程综合性更强，学生需要通过实际的场地调研，了解纽约不同社区的城市活动，了解它们的环境属性和社会条件，结合 DMUD 课程中的信息化城市模型，用采集到的影片和城市模型的模拟，最终剪辑成一个微缩的城市故事。课程中，老师会向我们展示一些优秀城市故事的影片，还有一些简单的电影分析知识和制作技巧。在学期结束时，一个完整的城市故事短片作为两门课程共同的成果。

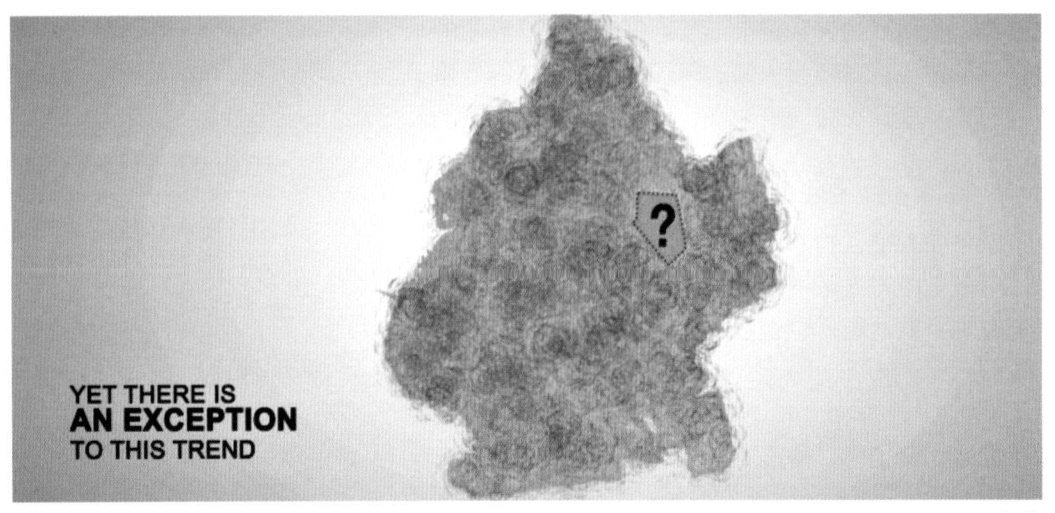

▲定位

▼场地

我们着眼于布鲁克林的一个小区域，名叫布朗斯维尔（Brownsville）。这里拥有纽约密度最高的公共住宅区，也是一个高犯罪率和高失业率并存的社区。曾经有许多次都市计划对这里进行基础设施升级的构想，但由于这里的人口问题和社会问题多年来一直存在，布朗斯维尔似乎成了城市死角，对于这里的改造升级计划一直停滞不前。于是我们希望探究这个区域改造计划屡屡失败背后的真相。通过实地的采访调查我们发现，人口结构的单一和教育的缺失，使得这里很多人没有固定的工作与收入。在这一部分人群中占多数的青少年，因为教育水平低、价值观不健全，极易走上犯罪的道路。他们在街头酗酒、吸毒，甚至会恶意伤人。媒体对于布朗斯维尔的负面报道使外界对于这里产生很大的偏见和不良印象，人们对这里产生心理上的厌恶，自然也不愿意到这里来。城市改造项目在这里夭折，也大多是因为在不良的基础设施和社会环境下得不到应有的效果，又使得外界大众对于布朗斯维尔的印象更加糟糕。如此的恶性循环只会让这里更加脱离城市新陈代谢的步伐，成为长期以来的城市死角。

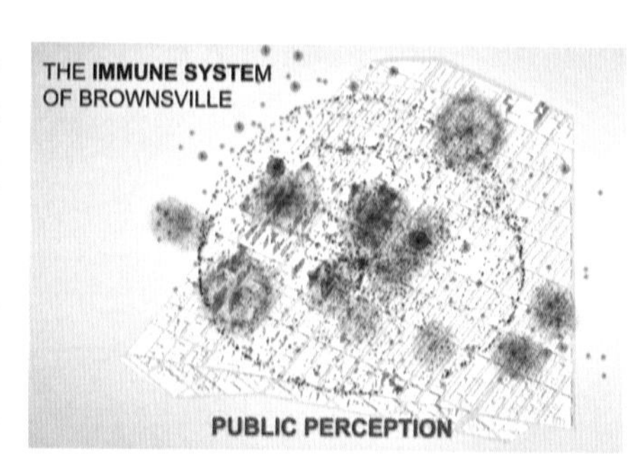

▲公共认知

然而，通过我们的走访记录发现，布朗斯维尔并不像外界认为的那样一无是处。这里的物价极其低廉，以至于会令其他社区的人们认为这里不属于纽约这个繁华而昂贵的金钱都市。倘若按照以往的都市计划，布朗斯维尔被改造升级，这里低廉的物价也将不复存在。正因为低生活成本让布朗斯维尔的普通居民保证了相对的生活质量，这里的人们也不希望他们的社区被改造。由此，正如我们在影片结尾抛出的开放话题，城市的“升级”不单单是物理性的改造，城市问题也不能简单地通过建设和翻新来解决，或许像布朗斯维尔这样对“都市计划”的免疫需要用社会环境的改善来改造。当我们的项目结束的时候，我们也得知，新的社区职业培训与青少年课余教育项目正在这里兴起，而这只是社区长远计划中的一小部分，未来还会有许多环境改造和社会服务项目在这里落地生根，开花结果。

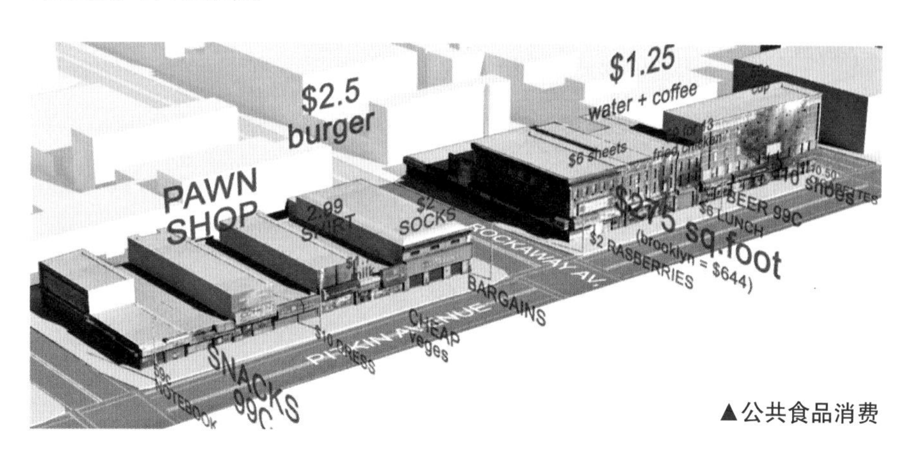

▲公共食品消费

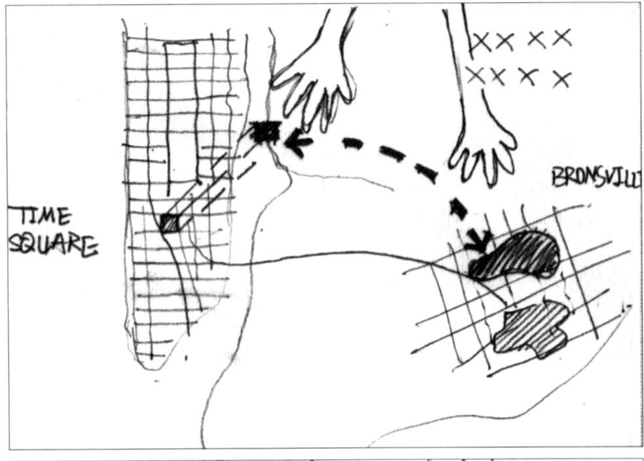

▲分镜头（Stroy Board）

在近三个月的课程学习中，对于我来说收获最大的莫过于叙述城市故事（Urban Story Telling）能力的培养以及小组合作执行力的提升。

调研初期，为了寻找故事线索，我们用草图的形式画出数张对于最终影片的故事构想，对于如何取材、如何展示做了很细致的反复推敲。为了使最终的故事更加丰富完整，除了现场调研采集脚本，我们还参考了一些电影创作作品和新闻媒体报道。一部名为《出租车司机》（Taxi Driver）的电影从拍摄制作方面给了我们很多很好的启示。影片讲述了一个普通的出租车司机目睹纽约这个纷繁都市中隐藏的黑暗与罪恶，而主人公也在孤独、愤恨等各种复杂的感情中反复纠葛，因此，影片中也有很多镜头用静态的街景与出租车内街景反复切换的机位来表现城市场景。我们参考了这种表达方式，当我们进行场地取景时，我们也乘坐出租车，并用延时摄影的手法记录了布朗斯维尔的城市形象，以此作为对于布朗斯维尔第一印象的表达。

另外，《国家》（*The Nation*）杂志的一篇题为《布朗斯维尔的复兴（Resurrecting Brownsville）》的文章对于我们故事的主旨也有很大启发。其中，作家与城市评论家吉尼亚·比拉番提（Ginia Belafante）提出的“对于城市升级免疫的社区应采用不同的城市改造方式”也被我们引用在故事结尾，作为结论的同时也提出了一个开放的议题。

经过反复梳理故事的逻辑，我们将收集到的素材经过剪辑、模拟，最终用一个简短的视频完成了我们的故事。由此可见，城市设计师不仅需要培养设计能力，更需要开阔的眼界和敏锐的洞察力，在获取各方面信息的同时也能从中找到设计的灵感。

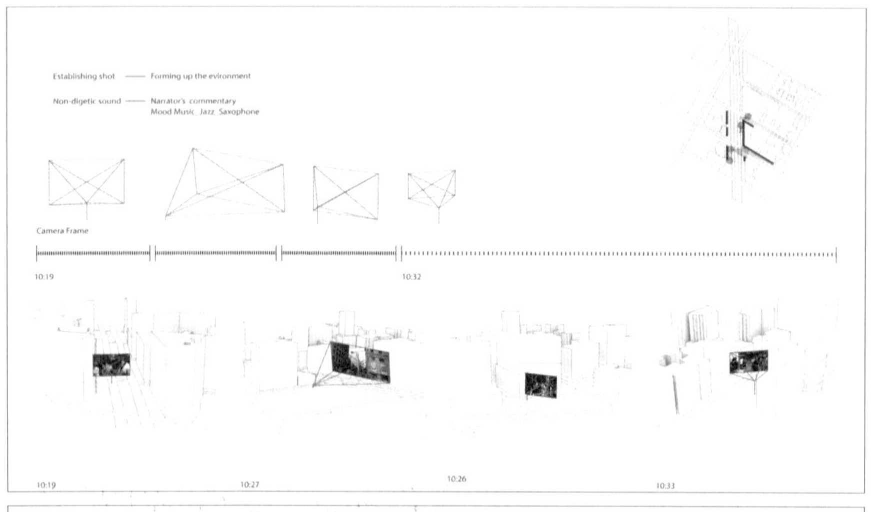

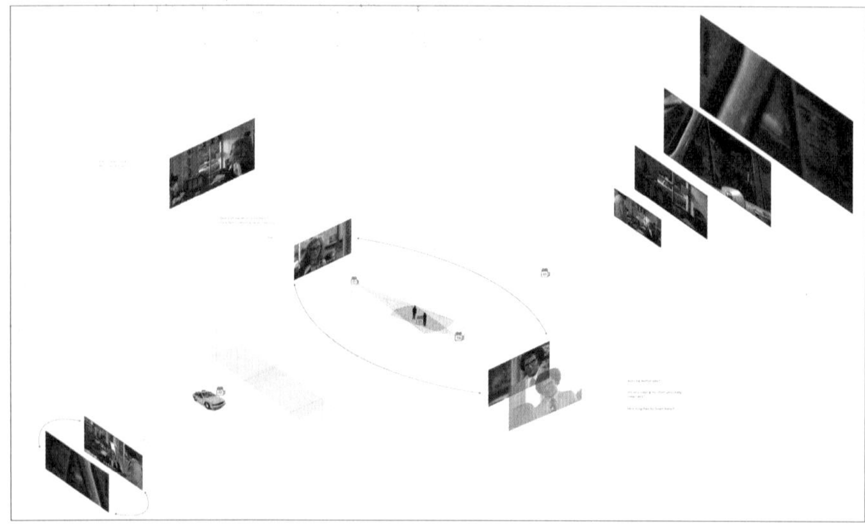

（上）形式：建立城市环境
（Formal：Establishing The Urban Environment）
（下）事务：多层办公
Transactional：Multi-layered office Exchange

EXPERIENCE
03 / 个人感受

1.

在技术方面我们也学到了很多知识。在DMUD课程中的很多软件与模拟技巧，对于故事的叙述也起到了很大的帮助作用。由于整个课程从一开始就以小组为单位进行，组员之间的分工合作和讨论也伴随着整个学期，期间也因为语言与思维方式的不同产生过很多分歧，特别是在叙事线索方面，小组成员之间意见不一致也引发我们在主题方面很多不同的思考，当然最终在老师的帮助下还是达成了共识。

2.

值得反思的是，在小组的合作中，中国学生起到了很大的技术支持作用，无论是在故事的表现以及后期制作方面都表现出很强的能力，而国外学生特别是以英语为母语的学生在叙事与逻辑思维方面有很独到的见解。从开始学习的时候，教授就将不同背景的学生安排在一起工作，为我们提供了一次互相学习、取长补短的机会。

YET THERE IS
AN EXCEPTION
TO THIS TREND

?

"BROWNSVILLE
IS A PLACE SO IMMUNE TO
GENTRIFICATION
"

Gina Bellafante, The New York Times (2013)

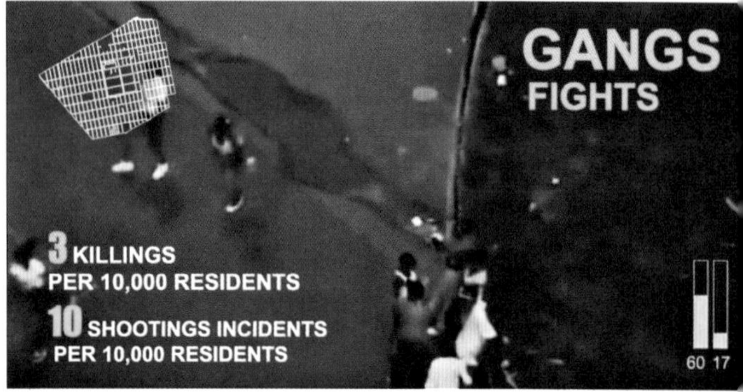

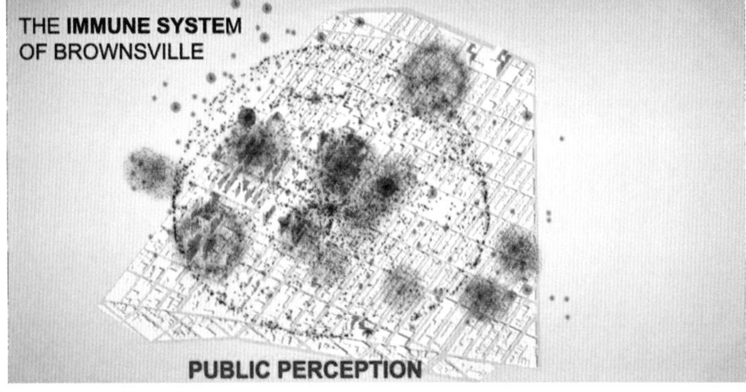

"BROWNSVILLE
IS A PLACE SO
IMMUNE TO GENTRIFICATION

"BROWNSVILLE POSSESSES
AN AUTHENTICITY FOR WHICH
THERE IS NO EXTERNAL
MARKET"

Gina Bellafante, The New York Times (2013)

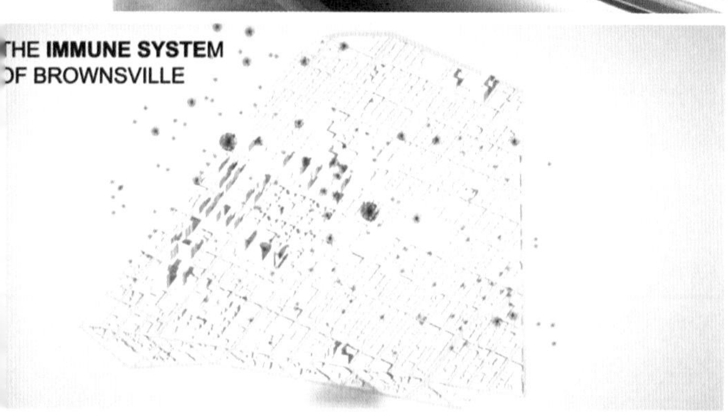

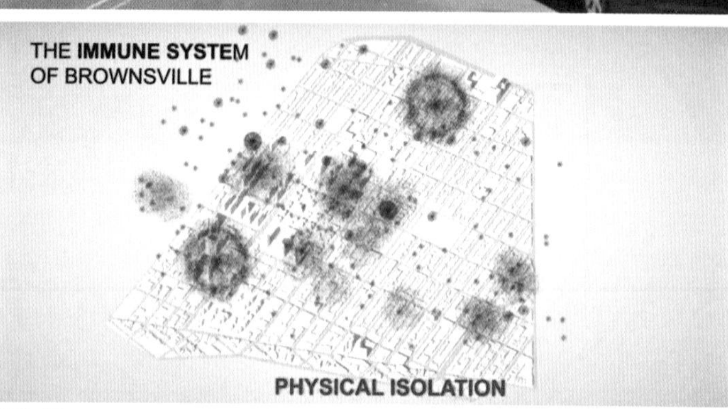

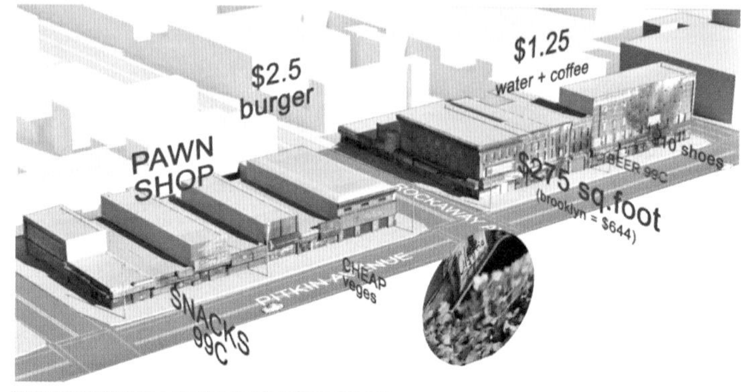

"BROWNSVILLE

IT IS A PLACE SO IMMUNE TO GENTRIFICATION THAT IT IS ALSO IMMUNE TO THE NEGATIVE FALLOUT FROM GENTRIFICATION...

Gina Bellafante, The New York Times (2013)

▲视频截图

完整视频链接：https://vimeo.com/136182406

REVIEW
05 / 学者点评

西安建筑科技大学

叶飞

国家一级注册建筑师，
西安建筑科技大学建筑学院教师，
Teemu Studio 合伙人。

这是一门很独特的课程，独特之处在于改变工具（用电影方法）来进行城市设计教学。单纯的城市设计教学很容易因为聚焦城市空间(躯壳)而弱化城市生活(灵魂)，这门课程成功避免了对城市空间的聚焦，但是也没有放弃空间而成为独立的社会学调研，通过与基础建模训练的结合，使得学生更加深刻地认识两者之间的联系。用影片（讲故事）来表达成果也很有新意。

从本作业中我们看到课程很好地激发了学生的激情，全新的表达方式和成果要求成为勇于探索新鲜事物的年轻学生的驱动力。这门课程设计让学生有兴趣采用独特的视角和方法，拨开现象的表面去探索城市更新改造的深层因素。

因为课程需要影片拍摄、剪辑制作等教学环节的配合，这种安排和教学资源的灵活配置，对于国内目前的专业设置条块划分的现状来说，引入会有一些困难。

北方工业大学

李婧

天津大学建筑学院博士，
北方工业大学建筑与艺术学院教师，
参加过天津大学与德国亚琛科技大学、美国南佛罗里达大学的交流和互访。在各类期刊发表论文数十篇。
专业特长是城市设计。

电影与建筑都是人类艺术的呈现形式，存在许多相同点。这个题目在技术手段、城市故事的挖掘上给整个团队带来很大的提升和帮助，但从不同角度挖掘设计的本质才是这个题目最大的亮点。电影教会我们如何取舍、如何选择、如何组织、如何平衡各种关系、如何实现最终的叙事目的。而设计的本质也不仅仅停留在空间的优化和炫目、技术手段的高超和先进，更多的是如何通过设计、平衡、组织尽可能多地给市民带来物质和精神层面的享受，这种职业责任心才是建筑设计教育的核心主旨。

长安大学 岳红记

环境艺术与环境美学博士后，
长安大学建筑学院副教授，
陕西省书法家协会会员，
陕西省美术家协会会员，
陕西省职工作家协会专业委员会
评论委员会副主任。

在进行建筑项目设计之前，必须对其地理环境、人文环境等内容进行调研，调研结果以图表、数据、照片等方式形成。本文作者借鉴了电影拍摄技法和杂志对布朗斯维尔故事的介绍，最终以视频故事的表现形式完成了对纽约住宅区布朗斯维尔公共街区的调查，视频故事中包含有对设计的城市模拟、动画模拟等表现形式。这种调查方式比较新颖，拓宽了建筑调查的表现形式，同时也体现了建筑设计是一门综合艺术，它不仅有美术的表现技法，还有影视、动漫等艺术的表现技法。另外，从文中还看出团队合作的重要性，团队中每个成员均发挥了各自的优势，最终使项目得以完成。该案例的调研方式和表现结果值得国内建筑系学生和建筑界从业人员借鉴。

南加州建筑学院

沙柳

关键词
文化，景观，密度

本科：中国矿业大学
硕士：南加州建筑学院

工作经历：
琼斯及合伙人建筑事务所（Jones, Partners: Architecture）
霍盖兹+方建筑事务所（Hodgetts + Fung）

新胡同——怀传统而展新颜

南加州建筑学院 / 毕业设计

自建校以来，南加州建筑学院（Southern California Institute of Architecture）一直以拥有每年一度的研究生毕业设计的传统引以为豪。南加州建筑学院的研究生毕业设计除在建筑学术界处于领先地位之外，还致力于在世界的舞台上鼓励个人的设计理念。在南加州建筑学院，这一项目作为毕业前对学生的建筑设计能力的最终考核，是研究生学习阶段的最高潮。

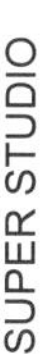

STUDIO INTRODUCTION
01 / 课程介绍

▼教师

卫斯理·琼斯（Wesley Jones），1993 年在加州创建琼斯及合伙人建筑事务所（Jones，Partners：Architecture，JPA）。他的设计以科技为出发点，运用缜密的逻辑，批判性地与现代文化情景结合。不论是建成的建筑还是理论性的概念设计，他的作品都受到广泛赞誉。卫斯理先后获得 8 个先锋建筑设计奖项，相继获得美国罗马奖和美国艺术与文学学院奖，卫斯理最近被提名为 30 位美国建筑设计最杰出教育者之一。

▲卫斯理·琼斯（Wesley Jones）

▼课程

为了将来能更好地强化毕业设计的论点，在选择毕业设计准备课程导师的时候，学生们就被鼓励去选择他们理想的毕业设计导师作为准备课程的导师。因为在毕业设计期间，学生是通过单独和导师合作的方式去完成各自的论题。在南加州建筑学院，毕业设计导师的选择并不局限于在校执教的老师，学生可以根据自己论题的方向，寻找任何人作为导师。毕业设计期间，学生们在导师的陪同下将会被安排参加一系列公开点评，以多角度对工作进程进行评估。

研究生毕业设计展通常被安排在九月初的周末，从周五下午开始到周日下午结束。其间学生向来自世界各地的评委展示他们的作品。作为学术成就的庆典，南加州建筑学院的毕业设计周末被看作是云集当下著名理论学者和实践建筑师的重要论坛。在这个论坛上，大家对于设计新见解和创新概念各抒己见。评审团由国内外设计界重要学者、建筑师和本校教师组成，对每一位学生的毕业设计作品进行长达一小时的讨论和点评，并附带面向所有在座观众的问答环节。

DESIGN METHOD AND PROCESS
02 / 设计过程和方法

整个毕业设计的过程由两部分组成：毕业设计准备课程（作为一门理论课程被安排在毕业前倒数第二个学期）和正式的毕业设计学期（即最后一个学期）。在进入毕业设计准备课程之前，所有学生被要求提交在校期间的作品集，作为定位学生设计理念的依据和指导未来毕业设计发展方向的基础。在毕业设计准备课程期间，学生们在导师的带领下，被分成以课题为导向的小规模工作小组进行毕业设计前期的研究和准备工作。跟其他设计课程不一样的是，毕业设计的自由度非常大，学生可以选择跟建筑有关的任何感兴趣的话题。从选题到设计手法、甚至连时间安排都由学生自主决定，导师只起到引导和把关的作用。

EXPERIENCE
03 / 个人感受

毕业设计应该是每个建筑学生在学生时代最有激情的作品。做毕业设计是一个很享受的过程，你可以尽可能地去挖掘自己的兴趣，甚至为以后的设计发展方向做铺垫。同时在这个过程中还可以得到导师的帮助和引导，这些都是值得感恩和珍惜的。

我有幸能请到卫斯理·琼斯做毕业设计导师。因为很欣赏他的设计思维和建筑哲学，在他的指导下做自己感兴趣的设计项目，对我来说是梦寐以求的事情。

1.

与普通的设计课程相比，毕业设计的高自由度可能会让学生感到盲目，不知道如何根据自己的兴趣创建一个论题。而当有了论题以后，如何通过一个项目的设计来论证自己的观点则是另一个挑战。在探索这些问题的过程中，学生不仅可以有机会在导师的指导下挖掘自己的兴趣点，而且可以得到逻辑思维的锻炼。整个过程更像是用设计语言来撰写一篇有关建筑的论文。

2.

因为整个毕业设计的过程基本由自己掌握进度，最终成果的表达方式和工作量也没有硬性规定。所以对学生来说是个很好的项目管理训练。尤其在最后产出的阶段，因为学校有低年级学生给毕业生当助手的传统，这给毕业设计的学生们提供了一次体验做项目经理的机会。

3.

通过做毕业设计的过程，让我体会到设计想法和表达应该是一体的。答辩时的语言表达是设计思路的体现，而最终的设计呈现（如图纸、模型或视频）则是语言表达的具象形式。有效的表达可以使论点更让人信服，而思考如何表达的过程也会推动设计本身的发展。

4.

可能因为我的论题不是纯粹的建筑学议题，所以在探讨过程中强烈感受到人文知识的重要性。毕竟建筑是一个关于如何将人安置在这个世界上的学科，想必对社会和文化的理解会对一个建筑师的成长产生深远的影响。

FINAL
04 / 成果展示

城市是一个持续发展的有机体。建筑是它的血和肉，记录着这座城市的变化、讲述着人们的故事，它是一个地方文化的承载体。作为物质存在，建筑总有衰败的一天，那时它将无法再用初建好时的方式服务于后人。如今肆意毁坏古建筑并在其旧址上开发新楼盘、建商业综合体的现象正在以一种最简单粗暴的方式“积极地”应对当代发展的需要。这一现象背后的始作俑者是利益和对文化的漠视。

我的毕业设计致力于北京传统民居——胡同，对因不断增加新居人口而产生的一系列问题提出一个“谦逊”的解决方案，在充分接纳胡同的独特性和场地限制的过程中油然而生一种人文精神。基于这一精神，为了保存并延伸胡同和四合院的空间特点，胡同新建筑的设计出乎意料地被迫向上空发展。通过这样的方式，不仅使得新建筑成为场地的一部分，同时还形成了一个独特的城市景观，呼应着中国传统建筑和景观文化。

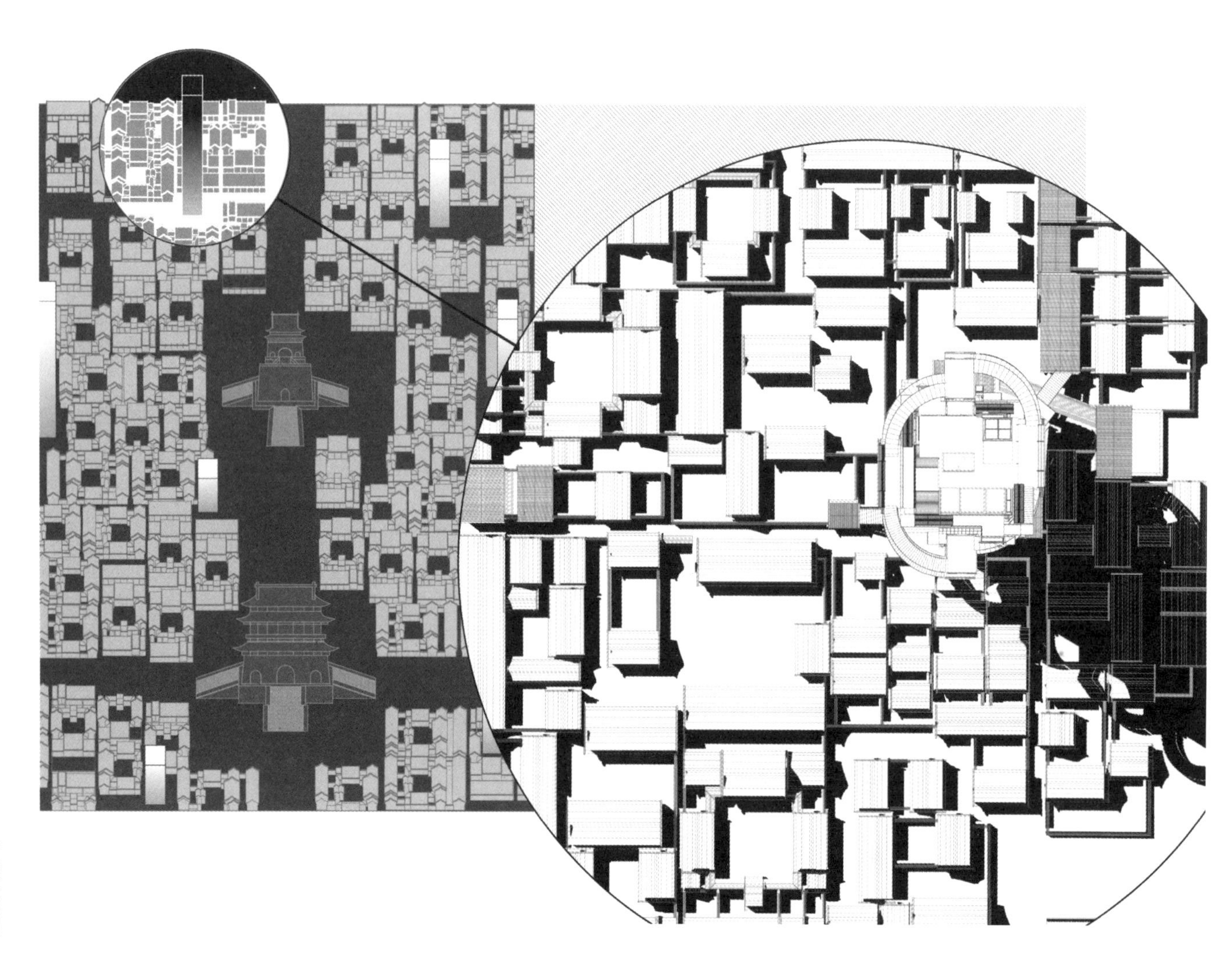

作为东方文化的源泉，中华文化以其博大精深而著名。建筑作为其重要的组成部分，记载着城市的兴衰更替，叙述着居民们的生活故事，反映着文化内在的逻辑和信仰。不幸的是，20 世纪发生的事改变了中国的命运。鸦片战争后，中国人因遭受了西方船坚炮利的影响，对自己的文化失去了信心。自 1919 年新文化运动以来，为建立一个与世界接轨、基于西方标准的新文化，中国传统文化受到了严重的打击。经过一百年向西方学习，以牺牲本土文化为代价，我们完成了初步现代化。现在，是时候在发展和文化间寻找一个平衡了。

作为中国古代城市规划的活标本，北京处在一个进退两难的境地：发展成一个现代国际化大都市，还是保留其相对现代城市生活来说已过时的传统城市景观。跟以紫禁城所代表的宫廷生活相比，胡同被看作北京文化的典型。同中国传统文化的命运一样，从 20 世纪中期以来，大量胡同让位给了道路和高层建筑，数量骤降。这样的情况直到近年来才有所转变，胡同受到了来自政府以及整个社会越来越多的关注。一定数量的胡同被定为保护区域。在今天，虽然这些古老的居民区被保存了下来，然而怎样去振兴它们才是最大的挑战。

从 1966 年到 1976 年的“文革”十年间，北京城市规划委员会被迫关闭，直接导致大量人口涌入北京，成为如今大杂院形成的主要原因。原本设计给一户人家居住的四合院，通过在中庭加建房屋扩大建筑面积来服务于七八户居民。不难理解，从此四合院的居住环境每况愈下，逐渐沦落为“当地人的贫民窟、有钱人的天堂和旅客的主题公园”。⊖

⊖ 引自“西藏国际遗产基金会，胡同保护计划（Tibet Heritage Fund International，Beijing Hutong Conservation Plan）”。——编者注

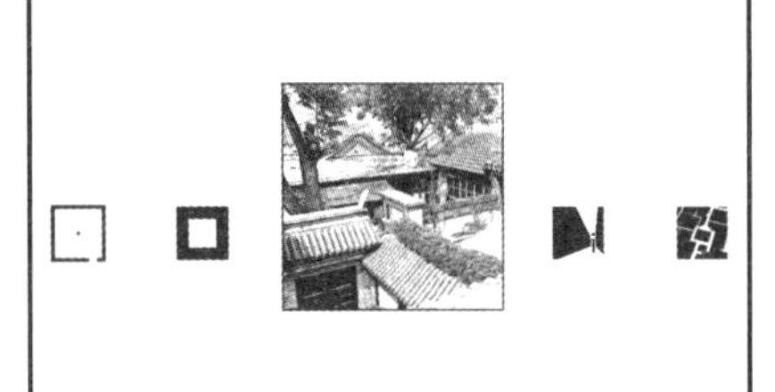

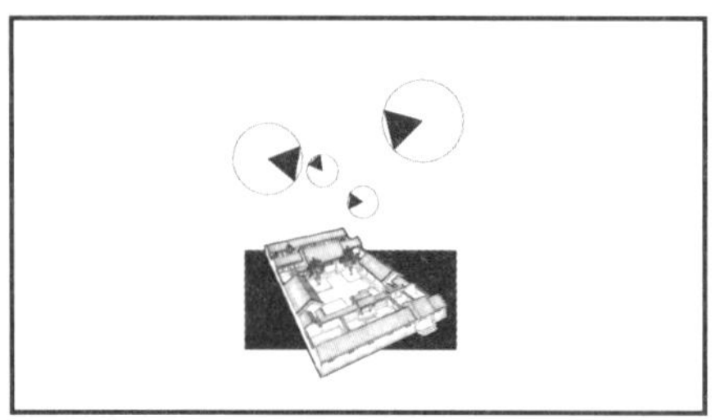

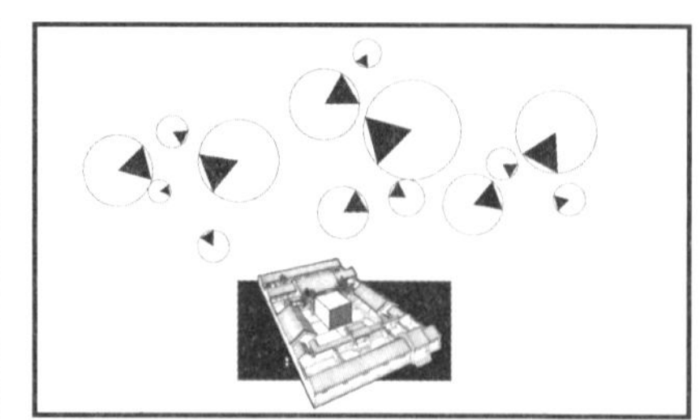

▲为了保护胡同文化，首当其冲应是恢复其空间特质和空间体验。另一方面，面对巨大的人口压力以及各方面的社会因素，胡同不得不维持现有的人口密度。那么问题是在哪里创造这额外的居住空间呢？在接受了所有来自于基地的限制之后，新建筑不可避免地需要向上空发展

▼方案 1

根据古城规划的逻辑，为了凸显基地中的古建筑，其周围建筑应尽可能保持在较低的限高之内。如此看来，在现有的建筑上叠加另一层新的结构似乎是个不错的方法。然而，这样的方式不仅仅是自然光，就连传统的城市景观也被上层建筑遮住了，这并不是我们想要的结果。

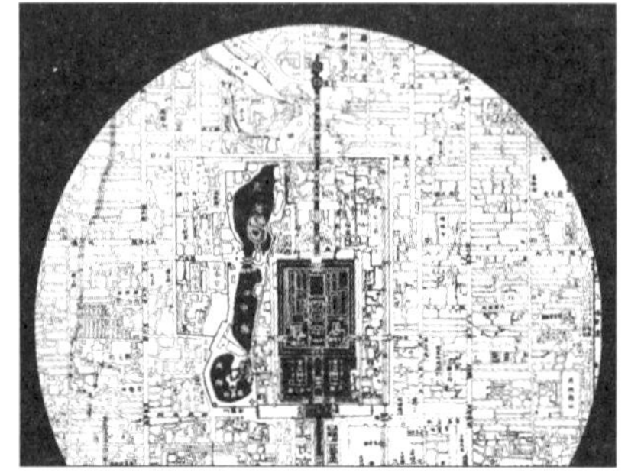

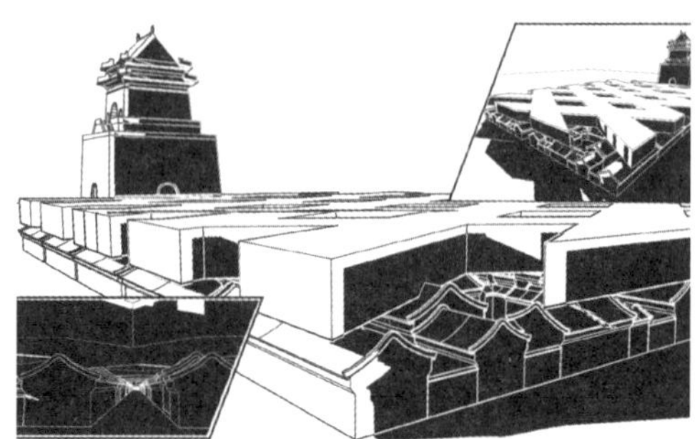

▲ 方案 1 示意图

▼方案 2

因为我们的目标是保护胡同和四合院，所以毋庸置疑要尽可能地保存基地上现有的老建筑。这样直接导致用地面积极其有限，促使占地面积尽可能小的塔群概念顺理成章地成了最合理的解决方案。基于来自场地及其周围古建筑（如故宫、钟鼓楼等）所带来的一系列限高，所需的额外居住面积被分配到分散在场地中的不同高度的塔式建筑中。

▲ 方案 2 示意图

根据场地建筑（胡同和四合院）的空间逻辑，新的高层由数个带有中庭的单元堆叠起来。堆叠的方式保证每一个中庭可以接收到自然光。交通方面，由于楼板面积极其有限，建筑内部只能容纳一个核心筒，因此盘旋在建筑外的双螺旋楼梯便作为第二个安全楼梯而存在。在满足了功能需要的同时，不但增加了建筑的复杂性，而且形式上增添了一抹对于中国传统塔式建筑的象征意味。通过利用楼梯跟周围建筑相连的方式扩展一层门厅的面积，从而实现了在不拆除任何现存建筑的情况下解决用户疏散的问题。如同四合院和胡同的关系一样，这些楼梯也可以被解读成胡同空间的延伸，在空中竖向包围在四合院居住单元之外。这样，新的高层建筑群不仅成为周围环境的一部分还形成了有中国传统特色的新景观。

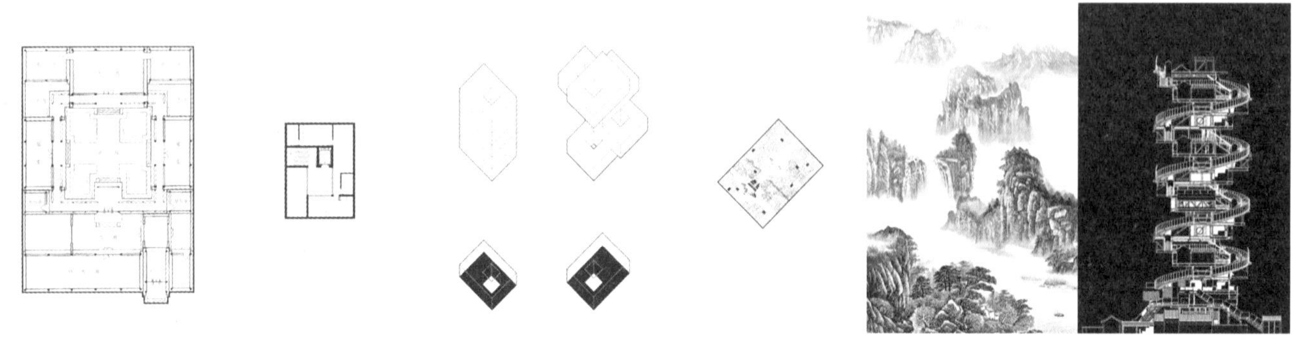

▲ 方案 2 未来城市景观

▲ 方案 2 未来城市景观

建筑的文化属性不得不通过建筑形式来表达，而形式却受制于潜在的文化以及客观的建造科技。由此，建筑显现出了时代性和地域性。正如这个设计所展示的，尽管钢结构和高层建筑形式是现代的产物，但整个空间体验来源于中国传统民居的内在空间逻辑。同时受益于现代先进的建造技术，这些新的塔楼给古老的城市景观抹上了一层现代的色彩。当不断变化的生活方式、建筑材料和技术等条件同不变的文化交织在一起时，建筑该以什么样的形式呈现，以什么样的方式去服务新一代的居民是我们要面临的挑战。这个项目可能不是最好的答案，更不是唯一的解答，只是作为一个尝试，旨在引发人们对建筑文化性的关注。

▲ 方案 2 效果图

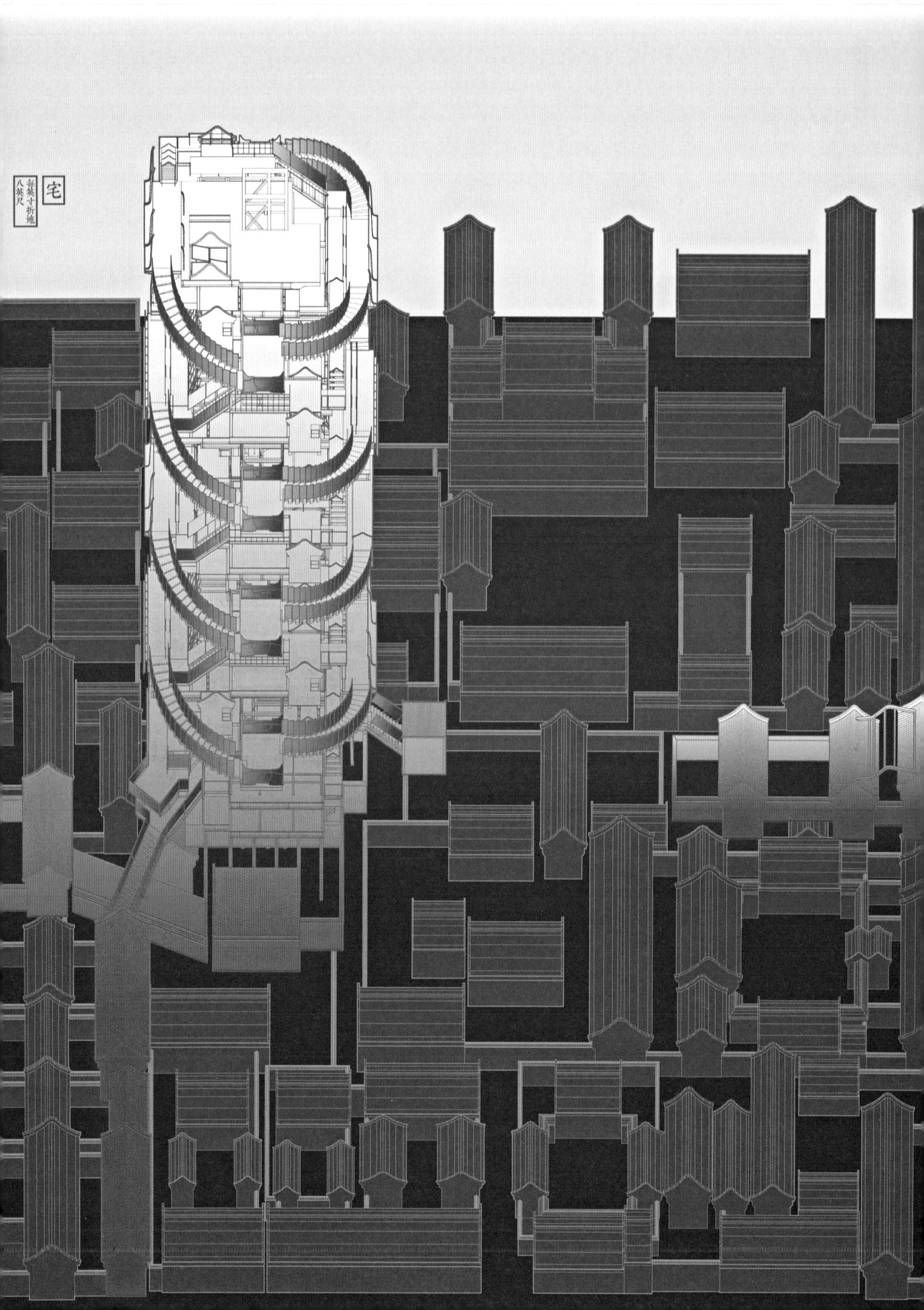
宅
每英寸折地
八英尺

REVIEW
05 / 学者点评

同济大学 王方戟

同济大学建筑与城市规划学院教授，
上海博风建筑设计咨询有限公司主持建筑师，
主要参与本科3年级建筑设计教学，
研究生城市与建筑设计联合教学。

作为研究生的毕业设计，这份作业的图面表达很好，设计论述也比较清楚。本来期待作业在研究深度或建筑设计深度上有所突破，但是目前看这两个方面都不是作业的重点。我们也许应该把它理解为一个宣言式的畅想吧。由于课题及导师都是学生自由选定的，这份作业必然是特殊的，单看它也不是很好猜出这个课题的培养目标是什么。课题能给学生很大“自由”听上去是很好的，但我对一个建筑的设计作业中“自由”的边界应该在哪里始终有些困惑。

东南大学 王正

东南大学建筑学院副教授，
东南大学建筑设计研究院有限公司城市建筑工作室主持建筑师，
主要从事本科 2、3 年级建筑设计教学和设计理论教学。

这份毕业设计比较清楚地表达了设计者对北京胡同和四合院如何应对当代城市发展这一问题的认识和理解，较好地呈现了设计思路。从课程介绍和设计成果看来，设计命题的目标更倾向于想法的发掘和表达，而非实际操作性。这个题目乍一看，以为设计者是要探讨胡同这一城市公共空间的问题，而设计成果展现出来的是一个个建筑单体。胡同是合院之间的城市公共空间，也是一种空间组织方式，这一属性从单体层面是不容易进行讨论的。

北方工业大学

李婧

天津大学建筑学院博士，
北方工业大学建筑与艺术学院教师，
参加过天津大学与德国亚琛科技大学、美国南佛罗里达大学的交流和互访。在各类期刊发表论文数十篇。专业特长是城市设计。

这个作业本身的思考、研究、出发点我觉得都非常好。作者从哲学层面、文化层面都做了很多有益的探索和思考。包括对中国文化的延续也提出了个人的观点。但是我由于是城市规划专业出身，也许对城市的关注会更多一些。我认为作品如果作为一种假象和探讨，一种艺术作品是很好地呈现了作者的想法，但是如果沿用作者本身的观点，似乎有点矛盾。在北京的旧城里，这样的一种建筑形式很难融合旧城肌理和环境，值得商榷。建筑处理的手法很多，文化的传承脉络很广，但是如何更好地结合起来，也许是一个深层次的世界命题。

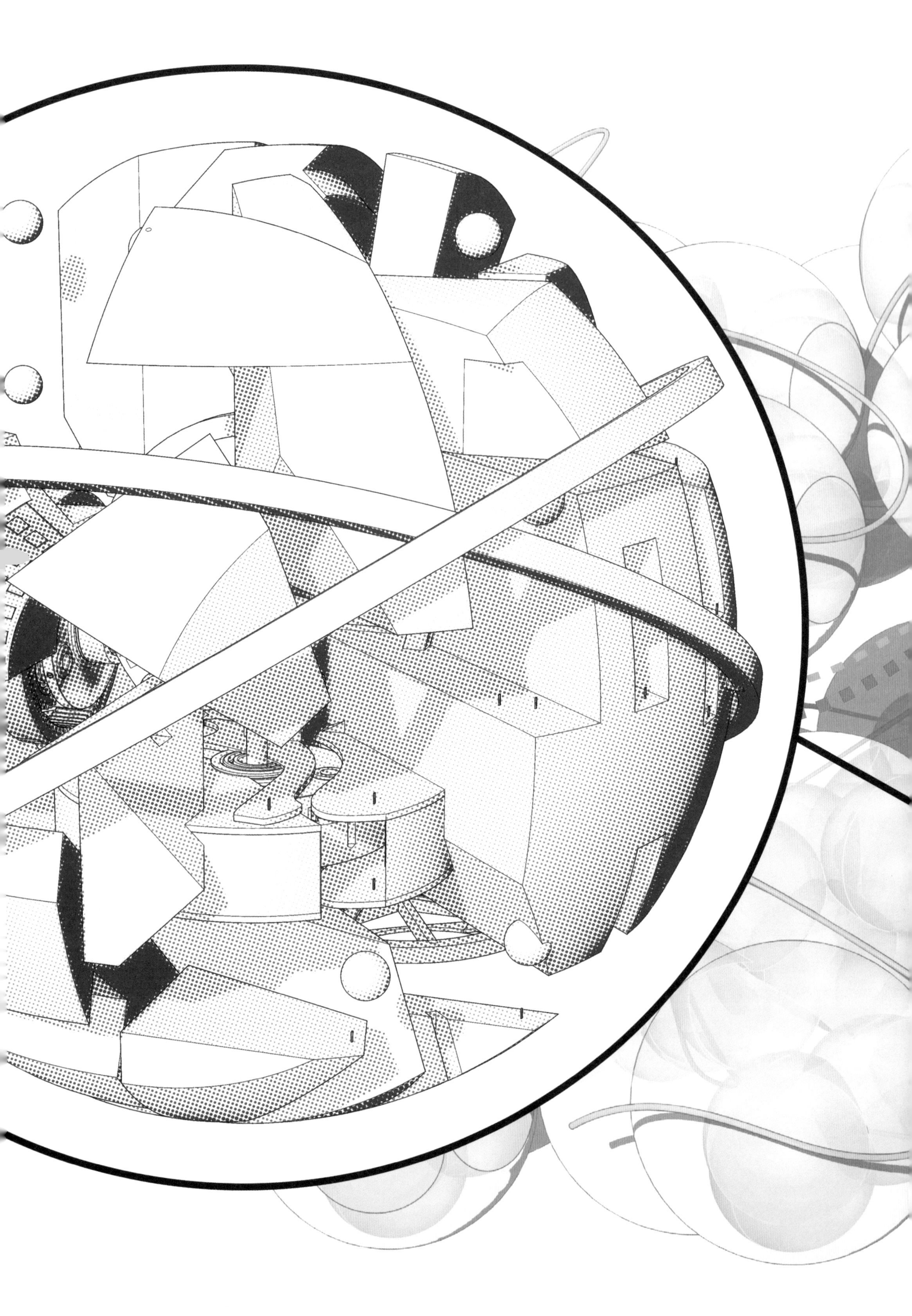

南加州建筑学院

关键词
城市，交通，无人车

禅意城市——后地理城市的高密度策略

南加州建筑学院 / 建筑设计课程

窦劭文

本科：台湾国立大学
硕士：台湾国立大学
　　　南加州建筑学院

工作经历：
扎格建筑事务所（Zago Architecture）
琼斯及合伙人建筑事务所（Jones, Partners: Architecture）
霍盖兹 + 方建筑事务所（Hodgetts + Fung）
艾迪尔工作室（IDEA Office）

沙柳

本科：中国矿业大学
硕士：南加州建筑学院

工作经历：
琼斯及合伙人建筑事务所（Jones, Partners: Architecture）
霍盖兹 + 方建筑事务所（Hodgetts + Fung）

南加州建筑学院（SouthernCalifornia Institute of Architecture）成立于 1972 年，是由一群向往挑战旧有教学理念的师生们所创建的著名私立建筑学院。它以“没有墙的大学”自称，积极打破刻板学术体制，在自由互动的教学过程中引导建筑新人不断参与、自我挑战与创新。如今校址已从当年的圣莫尼卡（Santa Monica）搬迁至洛杉矶市中心。在教学设备、实验理论不断与时推进的同时，这群人对于积极寻找全新建筑想象和可能的理想与坚持却从未改变。各种学术观点与视觉艺术的辩证、激荡与实践正是南加州建筑学院最引以为傲的教育成果。

STUDIO INTRODUCTION
01 / 课程介绍

▼教师

卫斯理·琼斯（Wesley Jones），1993 年在加州创建琼斯及合伙人建筑事务所（Jones，Partners：Architecture，JPA）。他的设计以科技为出发点，运用缜密的逻辑，批判性地与现代文化情景结合。不论是建成的建筑还是理论性的概念设计，他的作品都受到国际间的广泛赞誉。卫斯理先后获得八个先锋建筑设计奖项，相继获得美国罗马奖和美国艺术与文学学院奖，卫斯理最近被提名为 30 位美国建筑设计最杰出教育者之一。

▲卫斯理 · 琼斯（Wesley Jones）

▼课程

在当代社会中，我们逐渐发现“都市”“城镇”等地理名词已经不再能够完美定义土地区块之间的复杂关系。人们对于所谓社群的认知也逐渐由实质上比邻而居的关系转化为对于虚拟媒体群组的认同。但我们可以用正向的观点来看待这样的发展，在近两千年的城市规划设计发展史中，我们可以发现，所有成功的都市案例大多是经由时间推移自然成形而非经由人为的规划设计，并且在所有用以定义城市的关键字中，“居住密度”一直是重要的探讨课题。

然而，后地理城市（Post-Geographic City）却对此提出挑战，在城市的定义中去除了实质空间的概念，即城市的定义不再拘泥于地理结构上的限制，而是具有更抽象的可能。因此，这门设计课的主要概念即为探讨后地理城市因为结构逐渐稠密化所衍生的课题，并尝试提出解决策略。

▼课程架构

从分析目前高居住密度城市所面临的课题开始，并假设未来的城市将完全仰赖自动化的交通运输工具，以减少大规模的人工设施如街道、高架高速公路等等。在这个假设前提下，新的城市空间将如何回应新的生活形态。

从哪里开始——首先选取目标基地进行空间使用等相关分析，提出课题，并试着重新定义其整体空间架构与内部生活经验，找出其他可能性来解决前述课题。

对于新生活形态及城市文化的想象——透过空间分析或自身生活经验来描绘出新的后地理城市纹理。

提出设计——将课题分析和最终提出的城市设计概念制做成短片来呈现。

▼课程目标

设计：训练能够完整考量、设计城市系统并发展细部建筑结构的能力。
分析：训练案例分析及解决课题的能力，并将分析结果落实于设计提案中。
创新：提供从更真实的角度来进行建筑设计的经验。
思维：培养对身边建筑及城市基础课题的洞察及判断能力。

▼第一部分逻辑推理：探讨后地理城市的定义

在分析了无人驾驶车辆的发展现状以及一系列因交通引起的城市问题（噪声污染、交通事故发生率、城市中人车比例及停车场占地比例等）后，我们组相对宏观地将着重点放在了整个城市的分布和连接方式上。从城市现代生活方式的优缺点开始推测，怎样的城市结构可以打破现有的功能区分化模式：

（1）现代城市为了优化配置，集中资源，形成功能分区，同时促进社区交流；然而我们又希望这样的高密度城市可以在边缘地带敞开来，作为亲近自然的休闲空间。

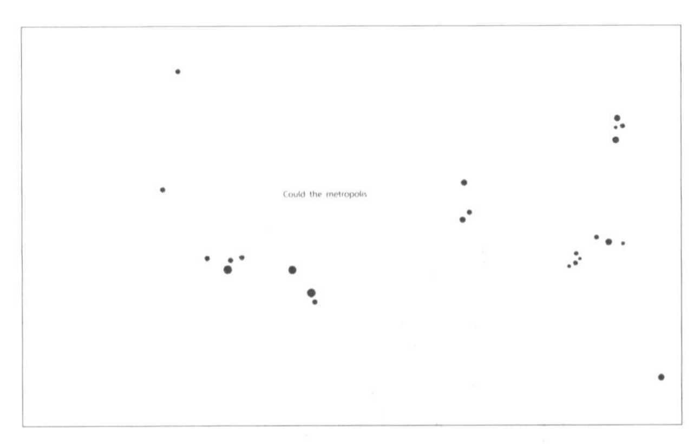

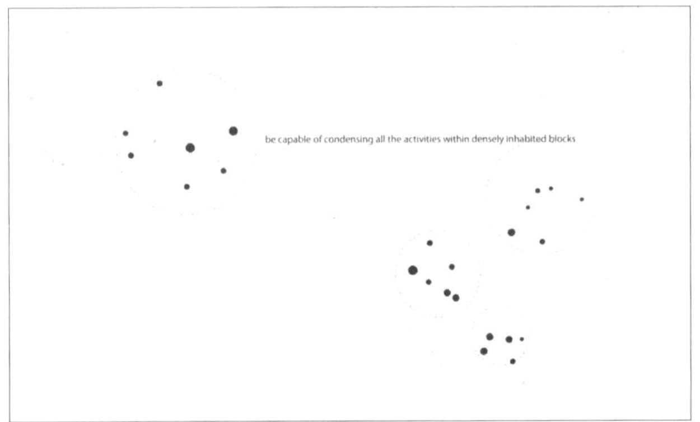

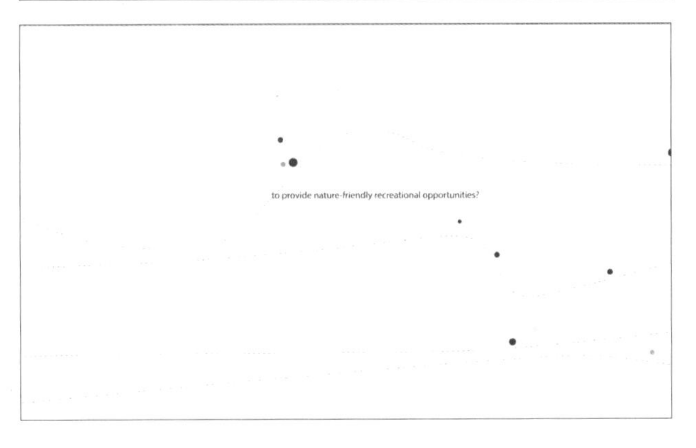

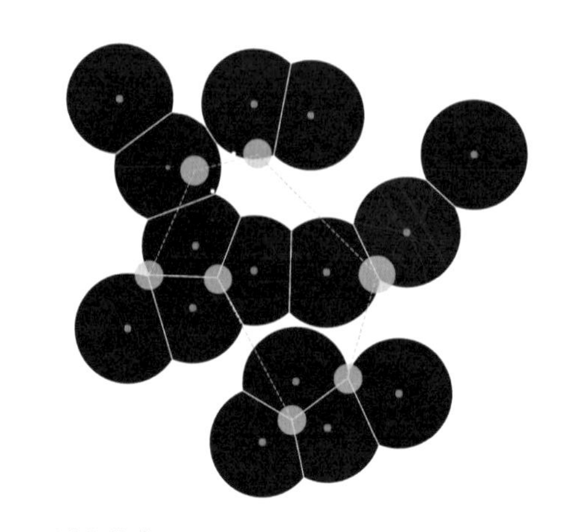

▲ 城市分布

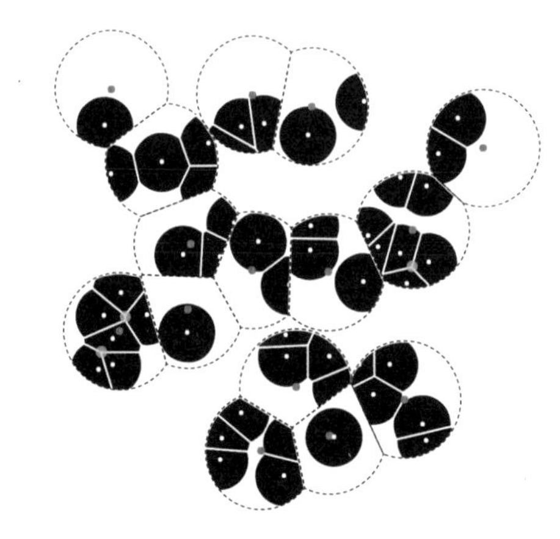

▲ 城市中的居住地块安排

（2）快速作为现代生活的一个趋势，这一诉求体现在各个方面，如通信、生产、物质需求等，但最突出的还是交通。有时，我们又希望生活可以慢下来好让人细细体味。

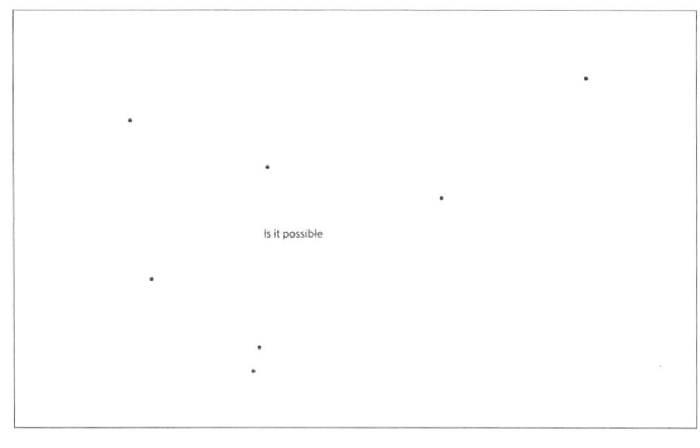

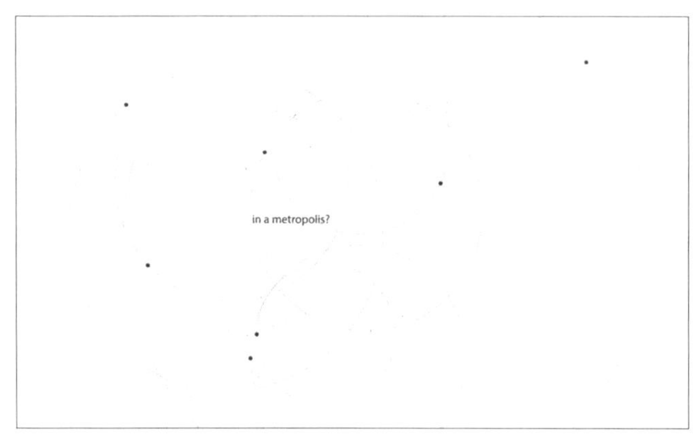

▲ 按交通速度进行等级划分

（3）如果垂直交通和水平交通的可行性一样并充分融合在一起，交通将几乎没有限制。不仅在城市的尺度中可以达到这样的自由度，建筑也同样可以。

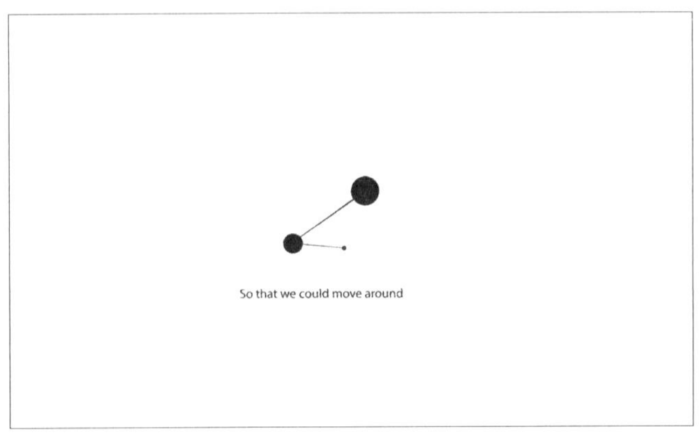

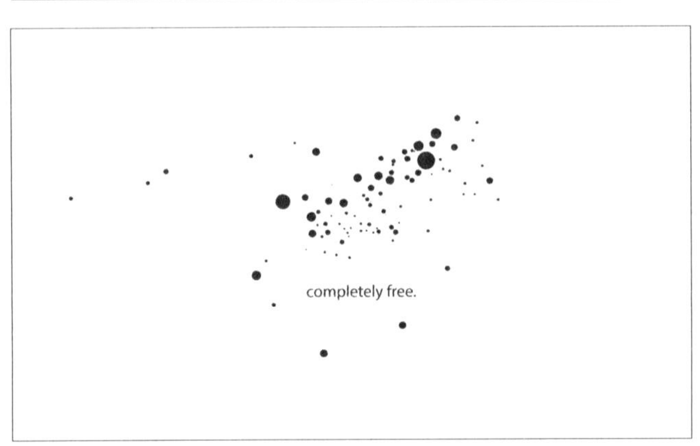

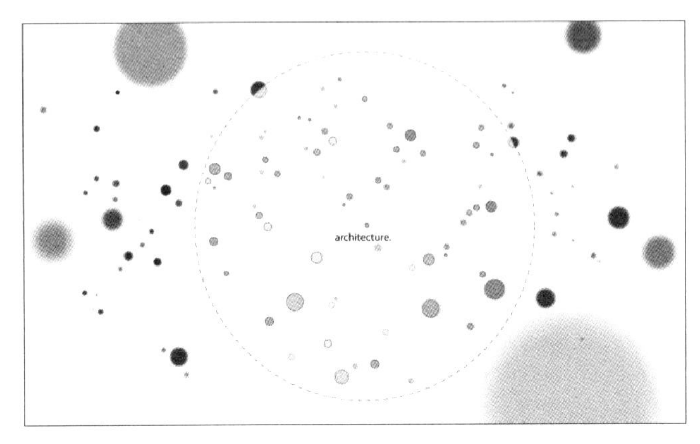

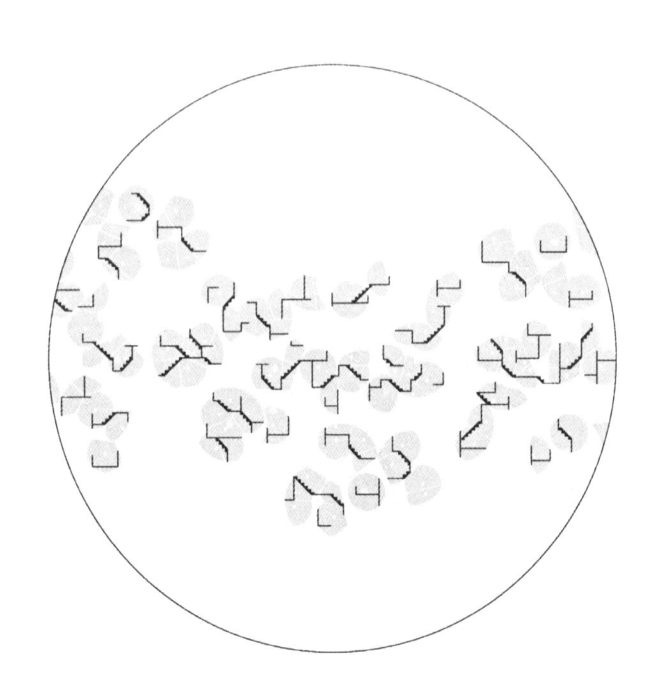

▼第二部分建筑设计

我们从现存的地图上抽取一块等面积的区域作为取样，做了一系列的体量分析，得到一个城市设计原型。在这个体量原型的基础上，我们根据前面的逻辑推理开始着重发展交通系统的设计。从机械手表的工作方式中得到灵感，我们做了这样一套以齿轮为运作主导的交通系统。

▲ 城市体量分析

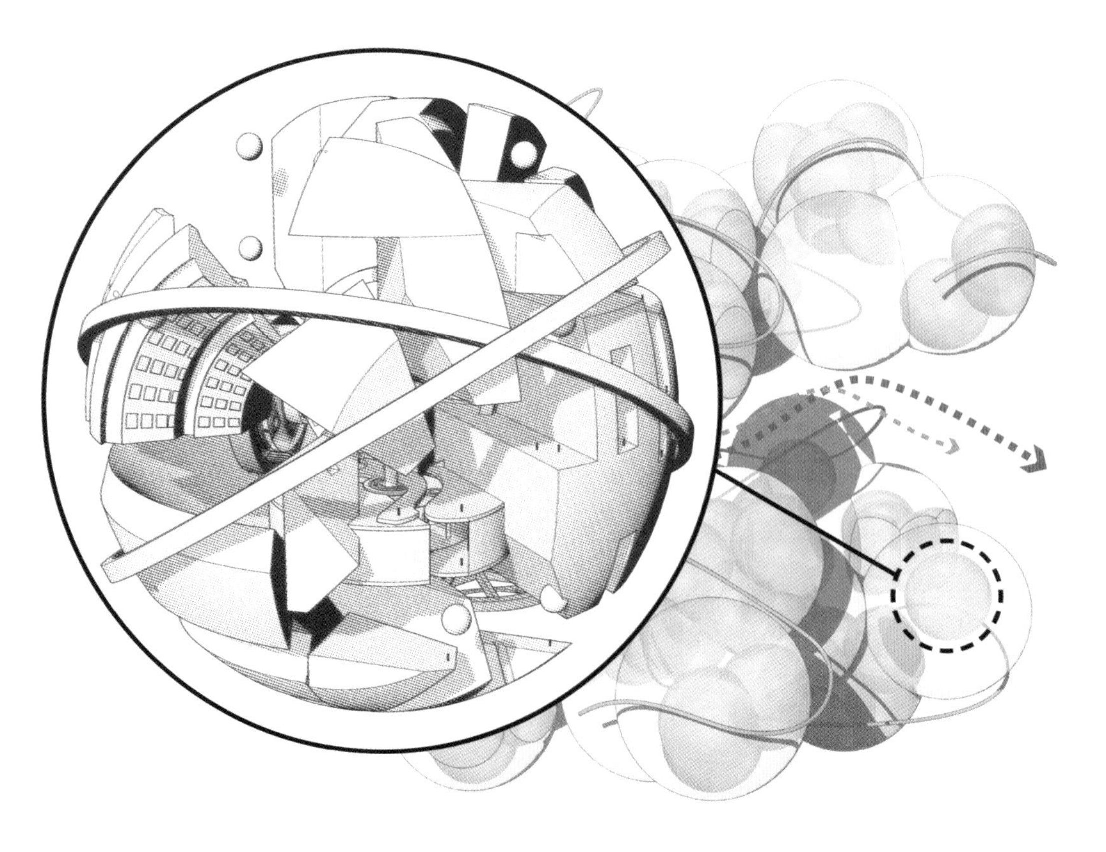

▲ 交通系统概念

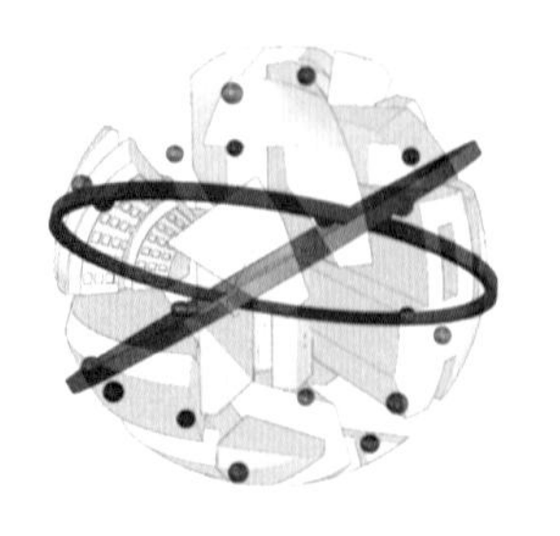

▲ 快速交通系统——转环

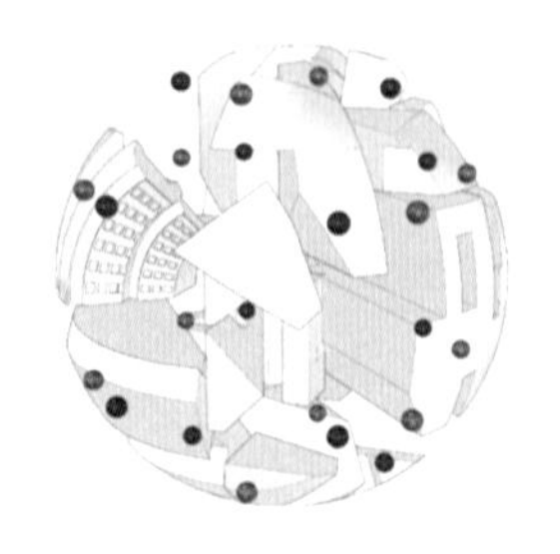

▲ 快速交通系统停靠点

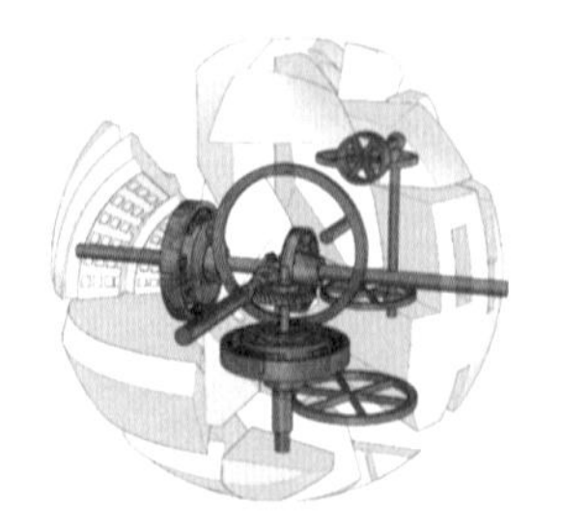

▲ 慢速交通系统——齿轮

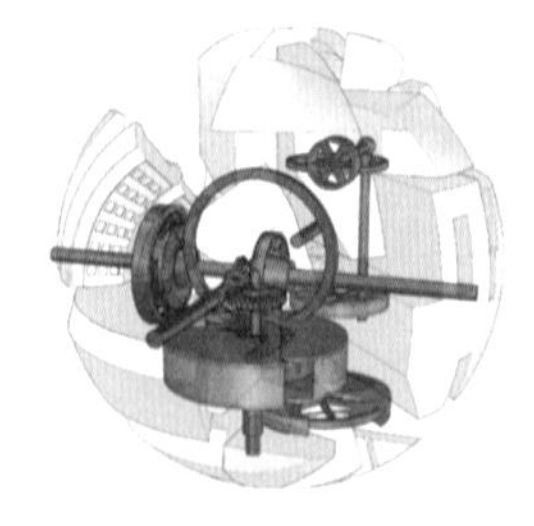

▲ 齿轮盒创造出步行人群的公共空间

EXPERIENCE
03 / 个人感受

原本这个 SCI-fi studio[⊖]计划用一年两个学期的时间来充分探讨后地理城市这一课题，但非常遗憾，在这一学期结束后卫斯理离开了南加州建筑学院，这成了他在这个学校八年教学经历中的最后一个课程设计。如果我们有幸可以跟着卫斯理完成第二个学期的研究，接下来应该会深入探讨虚拟社区和抽象的后地理城市之间的关系，以此紧扣禅意城市（City-Zen）的主题。

卫斯理在学生中的评价一直很高。这样一个聪明绝顶的人对设计有很高的敏感度。他的评论总是一针见血，让学生很清楚地明白问题在哪里，并引导学生怎样去思考，而不是直接给出一个修改建议。

1.

与很多视觉系的老师不同的是，卫斯理更注重的是设计形式背后的逻辑。如果逻辑本身站不住脚，形式也就失去了意义。所以他所教的是一种设计思维的方法，一种逻辑性的思考，发现问题的敏锐眼光和解决问题的能力。相对于时下流行的各种风格样式及其找形方法来说，卫斯理教给学生的思考能力有价值得多。

2.

卫斯理引导大家从建筑的主角“人”的生活方式开始思考：任何生活方式的变化都会引起城市和建筑空间的变化。这样一种对空间的思考方式在整个学期的课程中反复被强调。不管是什么样的概念、什么样的故事，最终都会通过空间来体现。

3.

卫斯理的设计课有一个很大的特点就是所有作品通过视频来呈现。相较于传统的模型和图纸（包括渲染）表现来说，视频的优势在于：能够清晰地阐述设计背后的逻辑，（视频的编排本身也是需要逻辑来支撑的。）这样使得设计更有说服力，如果能在视频艺术层面有一定造诣的话，那么所表现的震撼力或感染力将会是传统图纸和模型无法达到的。

4.

在课程的前期，学生们就被要求思考最终所呈现的视频的组织结构，利用这个结构来指导设计的发展。这种利用最终表达来推动设计的方法在我看来是很有效且很有逻辑的，如同做文章前先列提纲一般。

⊖ SCI-fi studio，即未来城市设计课程，教学内容包含密集阅读与研究，力图针对当代城市设计问题提出全新思路与解决方案。——编者注

FINAL
04 / 成果展示

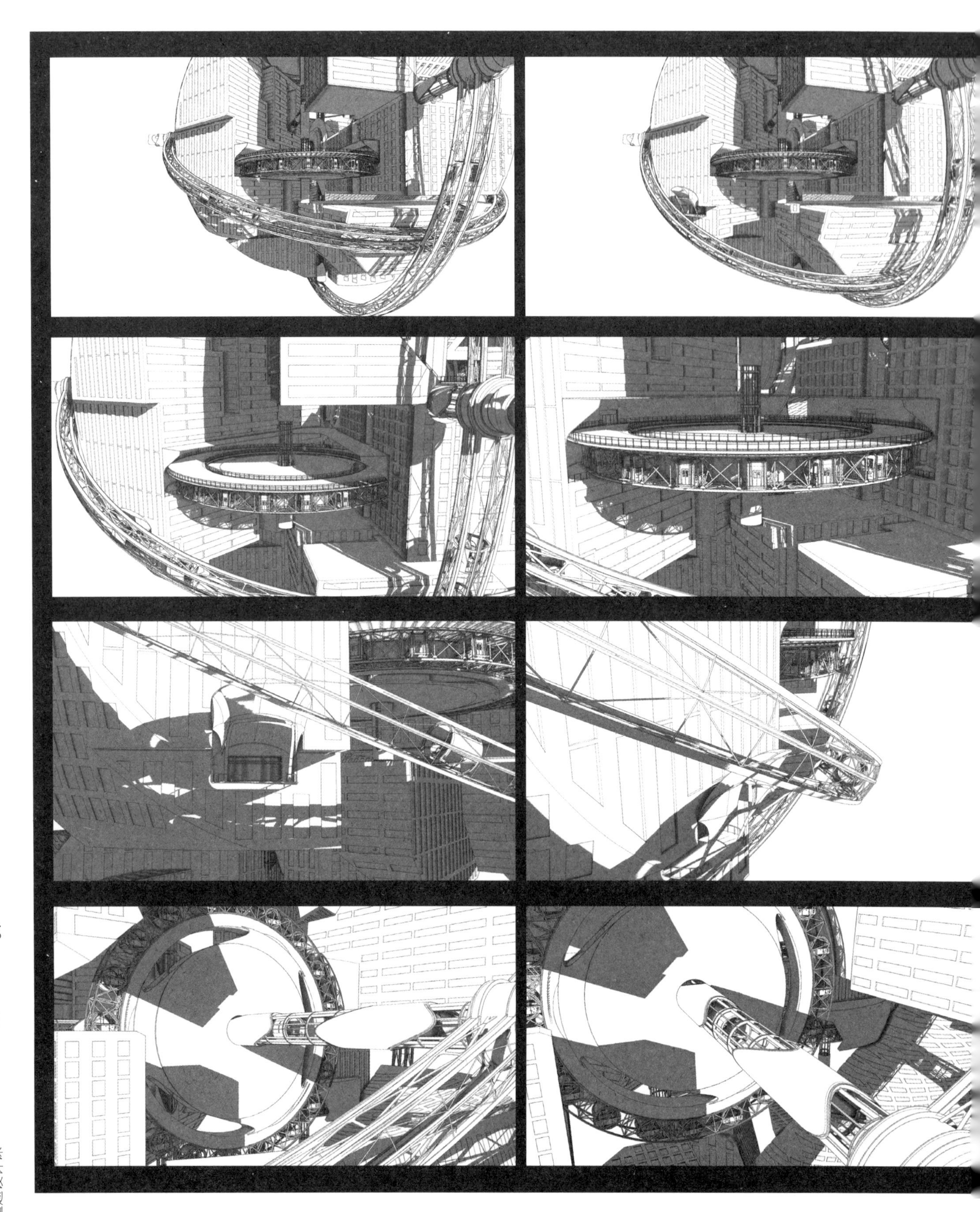

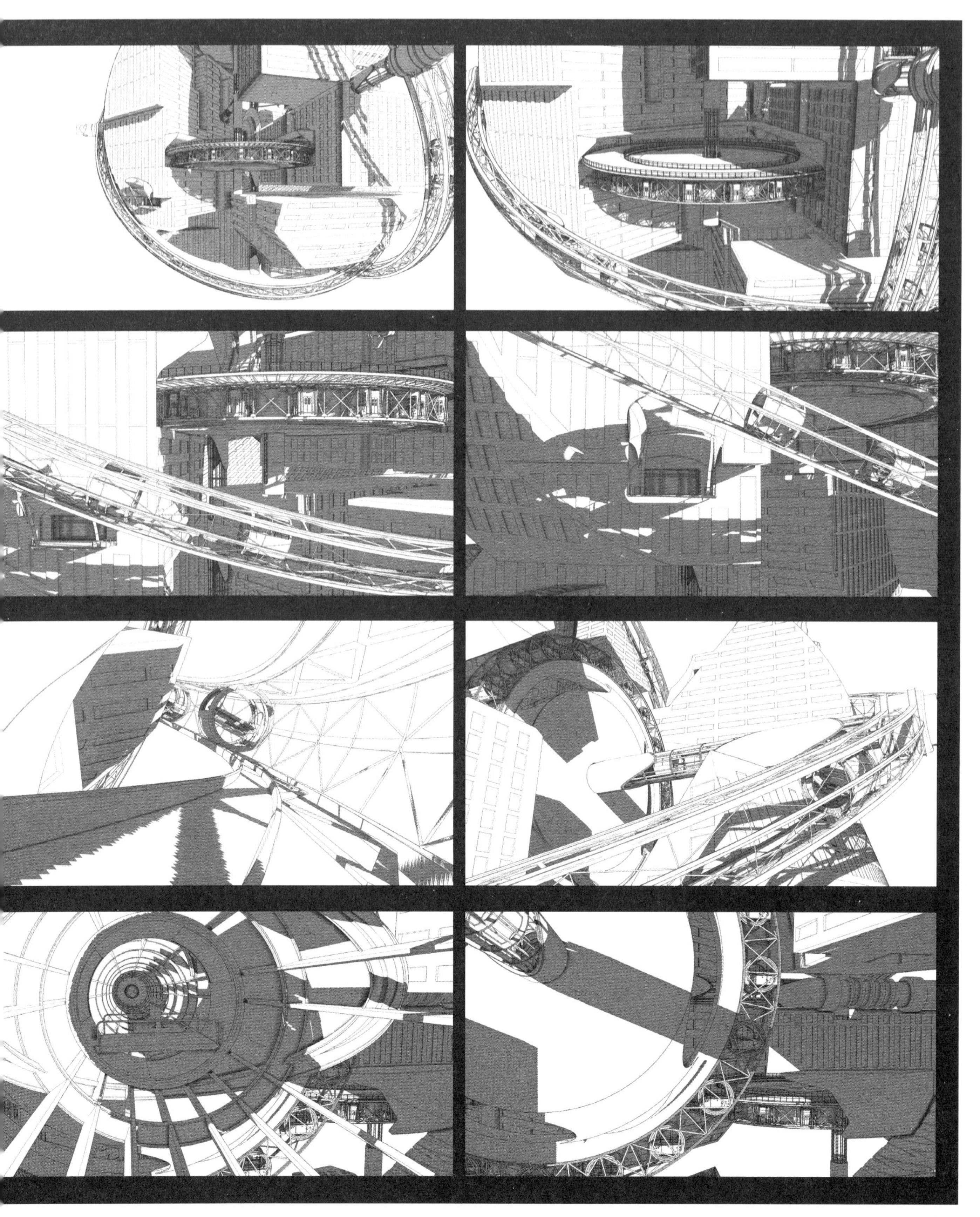

▲ 视频截图

北京交通大学 **盛强**

北京交通大学建筑与艺术学院副教授、硕士生导师，
荷兰代尔夫特理工大学城市学博士，
环境行为学会委员。

研究方向：数据化设计、空间句法基础实证研究、商业建筑及城市设计、网络开放数据的研究与设计应用、轨道交通站点周边建筑及城市设计研究。

后地理城市的高密度策略，这是一个兼具理论思辨和设计畅想的题目设定，从中可以看出出题人多年来在城市空间研究上的积累和对信息社会的敏感性。本题目以极限高密度和交通系统自动化作为背景，为学生的创作提供了明确的前提设定条件。而从两位同学的作品来看，能够清晰地应用图解表达设计概念，并以一种乌托邦的手法成功将设计概念实体化。特别是对“齿轮”这个主题性物体的设定，在技术服务生活的情景下给出了近乎反讽的答案，很好地阐释了极限状态下机械理性的产品对物质生活环境的影响。

北方工业大学 **李婧**

天津大学建筑学院博士，
北方工业大学建筑与艺术学院教师，
参加过天津大学与德国亚琛科技大学、美国南佛罗里达大学的交流和互访。在各类期刊发表论文数十篇。
专业特长是城市设计。

建筑与城市是密不可分的关联体。科技的进步改变生活方式的同时，也必然会改变城市和建筑的形态。这个题目从思考这些关联性上做了深入的探讨和思考。最值得深思的是，设计如何引导学生从其他学科，特别是哲学学科的角度去看城市和建筑。视频的呈现方式要求设计者更深层次的思考和更高超的表现手段。创新、多角度思考城市与建筑，这样的设计视角对于学生和老师都是一种很大的挑战，这种挑战会带给建筑教育深层次的推动。

南京林业大学

耿涛

南京林业大学艺术设计学院室内设计系系主任、副教授、东南大学建筑学博士。
主要从事公共建筑、景观及室内空间设计，并聚焦设计媒介、设计方法及设计传播理论研究。

卫斯理·琼斯让我联想到了阿尔文·博雅斯基（Alvin Boyarsky，1971~1991），此君担任建筑联盟主席期间（1971~1990），强调的是“书籍意识”（book-minded）的培养，库哈斯便深受其影响。我非常赞同卫斯理·琼斯关于视频的观点，媒介工具在操作应用的过程中，最需要的便是对各种条件与素材的整理，而逻辑性便可从中培养和训练出来。

“球形乌托邦”所探讨的命题极具现实意义，后地理城市这一概念注定在未来10年内将成为现实，建筑学在这样一个被极度压缩的世界观中又将何去何从？从这一层面来看，本作业的第一部分“逻辑推理”无疑是一次大胆而又极具前瞻性的尝试。在第二部分“建筑设计”中，奇观骤然而至，但由于未能详述来自“灵感”的“机械手表式”交通系统，因此对球形乌托邦的理解略显跳脱。

哈佛大学 王亮

本科：哈尔滨工业大学建筑学学士
硕士：哈佛大学设计学研究生院城市设计在读硕士
莱斯大学建筑硕士

工作经历：
赫尔佐格 & 德梅隆事务所
纽约 BIG 事务所
纽约 SOM 设计公司
休斯敦 WW 建筑设计公司

关键词
城市设计，住宅，空间原型

纽约新城市形态

哈佛大学 / 城市设计课程（Elements of Urban Design）

作为美国最早开设的城市设计专业（Master of Architecture in Urban Design，MAUD），可以说仍然是北美乃至全世界最有野心的城市设计项目。经历了一年紧张的核心课程和选修课程的洗礼，我认为 MAUD 强大的教学质量得益于两个原因：跨学科综合的视野和学科内严谨的教学结构。

MAUD 项目由哈佛大学设计学研究生院第二任院长何塞普·路易斯·瑟特（Josep Lluís Sert）创立于 20 世纪 50 年代，这得益于他从欧洲带来的关于当时城市规划的批判和思考，以及对于城市设计作为新学科的讨论（事实上这个讨论直到今天还在继续）。也许是这种持续的讨论和思考塑造了 MAUD 项目的教学框架：一方面在与其他学科（建筑、景观、规划）的融合中定义自身的学科，另一方面在不断完善的理论和实践体系中批判地定义自身的学科。这样的教学理念和视野也塑造了 MAUD 学生多样的设计视角，这也使得它在 60 余年里的毕业生遍布全球各大设计公司和理论阵地的前沿。

STUDIO INTRODUCTION
01 / 课程介绍

▼教师

费利佩・考瑞尔（Felipe Correa）是哈佛大学设计研究生院城市规划与设计学院的副教授，也是城市设计专业的主任。这是一位在纽约工作的设计师，设计项目涉及建筑、城市和公共设施。

▼课程

MAUD 最核心的课程之一是第一学期的核心设计课程，这个设计课程以其强大的工作量和质量闻名。核心设计课程由三位不同设计背景的老师共同指导，来自城市设计背景的费利佩，来自景观设计背景的安妮塔・贝立兹贝提亚（Anita Berrizbeitia）以及来自建筑设计背景的卡勒斯・穆罗（Carles Muro）。这样的教师团队已经清楚地说明了 MAUD 的教学理念。

本人师从三位老师当中的费利佩，在整个课程中充分体会到了该核心设计课程的精神：清晰度和结构。清晰度是指设计的主题以及支持其的设计方法，结构一方面指的是整个设计课程循序渐进的设置，另一方面则是指设计概念中逻辑的相互联系。

▲评图现场

▼第一部分　先例分析

作为整个学期的开始，这部分从案例分析开始探究不同尺度城市设计的方法，并将其转化作为之后设计的原型。

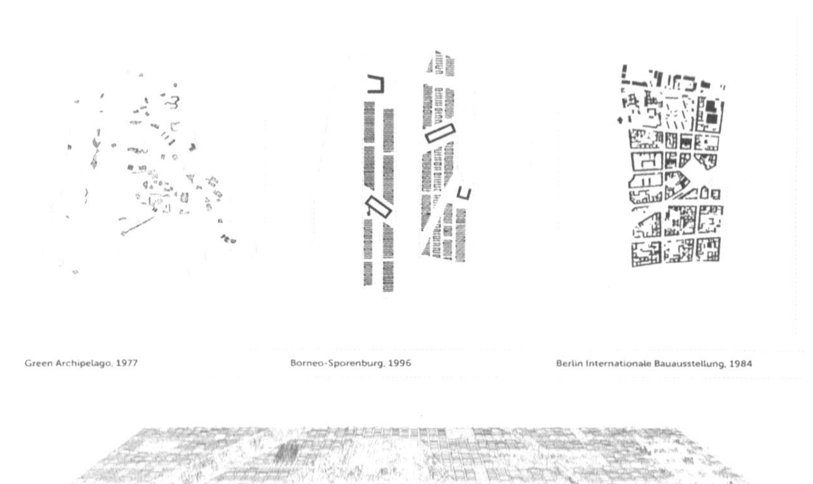

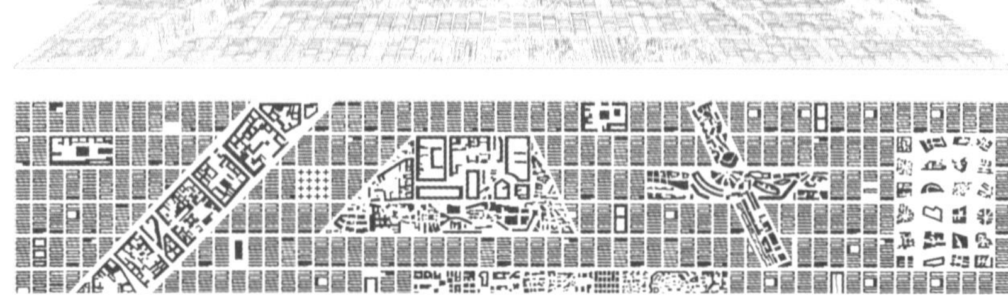

▲城市尺度原型研究分析

▼第二部分：原型探索

这个单元分为两个部分：对从单个城市街区尺度到超级街区尺度的理解和设计。单个城市街区尺度是由街区原型产生不同的变化，这些变化可以基于不同的变化要素（例如密度、功能或者流线等）。而超级街区尺度则是由三种不同的原型组合而成，最终的空间组成必须有一个清晰、单一的论点。

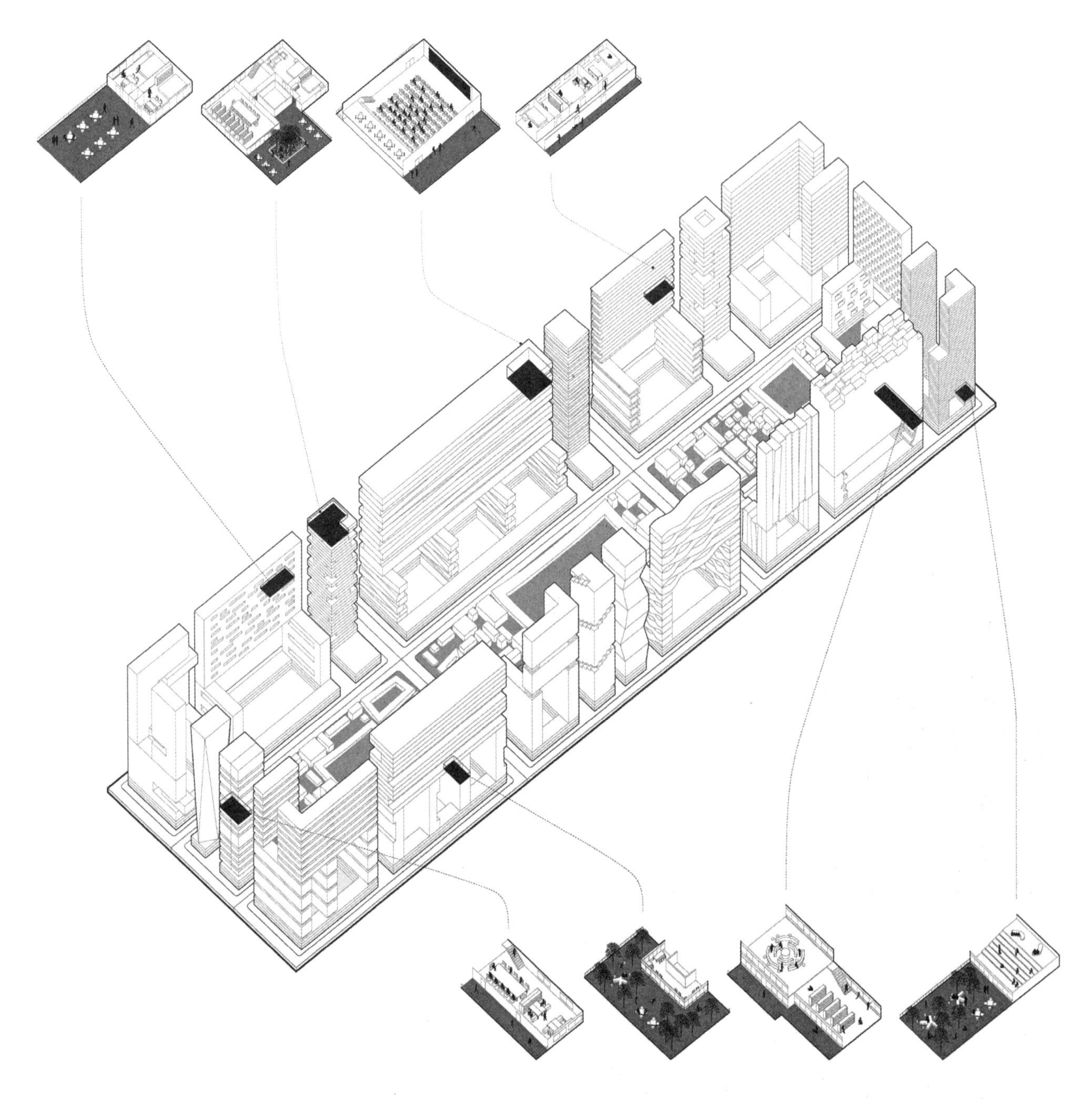

▲城市街区尺度原型研究分析（王亮，张淼，黄杨）

▼第三部分：重新定义街区网格的边界

作为整个学期的最后一个设计，基地最终落脚在了纽约中城区的一家旧的发电厂。设计要求综合之前练习的设计概念和方法并转化实现在该场地上。我们的设计开始于对纽约内城和沿河岸线城市肌理的观察：内城规整的曼哈顿街区形态与沿河岸的塔楼形态形成了清晰的对比，根植于这两种城市形态的生活方式和人口构成趋于单一，然而基地现状的发展却要求一种新的城市模式来适应多样化的生活方式和人口构成。基于这样的现状和观察，我们提出了设计假设：假如我们将曼哈顿网格的形态和塔楼的形态进行混合，是否会催生新的不同尺度和方式的生活方式？

所以我们整个的设计便是对上述假设的论证和试验。

它的结构体现在三个方面：在宏观城市尺度，客体是基地与城市其他部分的媒介，通过景观联系；在中观街区尺度，客体是基地内与周围街区的联系，通过地面层的公共空间与功能联系；在微观建筑尺度，客体为不同的建筑提供不同的可识别性，通过建筑的内部空间和户型相互呼应。

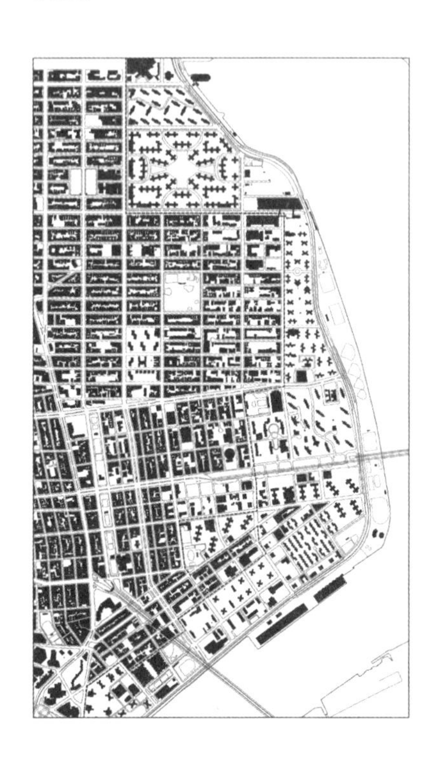

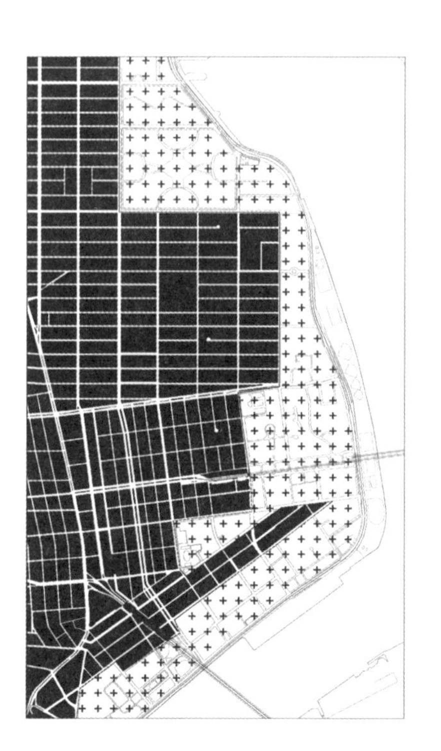

▲曼哈顿岛街区网格和塔楼的混合

EXPERIENCE
03 / 个人感受

1.

客体式街区（Objecthood）是对纽约城市在超级街区尺度的一次新的尝试，意义在于为超级街区提供了的新的可能性来适应生活方式和城市功能的多样化。作为一种新城市模式，它将在维持自己抽象性的同时，在建筑的维度被不断具象和解析。

2.

以上的课程作业展示了一个循序渐进的过程，这样的过程不仅体现在设计尺度的不断推进（由单一街区到多街区再到超级街区）上，同时也体现在设计思路的不断深化与提炼上。

3.

作为非常“哈佛”的城市设计课程，同时也作为由建筑过渡到城市设计教育的入门，这样的设计的清晰度和结构是值得今后不断的再理解和再推敲的。

▲街区总平面

▲街区与曼哈顿城市天际线鸟瞰

▲街区鸟瞰

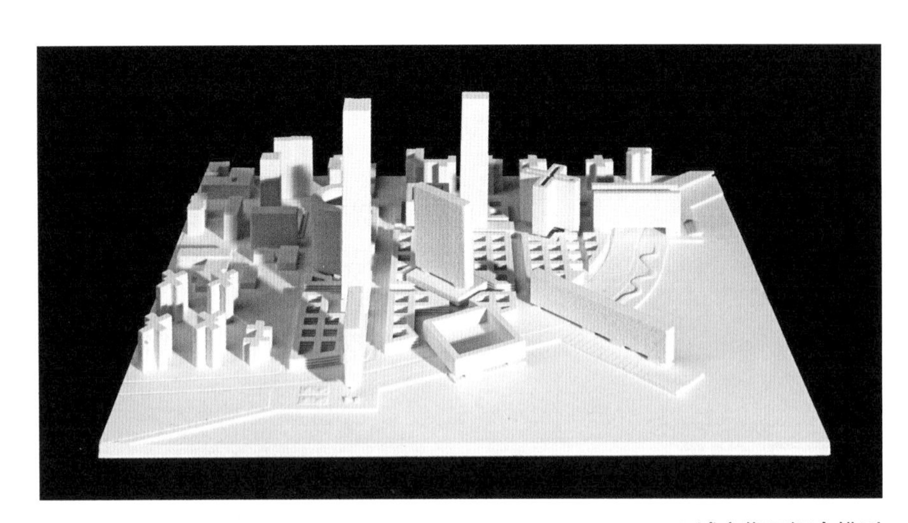

▲城市街区概念模型

▲室内效果图

▲街区外景图

REVIEW
05 / 学者点评

东南大学 唐芃

东南大学建筑学院副教授，硕士生导师，
京都大学工学博士，
日本建筑学会会员，
《Frontier of Architectural Research》编委。
研究方向：基于数理分析和数字生成的历史街区风貌保护与环境更新。

哈佛，纽约，新城市形态，这些字眼亮看上去令人晕眩。但安静下来仔细看，这是试图通过对曼哈顿内城规整形态与沿岸独立塔楼地块形态的分析，在发电厂地块的改造中有所建树。然而，我想说作品中提出“假如我们将曼哈顿网格的形态和塔楼的形态进行混合是否会催生新的不同尺度和方式的生活方式？”是不能让我信服的。首先物质形态的混合应该是能够催生出新鲜尺度的街区，这是物质形态的诞生。然而，希望催生出不同尺度和方式的生活方式，这个需要足够的证明。何况在作品中最终呈现的，依然只是物质形态，并没有看到新的生活方式。

东南大学 王正

东南大学建筑学院副教授，
东南大学建筑设计研究院有限公司城市建筑工作室主持建筑师，
主要从事本科 2、3 年级建筑设计教学和设计理论教学。

这份作业的图和文字信息让我基本上只能从形式的角度来理解整个设计，印象至深的是巨大的尺度和壮观的形体，至于它们为何要如此则缺乏足够的分析和解释，比如支撑这么高强度建设的依据是什么。从整个表达看来，设计成果基本上可以理解为形式推导的结果，即两种类型的混合，以期产生新的生活方式，这样的逻辑过于简单了。城市设计具有公共政策的属性，而不应理解为目标蓝图。相对于建筑设计而言，城市设计中的理性思维和论述更加重要。

长安大学 **岳红记**

环境艺术与环境美学博士后，
长安大学建筑学院副教授，
陕西省书法家协会会员，
陕西省美术家协会会员，
陕西省职工作家协会专业委员会评论委员会副主任。

该设计案例涉及在旧城改造及设计中，设计项目如何与周围建筑环境相融合、相关联，对我国当前的城市改造及设计有一定的启发。作者设计的对象是纽约中城的一家旧发电机厂的城市设计改造。该场地处于曼哈顿街区城市景观和河沿岸塔楼的城市景观之间，这就涉及旧发电机厂城市设计如何与其景观形态相互呼应，同时还存在如何增强自身的可识别性及特点的难题。因此，在设计时，设计者在考察这两个社区城市肌理及景观的基础上， 提出了将曼哈顿街区城市景观形态和河沿岸塔楼的城市进行融合，产生了一种新的城市形态的设计思路。新设计的客体是周围其他城市景观的媒介，也和周围街区的地面功能和空间功能结合在一起，同时还考虑到了其内部的户型及空间的呼应，从而避免新设计的城市景观与其他城市景观的割裂和不相融性。

合肥工业大学 **李早**

工学博士，合肥工业大学建筑与艺术学院院长，博士生导师，中国建筑学会理事，全国建筑学专业指导委员会委员，安徽省土木建筑学会副理事长。主持国家自科、国家社科、文化部、教育部等多项国家级、省部级课题。

该设计给我留下印象深刻的是课程体系以及设计过程中所体现出的强烈逻辑性。逻辑性一方面体现在该城市设计课程的体系化。首先通过相关案例分析，帮助学生掌握城市设计的方法；其次以小组形式，完成对城市街区原型尺度的研究和分析；进而设计者基于以上知识的学习和分析结果，着手开展纽约中城区某地块城市设计。逻辑性的另一个方面体现在，方案循序渐进地实现由单一街区到多街区，再到超级街区的不同设计尺度的推进，反映出不同设计着眼点间的严密的逻辑关联性。

哥伦比亚大学 熊飞

关键词
生态，城市，融合

本科：天津财经大学环境与艺术设计学士
硕士：哥伦比亚大学建筑系建筑与城市设计硕士
奥本大学建筑系景观建筑城市规划双硕士

工作经历：奥本市城市规划部
（Urban Planning Department，City of Aubrn，USA）

水生态城市——城市催化剂

哥伦比亚大学 / 建筑与城市设计项目夏季设计课程

城市不仅仅是漫无尽头的街道与摩天大厦，它更像一个错综复杂系统结合的综合体，满足我们在这座城市的一切需求，而在这些城市的周边都会有那么些黑色地带或是城市死角被一些不可避免的社会问题所隔离，但是这一切在自然灾害面前都将回归到开始的起点，一视同仁。

在夏季项目的学习期间，我深深地感受到城市系统发展的重要性，并且重新认识了纽约这座国际大都市背后的社会问题。

团队成员：熊飞，曾子杨，尼山·迈塔（Nishant Mehta）

STUDIO INTRODUCTION
01 / 课程介绍

▼教师

城市设计是一门集成建筑、景观和规划于一体的学科，所以在侧重方面有着比较全面的思维广度，这同时也体现在师资方面。哥伦比亚大学建筑系（GSAPP）城市设计（Urban Design）项目的教师配置也是由不同专业的老师组成，以便学生得到更全面的指导与后期的深入设计。2015 年新上任的系主任凯特·奥尔夫（Kate Orff）是一个有着城市尺度思维的生态专家，代表的项目有生活的防波堤（Living Breakwaters），牡蛎结构（Oyster-tecture）等，她在景观生态方面和城市保护方面有着别具一格的设计理念，算得上是新一代城市发展的领头人。资历较老的还有有着“规划界活化石”之称的理查德·普朗兹（Richard Plunz）与大卫·肖恩（David Shane），其著作有《纽约市住宅的历史》（*The History of housing of in the New York City*）、《重组城市化》（*Recombinant Urbanism*）等，总之，哥伦比亚大学的城市设计项目是一个比较有文化底蕴并且有创新意识的项目。

▼专业

哥伦比亚大学的城市设计项目一共是一年三个学期，夏季、秋季和春季，所以总的来说，时间比较紧凑，强度比较大。夏季的设计项目是为期三个月左右的热身工作室，主要是了解城市肌理并从城市尺度出发，在城市系统寻找和发现问题的一个过程；秋季的尺度会进一步加大，从之前的城市尺度扩大到区域尺度，强调城市设计与区域的联系与可持续性；春季会上升到国际尺度，强调宏观的全球视角来看待城市问题并且找到一种适合未来城市发展的模式，所以在春季基本上做的是美国以外的城市，以往的有巴西、韩国、日本、非洲及中国等，基本涵盖不一样的国家与文化，具体的每年情况不同。

总的来说，哥伦比亚大学的城市设计项目是一个非常实用的而且接地气的项目，本着设计与实际相结合的目的来教学，与建筑设计专业有所不同，城市设计的项目基本全由小组合作完成，每一学期的设计项目会由若干个作业组成，从一开始的分组调研、场地分析，然后到概念模型，再到最后到设计项目，都本着高度重视团队合作与协同工作的原则，目的是提升每一个学生应对以后工作中的各种团队工作的能力，当然这其中的过程实际上很有挑战性并并且很锻炼人的意志。每人的情况不一样，各执己见，有些比较配合，有些却觉得自己做一个项目会更好。但是无论如何，这样的好处就是可以和不同文化跟背景的同学在思想的碰撞中不断完善自己的思维逻辑，并且学会自我反省与创新，是很有意义的一次实践。

▲来源：http://www.msaudcolumbia.org/summer/wp-content/uploads/2011/05/habitatdwgs.jpg

DESIGN METHOD AND PROCESS
02 / 设计过程和方法

在设计方面，哥伦比亚大学的城市设计项目主要方向偏向于实际应用与创新设计的结合，尤其强调可行性与实用性。在项目的设计过程中，我们总是在解决城市问题的同时，不停地寻找和确认利益相关者，并且在设计过程中强调整体性与阶段性，然后再细化到城市地块和建筑尺度的设计上面，所以可以理解成为现有城市肌理创建一个新的模型，这个模型是立足城市尺度以至于区域尺度或是国际的尺度上的一种设计，可以解决问题的同时，也以一种新的发展方式来引导城市的发展。

夏季的项目主要是以纽约为背景的城市系统研究，而我们的场地是曼哈顿中岛下东区的纽约市房屋局居住区，这个地方是公共住房区，居住在这里的人大多都是低收入者，公共交通系统也离这些高密度的公共住房很远，最近的 6 号线跟 Q 线都有四个街区的距离，所以主要的交通系统还是依靠现有的公交线路。除此之外，这里其实并不是一个很方便的区域，这些低收入的人群虽然住在曼哈顿中岛下东区却过着与其他纽约客不一样的生活。他们拿着不是很高的收入住在高密度且极度拥挤的公共住房里，成为这座城市一个不可遗忘的死角。然而纽约并没有因为它的繁华而怜悯住在这座城的不同人群，反之，它异常的苛刻与势力，在这样一座看起来统一规划、横平竖直的城市里，他们的生活质量却与人群的收入一样被切割出来，继而导致了恶性循环。人口结构的单一模式、低教育水平之下，大量的无业游民游荡在这个区域，导致这里成为不是很受欢迎的地方，即使它有着得天独厚的地址位置，也没办法解决这里的社会问题。

▼步骤一：实地勘查——实地分析场地的问题与优势

以项目的实地考察为基础，开始寻找存在的社会问题和环境问题。

目的是让学生找到设计的切入点，然后慢慢深化。从解决一个主要的问题开始，进而研究其他社会影响。调研的时间一般会在四周左右。

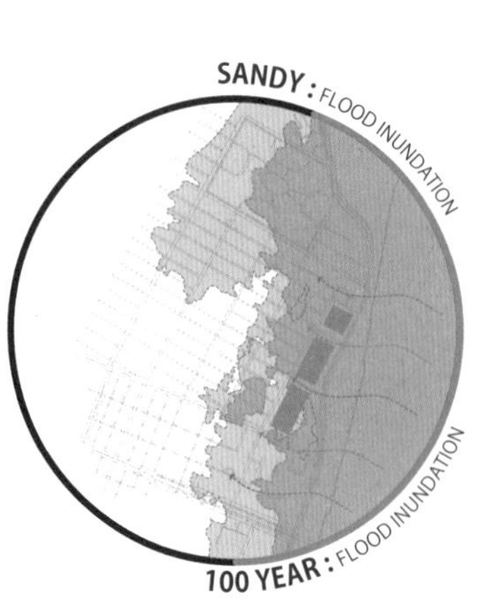

▲百年洪水线

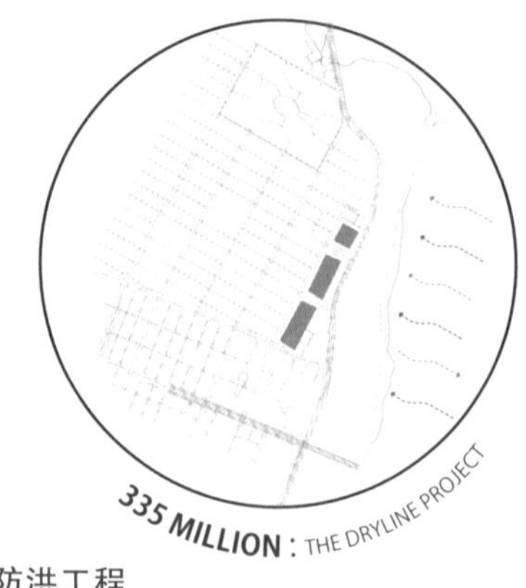

▲防洪工程

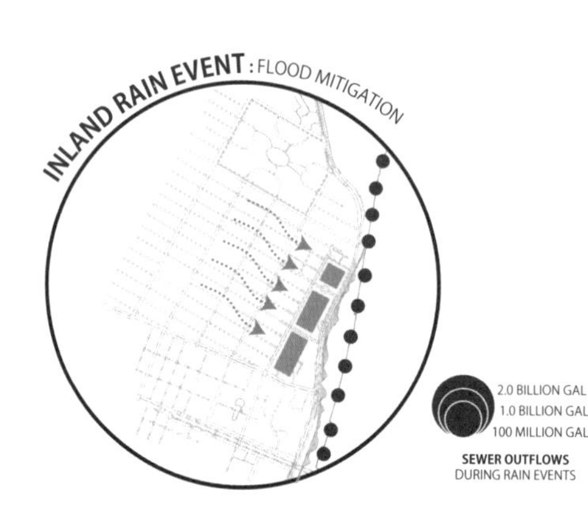

▲下水道泄洪系统

▲缺少区域链接入口

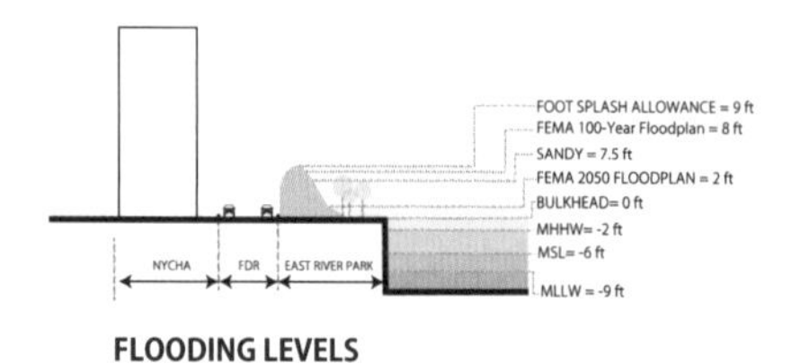

▲防洪线高度

▲年度降雨量

▲ 现状

▼步骤二：设计方案

根据场地现状提出一个新城市模型来解决环境问题与人口问题。设计上要注意保护区域免受飓风影响，并植入多种社区项目，提高社区与城市的联系。

在设计方，由于场地地势低洼，遭受了飓风的巨大破坏。所以我们要保证并且建立一个保护平台，使得区域不被飓风再次淹没。同时，造成积水的问题不仅仅是洪水，内陆暴雨也会造成积水，而这个问题并没有被有关部门注意到。因此，我们提出了重建社区保护的计划。

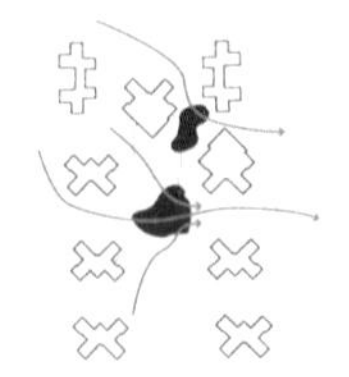

The campus has several low points which pond during a rain event.

PEDESTRIAN CIRCULATION
JACOB RIIS HOUSES

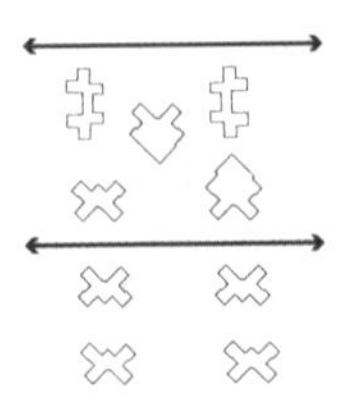

Convoluted pedestrian paths leads to low public footfall within the campus.

◀在地形低洼的场地建立雨水公园和水生态系统，从而重新利用洪水，并把其转变成一种城市形态

◀建立多条街道链接将小区和河岸景观联系起来，并且加强和曼岛中心的社会联系，打破孤立局面。

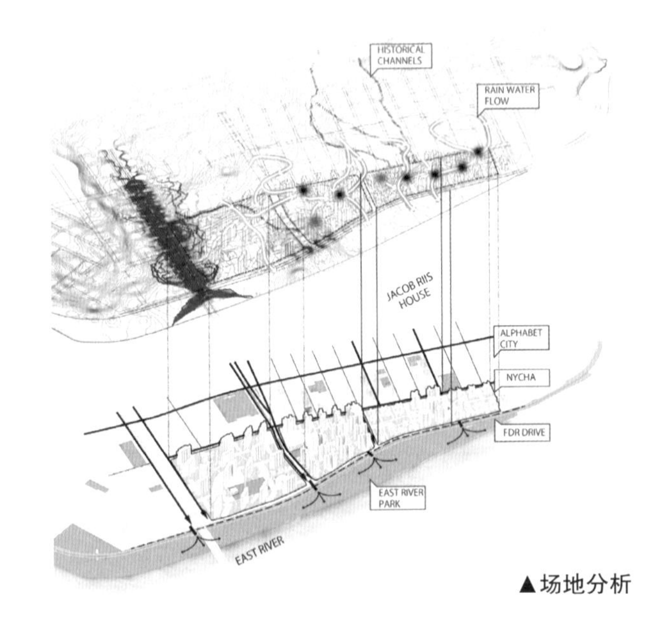

▲场地分析

由于这一区域与周边环境的分离，就像是一个先于曼哈顿中岛的海岸，一定程度上隔离了曼哈顿中岛与下东区海岸线的联系。所以我们也提出了下东区海岸恢复项目，我们提出延长河堤，将社区与河岸景观联系起来，并将其整合到核心的小区里面，使得整个景观生态变成一个绿色生态走廊，并且在小区加大绿化，植入不同的功能分区与活动空间，活跃小区的景观。

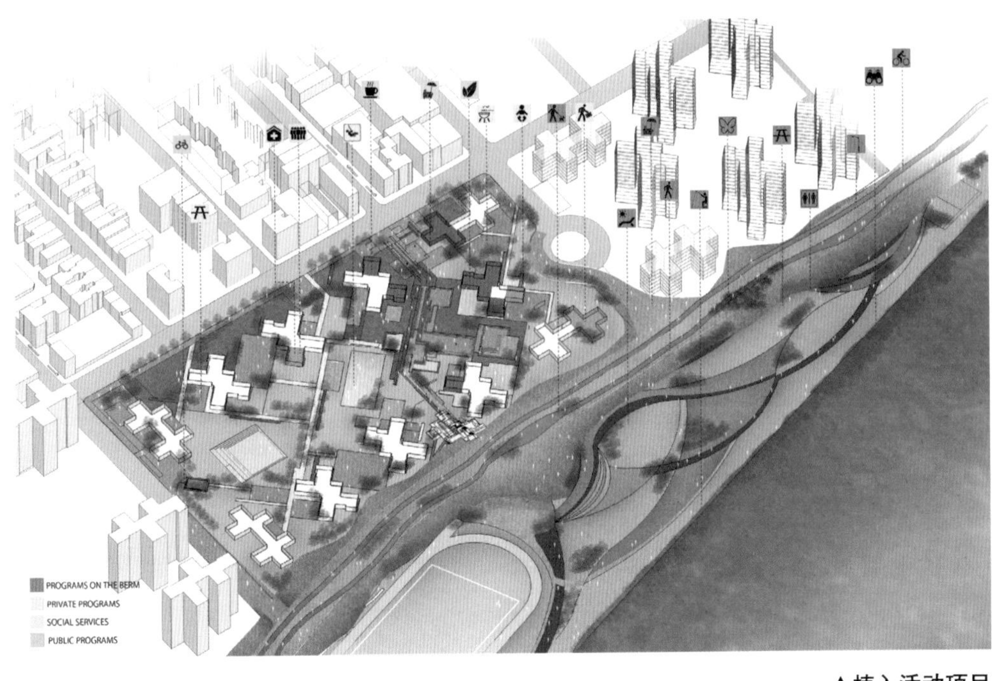

▲植入活动项目

▼步骤三：联系与设计阶段

为了完成这个新的城市系统，需要提出详细的设计阶段和步骤来提高项目的完成度和明确具体每个步骤需要植入的元素。另外设计时要注意，这种新的城市生态系统还需要与市中心加紧联系，避免社会脱节现象发生。

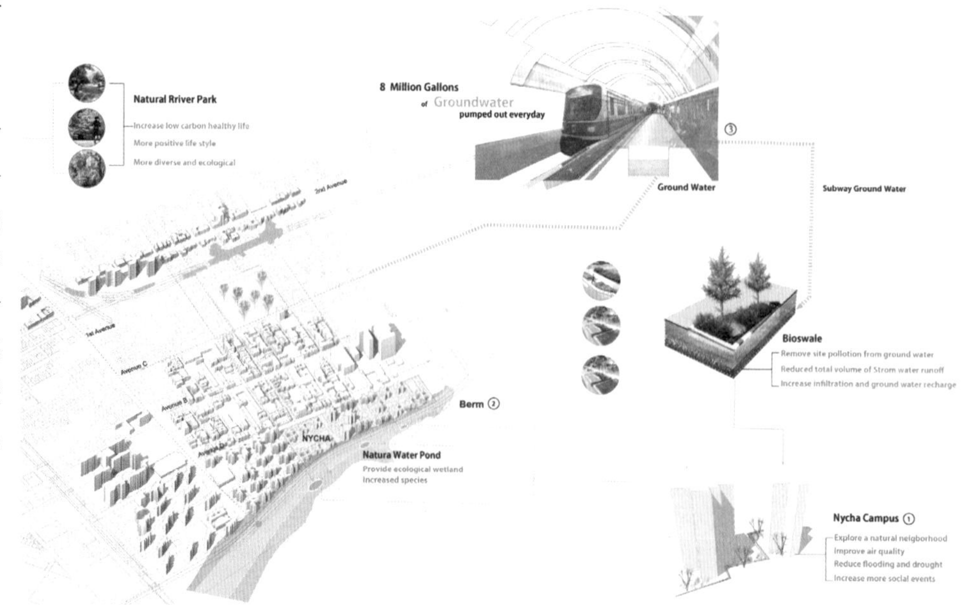

▲清水系统

环境问题也是另外一个不容小觑的问题。2012 年的飓风桑迪（Sandy），导致整个纽约尤其是曼哈顿中岛大面积电路系统瘫痪，同时海水的水位线远远高出了警戒水位，随之而来的不仅是断电与交通系统的瘫痪，整个城市的食物链也受到了极大的挑战。由于水位线的上升，受到飓风影响的区域的一层和地下一层，包括地铁都被海水淹没，我们的场地就正好在这片区域。

所以在解决社会问题的同时，我们更注重环境与区域的保护。而且由于纽约市将整个曼哈顿中岛的防洪项目提到日程上，才有了后来 2014 年大家耳熟能详的 BIG 事务所（Bjarke Ingels Group）拿下纽约干线（Dry Line）的惊天大单的事件。后来在夏季的项目我们也有幸参加了 BIG 事务所的听证会。

雨水过滤系统穿过曼哈顿中岛到达小区内，再连接到河岸景观。该通道结合了行人流动和水循环，同时也将公共活动的区域，慢慢地融进了社区内封闭建筑物之间的私人空间。

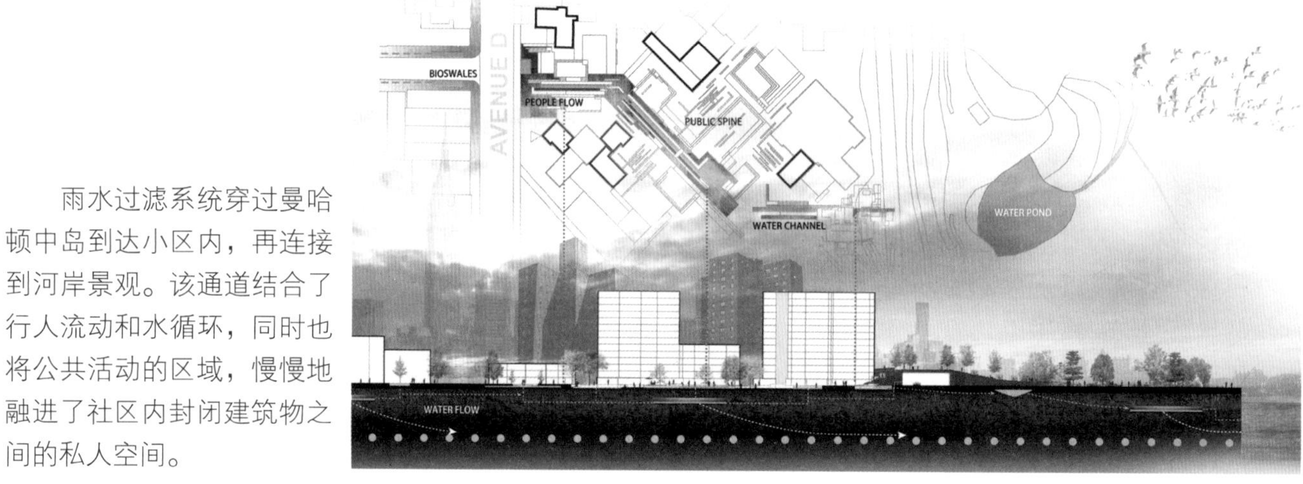

▲切面

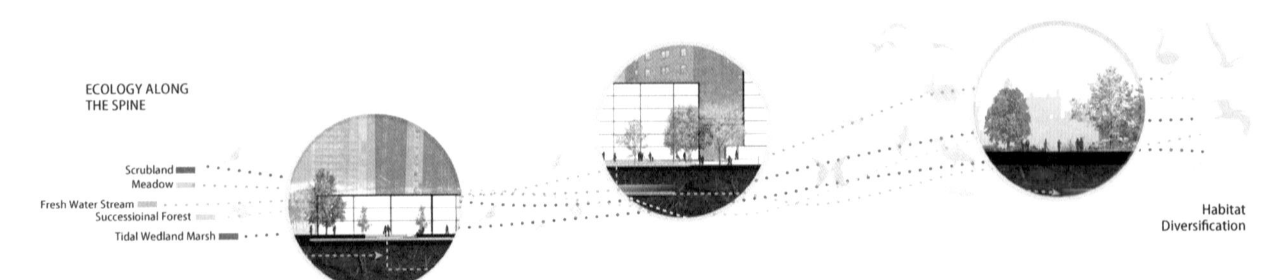

▲ 生 态 走 廊（ECOLOGY ALONE THE SPINE）

在添加景观的同时，由于飓风的影响而造成一层和地下一层电力系统的瘫痪和个人财产的损失，所以在设计中把原来的一楼居住区加盖顶层电力系统移到二楼以上，取而代之的是在一层和地下一层加入不同的功能社区，分别加入一些商业用途的沿街立面和社区活动中心等一系列综合设施，目的是在保护社区安全的同时增加，更多的活动区域，使得这个小区重新融入整个曼哈顿岛的社交活动。在人口的多元化上面也有了更多的可能性。

除此之外，方案还提出了如何在不同的降雨季节利用水来形成不一样的水生态景观，景观会随着季节与水量的变化而变化。

EXPERIENCE
03 / 个人感受

1.

虽然夏季的设计项目时间相对较短，但是整个的学习过程实际上是一个了解社会文化背景、城市问题同时分析问题并且提出方案的一个思维逻辑过程。

2.

每一座城市都有着深厚的文化积累而不可复制的文化特色。相对于设计结果，我更享受这次学习的过程， 不仅是实地考察，而是一步步地了解了在另外一个社会环境下处理复杂的城市问题的思维方式。

3.

反观国内，虽然社会体制不一样，但是中国同样也存在这样的社会问题。贫富差距的扩大、人们收入水平的差别与居住的环境有着千丝万缕的联系，如何减少这样的差距并创造一个城市发展的平衡与多元化，是我们接下来要面临的挑战。

FINAL
04 / 成果展示

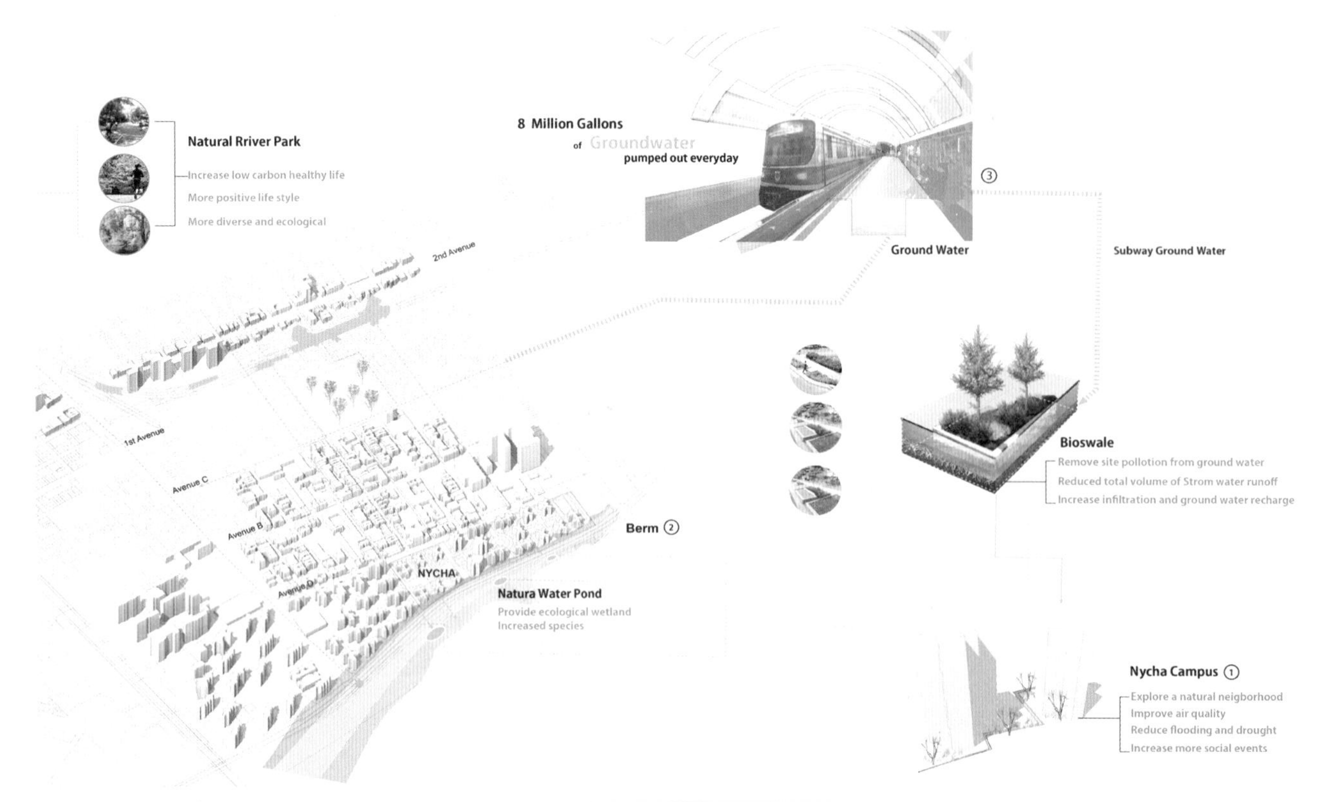

VARYING USAGE |
NOT RAINING V/S RAINING

VARYING WATER LEVEL

LOWEST LEVEL　　AVERAGE LEVEL　　FLOODING LEVEL

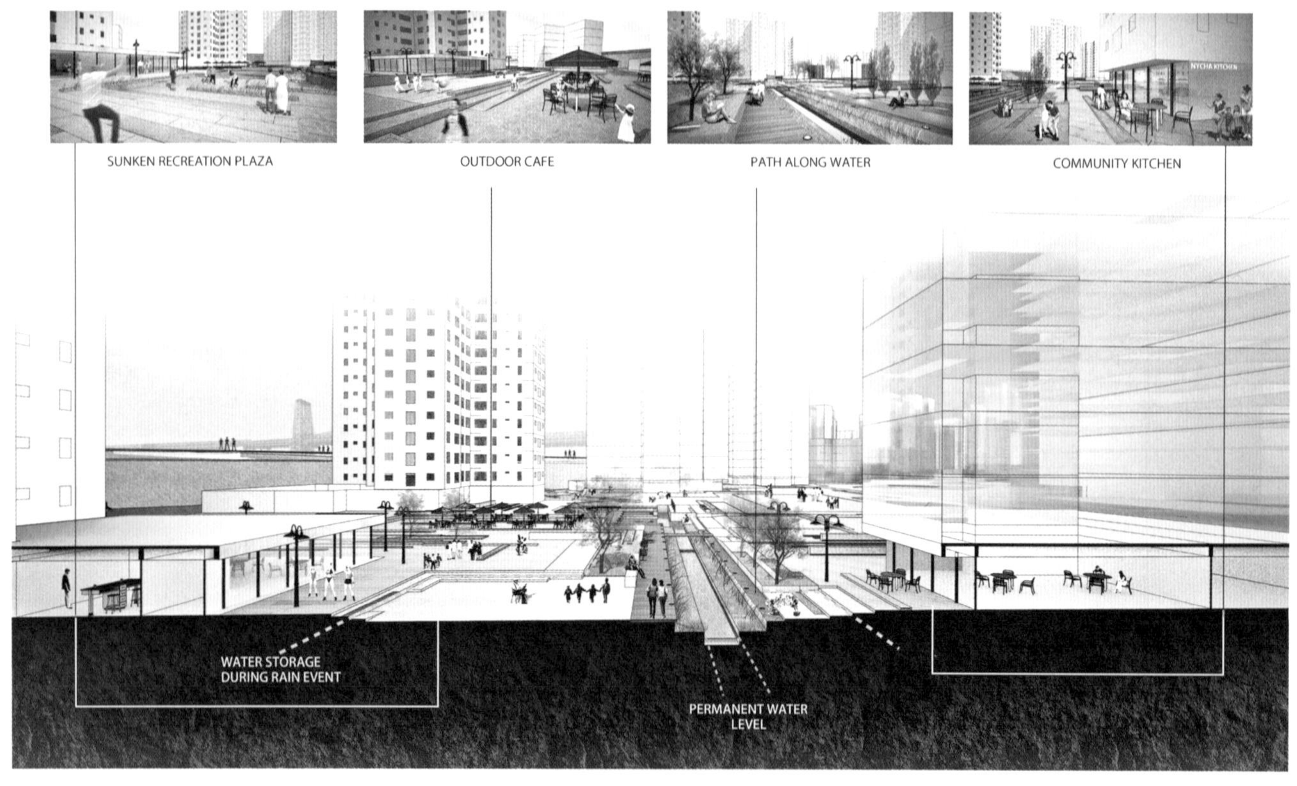

SECTION |
THROUGH THE SPINE

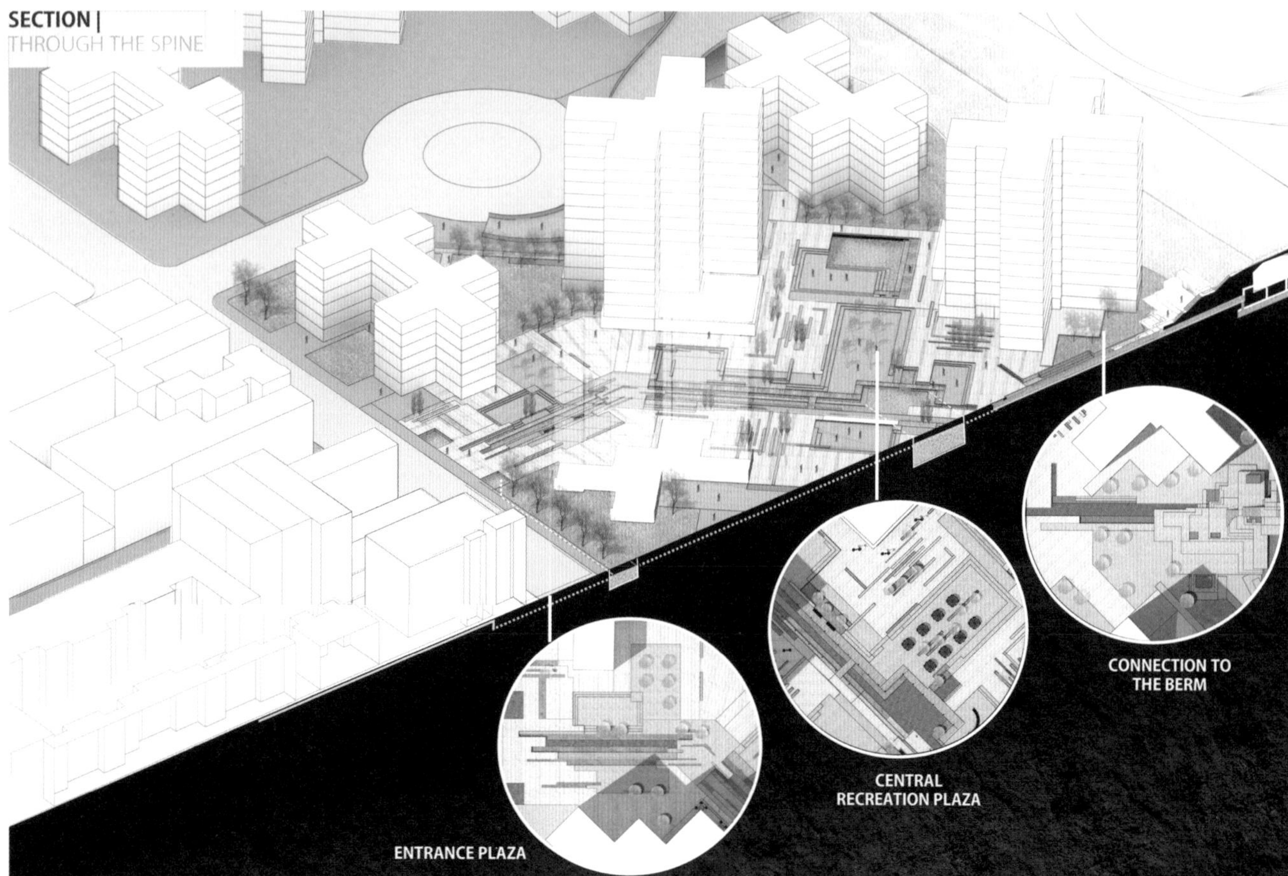

北京交通大学 盛强

北京交通大学建筑与艺术学院副教授、硕士生导师，
荷兰代尔夫特理工大学城市学博士，
环境行为学会委员。

“建筑与城市设计不就是画画儿”这句话该加问号还是加叹号反映了不同院校、不同导师、不同教学阶段的目标差异。作为一个以解决实际问题出发的城市设计课程，从这个作业中可以看出在天马行空的概念背后需要的是教师指导学生团队对真实问题的提炼和对解决方案及其技术限制、社会影响的综合考量。而通过这样一个偏实际的题目，同时完成了学生对该地区文化、经济和社会发展状况的了解，并锻炼了团队合作的工作方法，体现了教学体系中目标的明确和方法的高效。

东南大学 朱雷

博士，东南大学建筑学院副教授，一级注册建筑师，曾赴日本爱知工业大学和美国麻省理工学院访学。关注现代建筑空间设计及教学研究。中国建筑学会“青年建筑师奖”获得者。

对社会经济问题的关注是美国院校的一个重要特色，这一点也是目前国内建筑教育中特别缺失的。建筑和城市设计者主动关注身边的问题和弱势群体，进而揭示城市问题的复杂性，同时也体现出一种专业的职责。这样一个问题的解决过程，需要了解和整合各方面的相关知识和资源，并落实到技术支撑环节；这也导致了一种合作协商的过程，要求将个人的设计思路和整个团队工作相融合。

长安大学 岳红记

环境艺术与环境美学博士后，
长安大学建筑学院副教授，
陕西省书法家协会会员，
陕西省美术家协会会员，
陕西省职工作家协会专业委员会评论委员会副主任。

城市设计的最终目的是解决城市发展中存在的问题，其核心是提升该地区居民的生活质量和生活水平。所以说，城市设计需要综合艺术及综合知识，城市设计中表面体现的是建筑、景观、规划，实质上体现的是设计师的文化底蕴及其他相关学科知识。本文作者以纽约曼哈顿中岛的低收入社区房屋署为设计场地，经过调研后，发现该地区的人口结构单一、无业游民较多、犯罪率高，存在着许多社会问题；另外，该社区的自然环境也很差，地势低、地面积水严重，还常遭飓风袭击等，在此基础上，设计者最终提出了创建房屋署社区及保护的方案，将其安全、景观、商业等因素综合起来设计，使其融入整个曼哈顿岛的社交活动中。在设计方案中，根据该地不同季节水量变化设计的水态景观很有创意，把房屋署临海的地理优势发挥得淋漓尽致，将该地以前受飓风影响的劣势变成优势，为其他相似城市设计提供了新思路。

III IN NATURE
第三章 | 与自然共存

宾夕法尼亚大学

吕晨阳

本科：长安大学
研究生：
宾夕法尼亚大学绿色建筑设计硕士
（Master of Environmental Building Design）

工作经历：
北京中国建筑工程总公司（CSCEC）
纽约 StudioTEKA 建筑事务所

关键词
互动，舒适，零能耗

好建筑，绝不仅是玩形式和概念

宾夕法尼亚大学 / 绿色建筑课程

随着全球气候变暖，资源短缺，环境污染等问题日益严峻，建筑作为资源和能源的巨大消耗体，在环保节能层面引发人们的密切关注。全球范围内，越来越多的项目已经要求包括 LEED ㊀认证在内的一系列认证。这就需要建筑师在新的市场环境下具有更多的社会责任感和相应的专业知识。当然，以 LEED 为代表的绿色建筑认证只是一个开始，如何能真正降低建筑能耗，设计“零能耗建筑”需要建筑师运用新的技术手段，或对现有设计进行优化，并拥有更广泛而全面的知识来解决实际问题，帮助减少建筑对环境所造成的影响和降低资源消耗。

作为一个建筑学学生和环保主义者，当在本科初步接触绿色建筑概念时，我便对这个方向产生了浓厚的兴趣。在本科张琳老师和赵敬源老师的课堂上，我对建筑技术和建筑环境有了初步的认识；然而面对抽象的概念和理论总是习惯性地希望探究其原因，更希望借助新的计算机模拟分析技术将建筑环境可视化、图像化，继而作为建筑空间优化设计的实际依据。研究生时，我选择了宾夕法尼亚大学设计学院的绿色建筑设计专业开始了对绿色建筑深入的学习。

㊀ LEED（Leadership in Energy and Environmental Design）是一个评价绿色建筑的工具。宗旨是：在设计中有效地减少对环境和住户的负面影响。

STUDIO INTRODUCTION
01 / 课程介绍

▼教师

项目负责人和指导老师威廉·布拉汉姆（William W. Braham）是宾夕法尼亚大学的终身教授。普林斯顿本科毕业后，在宾夕法尼亚大学取得硕士学位及博士学位。1988 年开始执教于宾夕法尼亚大学至今，曾于 2008~2011 年出任宾夕法尼亚大学设计学院院长，现担任绿色建筑设计研究生项目负责人，T.C. Chan 建筑环境模拟和能量研究中心⊖负责人，致力于推行绿色建筑设计。近期代表作品有宾夕法尼亚大学可持续发展规划，碳轨迹和碳减排行动规划案等。

▲威廉·布拉汉姆（William W. Braham）

▼课程

绿色建筑设计研究生项目（ Master of Environmental Building Design，以下简称 MEBD），旨在为建筑师和从业者提供学习和研究日益兴起的绿色建筑设计理论提供一个平台。MEBD 项目与其他建筑系专业相比，为学生提供了更多接触建筑物理、绿色建筑相关理论、计算机模拟及相关程序编写的机会；与其他环境研究专业（Environmental Study）最大的不同是学生学习以设计图和模型为最终成果，为学生实践绿色理论和先进技术提供了平台。也正因为如此，该专业为学生提供了更多的就业方向，如建筑设计、可持续建筑设计、绿色建筑咨询、建筑能耗建模专家、幕墙设计师及建筑软件程序开发等。当然，对建筑技术为期一年的讨论也为申请博士创造了很好的条件。

MEBD 项目是后专业学位（Post-professional Degree），为期一年，分春季和秋季两学期。学生要求有五年的建筑学专业背景，许多学生都有丰富的建筑设计工作经验。秋季课程没有课程设计，三门必修，两门选修，共五个学分；春季项目以课程设计为基础，另外一门必修，两门选修，共五学分。课程涉及绿色建筑理论和实践，建筑光环境，生态、科技与设计，建筑围护结构，计算机模拟高性能可持续建筑，高阶计算机模拟，建筑全生命周期评估及整体设计等。学生可根据研究方向选择建筑学、景观建筑学、历史古迹保护、沃顿商学院房地产课程及法学院有关环境法的课程等作为选修课。同时，MEBD 项目与宾夕法尼亚大学 T.C. Chan 中心关系密切，学生可选择在中心进行独立研究项目或参与实际研究。

▼ MEBD 课程设计的三个“层”的研究

第一层：不同尺度下建筑节能技术特别是新技术和新思想的分析。

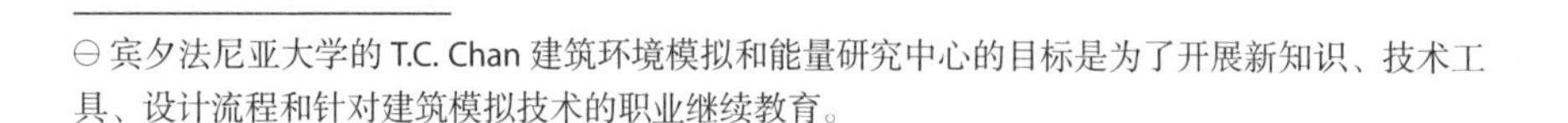

⊖ 宾夕法尼亚大学的 T.C. Chan 建筑环境模拟和能量研究中心的目标是为了开展新知识、技术工具、设计流程和针对建筑模拟技术的职业继续教育。

两人一组做建筑场地、表皮、设备等方向的案例分析，通过演讲和汇报的方式进行讨论和总结。

第二层：生物对于环境的可适应性的探索，包括自然现象、生物、生物器官和结构等。

第三层：综合前两个“层”的研究成果，根据场地和环境分析，向自然学习，探讨特定环境下可加以利用的技术手段和设计思想，完成设计。

▼场地

2015 年 MEBD 课程设计的基地位于纽约詹姆斯敦（Jamestown，NY）， 是美国东北部的一个小镇。冬季最低气温 -10℃，空气湿度大，降水量大。通过调研我们发现，詹姆斯敦的人口有很大的季节性变化规律，由于夏季气温适宜，居住人口增多；而冬季空住率高。同时，其人口总数也呈增长趋势，预计在 30 年后人口会是现在的 3 倍。由于地处伊利湖（Lake Eric）流域，南邻阿勒格尼国家森林（Allegheny National Forest），詹姆斯敦自然而然地被选为避暑胜地，各种形式的假日住宅层出不穷。

威廉教授要求我们对 30 年后可能面临的种种问题进行预估，根据图尔特·布兰德（Stuart Brand）的建筑分层理论（Shearing Layers），对建筑的基地、形体、表皮维护结构、设备、平面及人员等诸多方面进行分析，探索可能的节能技术手段，同时选择对自然界的某种机制进行研究，综合两者之后选择感兴趣的方向设计一个“零能耗”的研究中心。

▲设计效果图

政府
商业
办公
公共空间
住宅

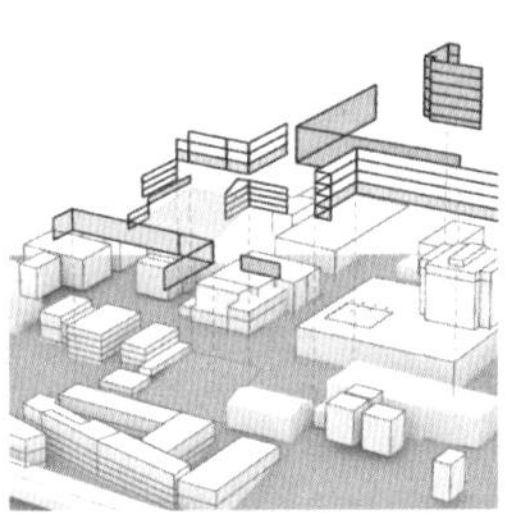

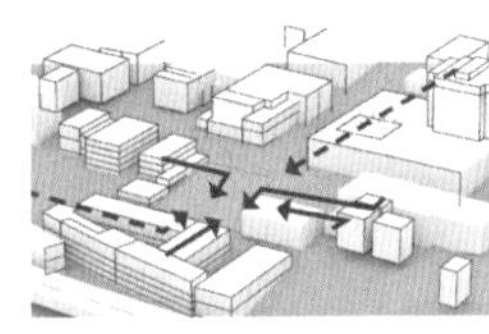

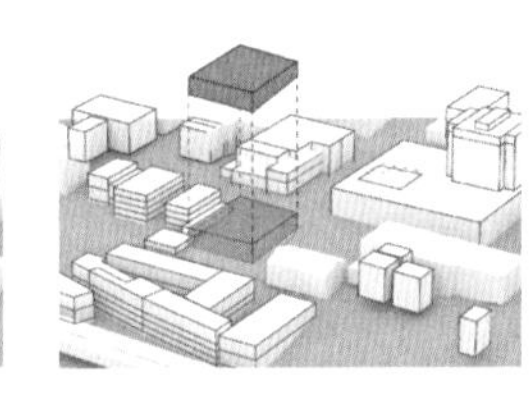

▲生态屋顶的概念

SYMBIOTIC ROOF
生态屋顶
COLLABORATED WITH LE ZHAI
MEBD STUDIO 2015
INTRUCTED BY WILIAM W. BRAHAM, MOSTAPHA SADE-GHIPOUR,ROB DIEMER

▼设计方法

通过实地调研，我们认为詹姆斯敦城市布局疏密有致，城市基础设施基本满足当前人口需求。然而站在当前为未来设计，如果不经过深入的分析和思考，以及合理的规划，城市将会十分混乱：原有街巷感消失，街道拥挤，公共空间缺失。正如我们的基地是一片公共绿地和停车场，我们希望保留原有城市公共空间和公共绿地，提高公众参与度和建筑使用功能的多样性，对绿色屋顶和地下建筑节能技术进行探索。

零能耗建筑[⊖]设计的一个关键因素是要选择经济的能源，然而通过调研， 我们基地可选的能源就只有太阳能。这就是说，太阳能板的安装所需的场地与我们希望保留的公共城市空间和开放绿地之间存在着很大的冲突和矛盾。我们从自然界的共生现象中得到启发，希望设计一个生态屋顶（Symbiotic Roof），即多层城市灰空间。这个空间包括单轴转动的太阳能板、公共步行道、城市公共活动空间、屋顶水处理系统和作为保温隔热结构的绿色屋顶。暴露的树形太阳能板支撑结构更加平易近人，也希望借此起到对公众的教育作用，使大家更了解“零能耗建筑”。

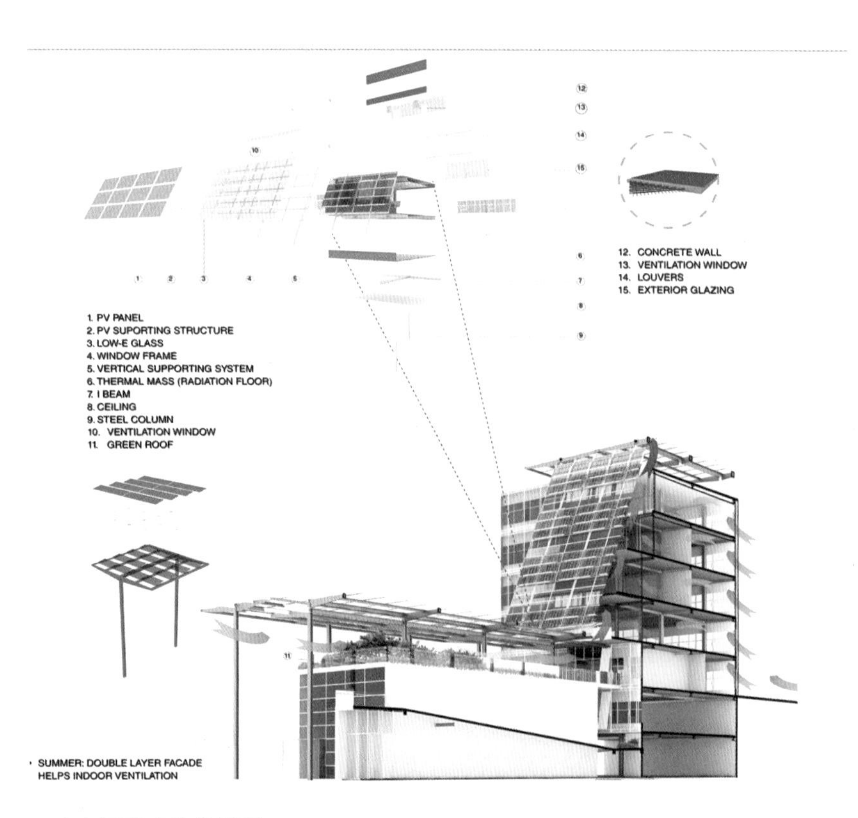

▲生态屋顶功能分析图

⊖ 零能耗建筑：美国能源部对零能耗建筑的诠释是建筑年能量消耗小于或等于基地年产生可再生能源的高效节能建筑。

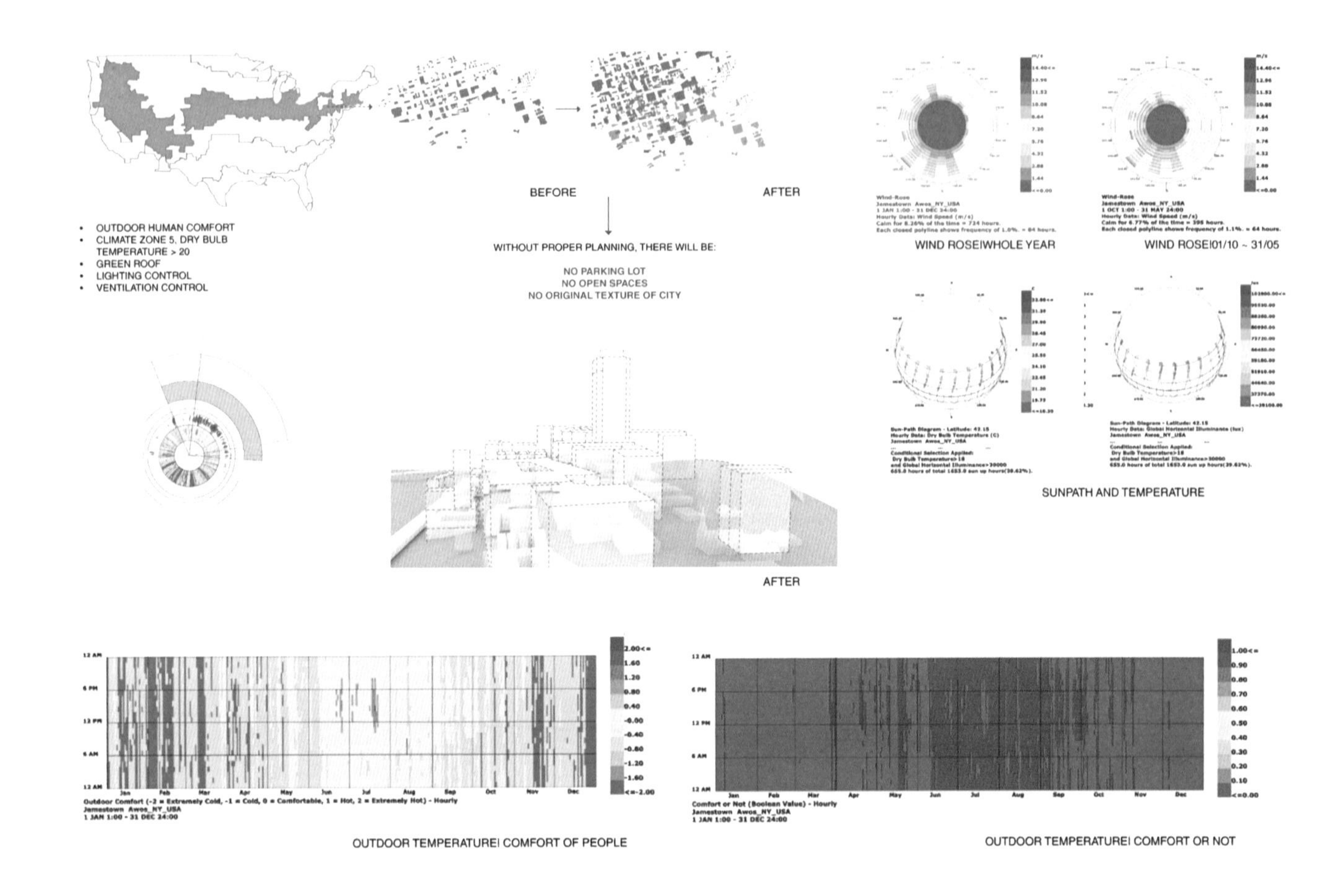

▲气候与环境分析

▼设计过程

首先我们利用基于 EnergyPlus、Dysium 和 Radiance 的软件 DIVA、Ladybug ㊀对基地所处环境进行了分析，并进行初步设计。基于初步设计的形体，我们对影响能耗最大的因素——室内光照强度反复进行测试和模拟，寻找最适合的窗墙比和建筑材料，调整太阳能板和遮阳系统的角度和尺寸，优化室内自然光环境，从而减少建筑对人工照明，和对暖通空调系统（HVAC）的依赖。

㊀ EnergyPlus、Dysium，Radiance，DIVA，Ladybug 和下文中的 HoneyBee 等都是绿色建筑进行分析和设计时常用的软件或插件。

▲设计效果图

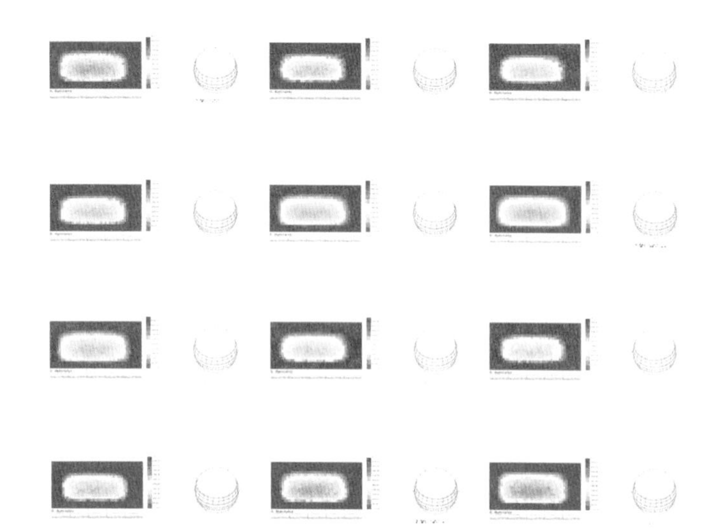

▲基于栅格法的全年室内光照强度分析。以 10:00 am 为例

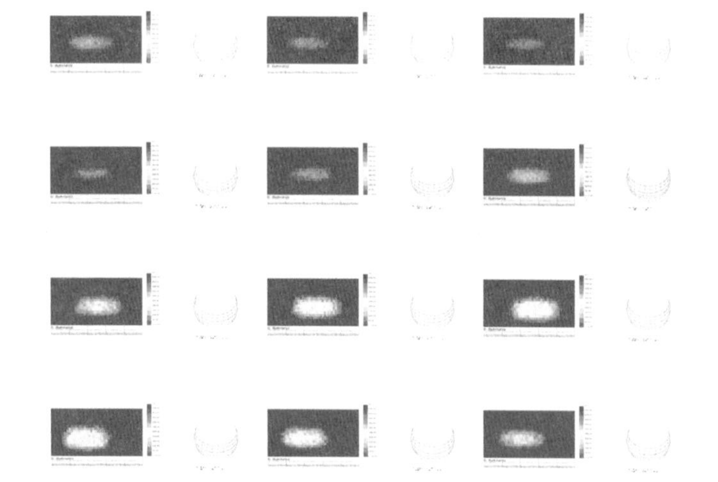

▲以 6 月 21 日为例，分析室内光照强度。图示可以看出，经过精细化设计，200~500lux 强度的自然光可以覆盖全部的空间

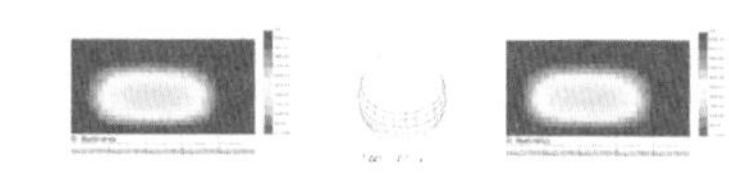

▲不同窗墙比对建筑室内光照强度影响分析

对光环境进行不断优化的同时，我们利用基于 EnergyPlus，可处理异型空间的 honeybee（Grasshopperd 的插件）进行能耗测算，并以此结果作为基础，参考美国公共建筑平均能耗和 LEED 白金级对能耗的要求，以及与西雅图节能规范建筑（Seattle Energy Code Building）的能耗进行对比，分析结果进行优化设计。通过计算流体力学或 Honeybee 自然通风模拟验证初步设计假设和优化建筑细节。

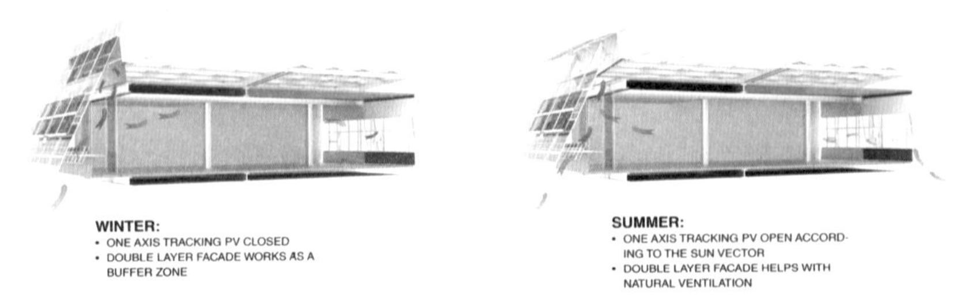

▲冬夏自然通风对比

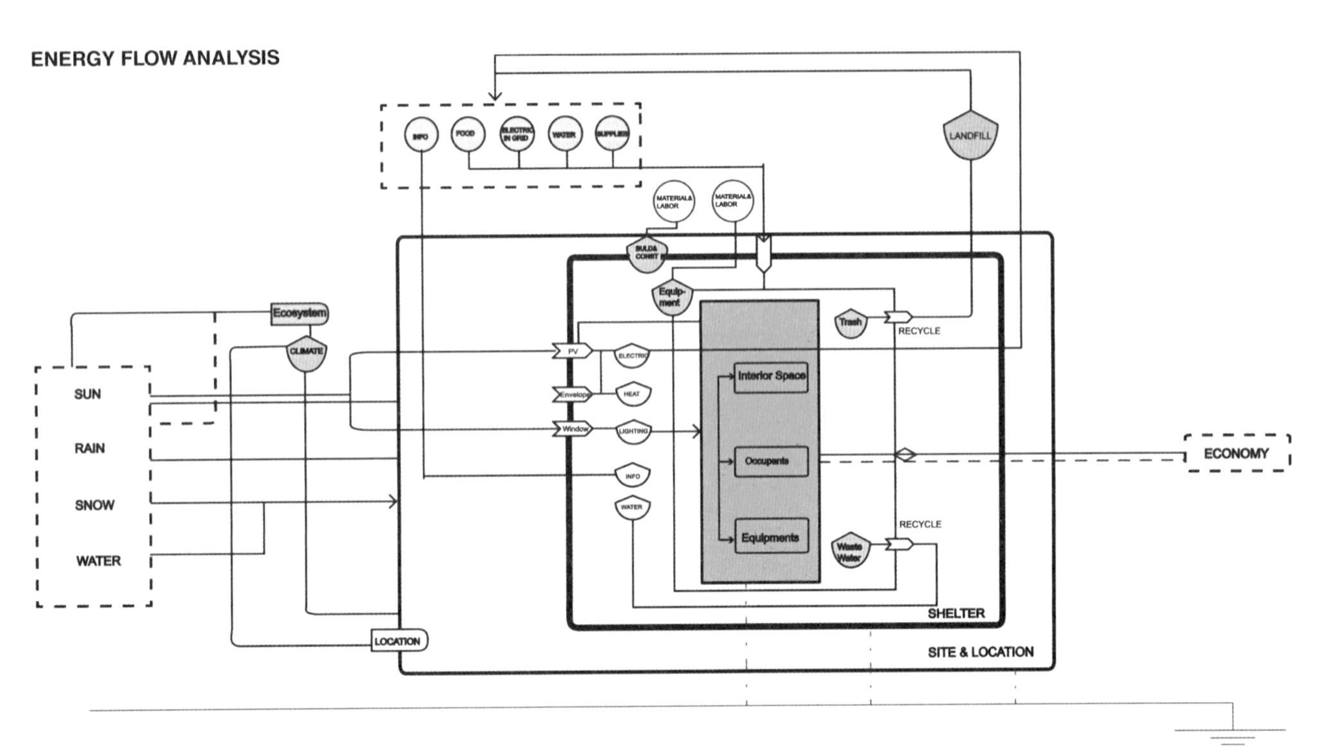

▲能量流动分析

零能耗建筑不能以牺牲使用者舒适性为前提，因此我们对建筑室内舒适度给予极大的关注，依靠 Honeybee，我们通过室内温度、湿度、焓湿图、地方人体舒适度区间及影响条件等，预估建筑建成后的使用者的人体舒适度，力求舒适度最大化，能耗最小化。

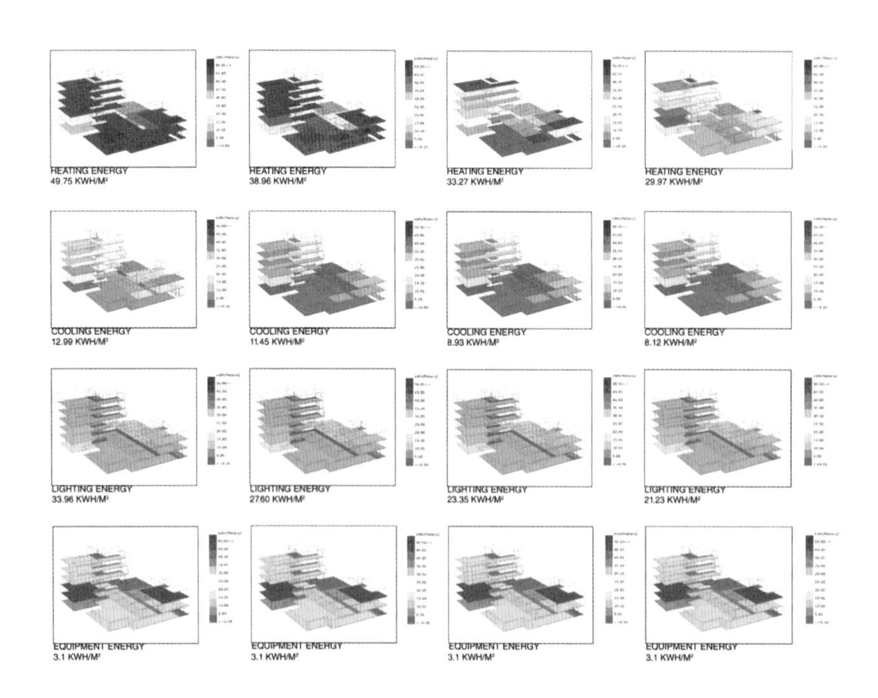

▲建筑的能量荷载

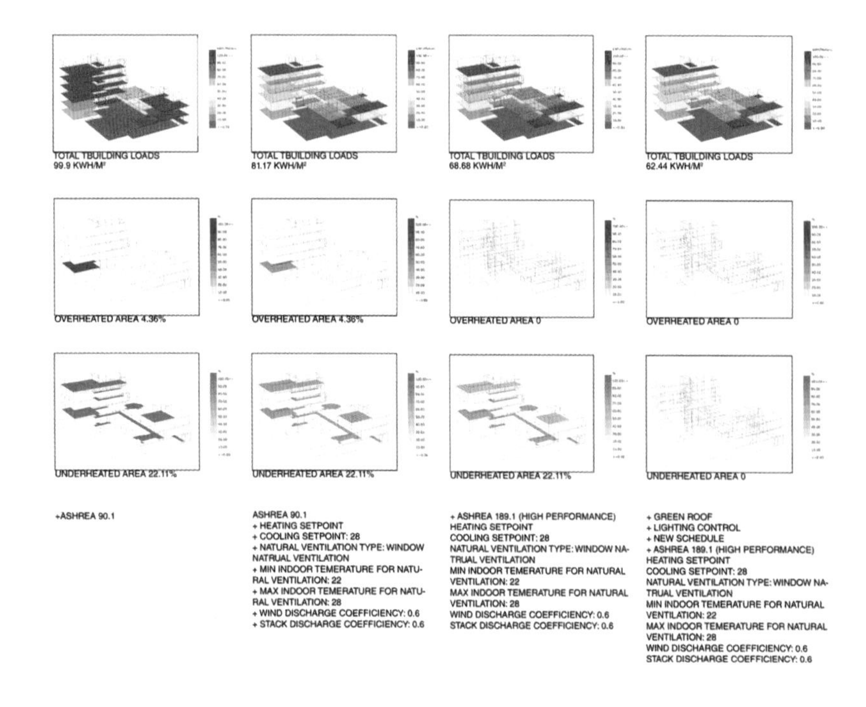

▲室内舒适度图解和建筑的能量荷载

最后，通过不断对建筑形体和细节的调整，对建筑设备、暖通系统的改进和研究，建筑能耗降低为原有的1/3，即20kBTU/SF² 这一结果小于基地产能21kBTU/SF²，因而最终实现了零能耗设计。

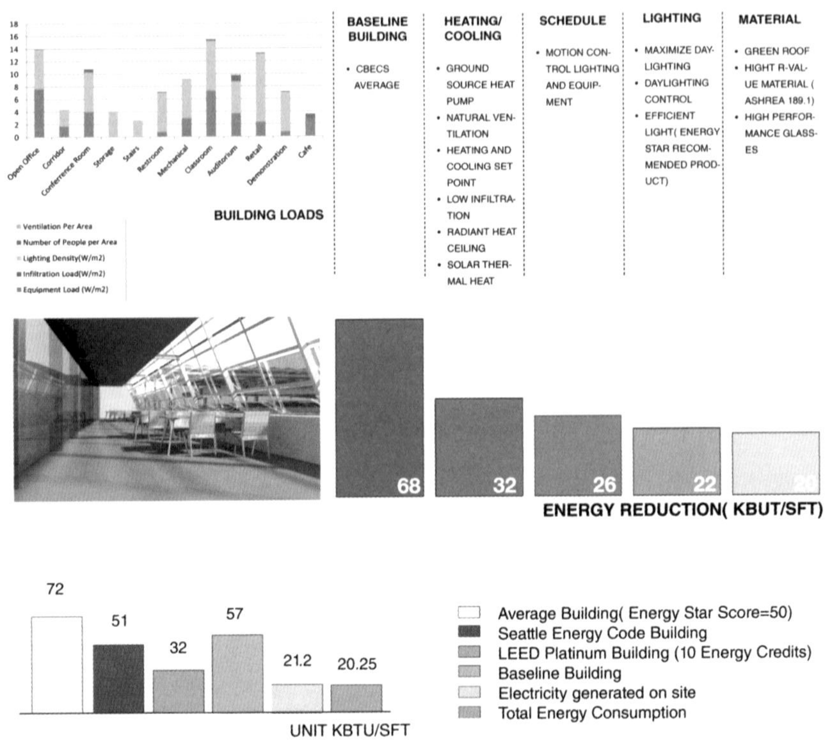

▲设计过程图纸

EXPERIENCE
03 / 个人感受

带着对建筑物理环境和可持续建筑的好奇，我选择了绿色建筑设计项目。一年的学习为我心中许多疑问找到了答案，也获得了许多新的知识和技能。

1.

使我对建筑作为系统、作为环境一部分有了新的理解；对计算机建筑能耗和环境分析技术的学习更是激励着我探索新的领域和与更多不同工种的工程师合作和学习。

2.

回归设计，在宾夕法尼亚大学MEBD一年所学，在如今的设计实践中更加关注设计细节和建筑科技创新在设计中的意义。“建筑是艺术和技术的结合”，对建筑物理环境的认知和对自然生态的关注，是许多建筑设计灵感的来源，也是建筑师的责任。

FINAL
04 / 成果展示

生态屋顶

合作人：翟乐

技术顾问：穆斯塔法·杉迪弋皮尔（Mostapha Sendigapour），罗伯·迪默（Rob Diemer）

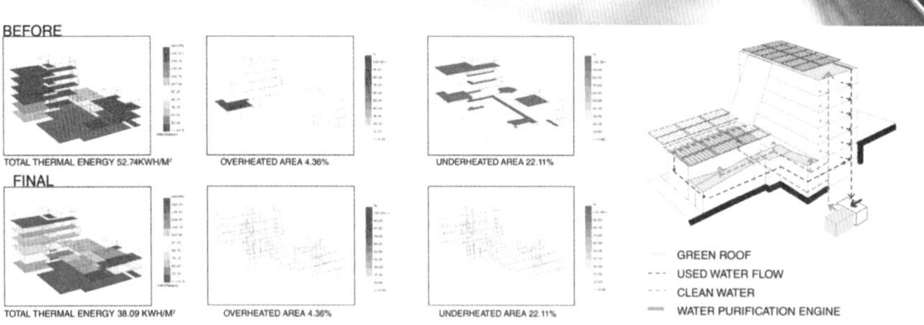

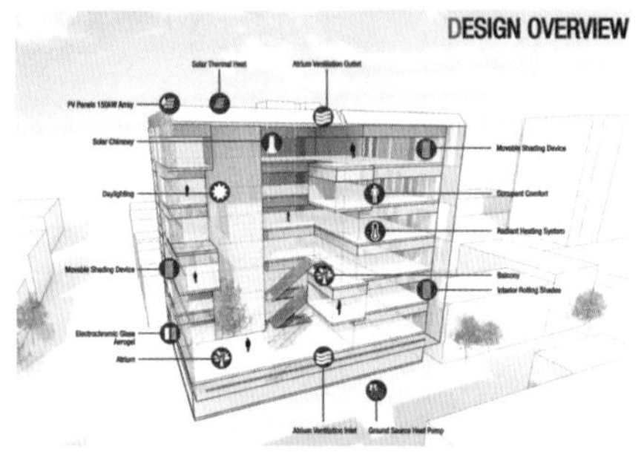

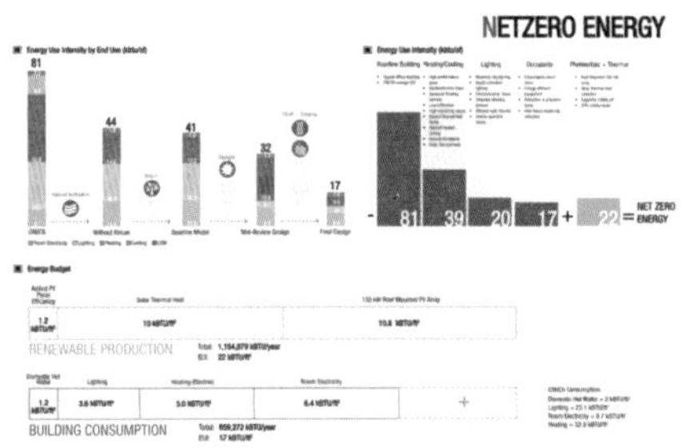

▲**其他学生作业：楼中楼（Building inside building），由詹尼弗·洽洛斯（Jennifer Anne Chalos）和权浈媛（Jung Won Kwon）设计**

其他相关课程：

Alternate Simulation PART 3 | Trees with transparent blind

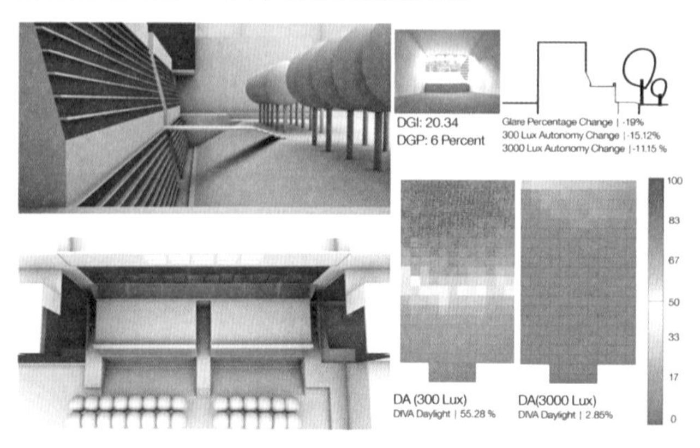

FINAL ANALYSIS RESULTS

-	DA 300 (% of floor area)	DA 300 (% of occupied time)	DA 3000 (% of floor area)	DA 3000 (% of occupied time)	DF	DGI	DGP	(DA3000-DA300)/DGP
Base	69%	70.04%	0.15	14.00%	8.40%	21.99	25%	-266%
Flat srf	55%	56.01%	0	6.06%	4.70%	22.71	22%	-249%
10 degree	61%	61.34%	8%	10%	6.50%	22.83	22%	-269%
20 degree	66%	65.80%	13%	13.65%	8.20%	22.62	22%	-285%
30 degree	67%	67.26%	19%	16.83%	9.30%	22.63	22%	-289%
40 degree								
0.3 ft blind	61%	58.98%	0	4.10%	4.50%	22.1	16%	-365%
0.5 ft blind	56%	55.07%	0	0.71%	2.80%	21.87	14%	-393%
0.8 ft blind	51%	45.06%	0	0.02%	1.50%	21.87	13%	-347%
More Tree	60%	64.82%	9%	12.59%	8.00%	20.27	10%	-636%
Flat srf with patio	55%	54.69%	0	5.09%	4.70%	22.8	22%	-248%
Patio	60%	65.59%	10%	12.25%	7.60%	22.75	22%	-277%
Translucent 20	21%	20.78%	0%	0.00%	1.00%	15.04	1%	-2078%
Translucent 50	55%	52.24%	0%	2.60%	4.00%	20.43	10%	-520%
Translucent 60	61%	58.87%	0%	5.85%	5.30%	21.06	16%	-362%
Translucent 65	63%	61.18%	0%	7.27%	5.80%	21.25	19%	-315%
Translucent 80	65%	67.14%	9%	11.60%	7.40%	21.72	23%	-280%
Reflection Pool	69%	67.32%	14%	13.27%	8.10%	22.11	24%	-267%
RP Flat Glazing	63%	62.95%	1%	5.71%	5.10%	22.14	24%	-297%
RP Trans. 50	54%	49.54%	0%	2.33%	3.90%	20.57	10%	-493%
RP Trans. 65	62%	57.95%	0%	6.74%	5.70%	21.39	18%	-315%
RP Trans. 80	66%	63.91%	8%	10.87%	7.20%	21.86	23%	-267%
RP Finned Flat Wall	50%	46.60%	0%	0.00%	1.60%	21.65	16%	-291%
blind with trees	58%	57.70%	0%	4.18%	4.50%	20	6.00%	-957%
Trans. blind + trees	56%	55.28%	0%	2.85%	4.00%	20.34	6.00%	-918%

▲日照分析（ Daylighting ）
地下建筑光环境研究，与扎克·瑞瑟（Zach Reiser）合作

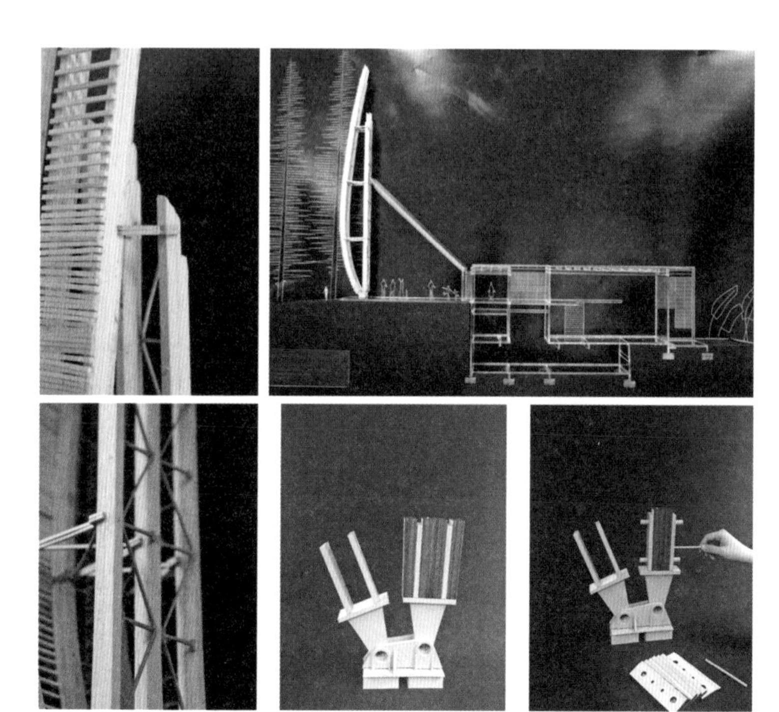

▲建筑围护结构（Building Envelope）剖面与细部模型，与张双合作

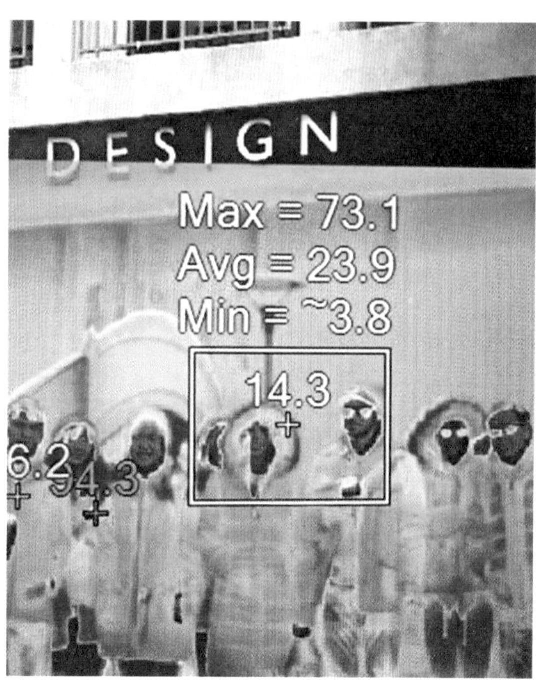

▲建筑分析（Building Diagnostic）

华南理工大学 肖毅强

工学博士，教授，
华南理工大学建筑学院副院长，
亚热带建筑科学国家重点实验室设计科学实验中心主任，
全国高校建筑学专业教育评估委员会委员，
《南方建筑》杂志副主编，
国家一级注册建筑师。

文章题目很好地表述了笔者过去和现在的思考状态，令人可喜。能够将建筑设计与绿色性能设计很好结合起来的训练课程非常难得，也必然是国内高年级设计课程的发展方向。当代建筑学面临的最大困境便是可持续性发展带来的挑战，而传统的建筑学教育显然没有准备好，其中跨专业、跨学科的教育条件才是最大的制约。可以看到，在设计课程的同时，还提供了众多平行的技术设计和技术分析课程，让学生去了解工具、熟悉方法，并最终在设计训练中加以集成，其中的技术设计训练尤为重要。

长安大学 赵敬源

长安大学建筑学院教授，博士生导师，长安大学人居环境与建筑节能中心主任。研究方向为绿色建筑与城市生态，先后主持多项国家自然科学基金等国家及省部级课题，兼任中国建筑学会建筑物理分会理事，陕西省土木学会节能与绿色建筑专业委员会秘书长，西安市绿色建筑研究会监事长，陕西省绿色建筑标识评审专家

1. 针对未来的设计方法，不仅考虑目前的情况，还对 30 年后可能面临的种种问题进行预估，保证建筑的可持续性。

2. 绿色建筑不仅仅是单纯的形体和空间设计，它是在大量调研的基础上，通过理性的分析而得到的建筑，建筑的形体和空间与所在环境具有内在的关联性和必然性。对场地环境的调研和分析是绿色建筑设计的基石。

3. 绿色建筑的设计对学生的综合能力有更高的要求，除了基本的建筑设计能力，还要求了解相关学科的知识，例如流体力学、建筑热工学、建筑设备等，并且能够借助大量的分析软件，来寻求最优化的设计方案。

长安大学 **刘启波**

长安大学建筑学院副院长，副教授，硕士生导师。
研究方向：建筑设计方法论，绿色建筑设计，建筑节能技术体系研究。

绿色建筑设计需要建筑师全面考虑全寿命周期运行费用、绿色技术应用、各种性能模拟及设备运行效率等问题，对建筑师确立全局观念提出了更多挑战。绿色建筑设计课提供给学生更多的选择，学生根据自己的兴趣点进行深入。

结合真实的设计背景开展的调研，培养学生发现问题、分析问题、解决问题的能力；导师提出的面向未来的思考，则利于培养学生的思考能力。

无论技术多么强大，对于建筑师来说都不能忘记建筑设计有人文和人性化的一面，对使用人群的关怀，不忘初心吧。

合肥工业大学 **李早**

工学博士，合肥工业大学建筑与艺术学院院长，博士生导师，中国建筑学会理事，全国建筑学专业指导委员会委员，安徽省土木建筑学会副理事长。主持国家自科、国家社科、文化部、教育部等多项国家级、省部级课题。

这是一个以“零能耗”为目标的绿色建筑设计项目。设计者运用计算机能耗分析、室内光照分析等建筑物理分析技术，配合建筑设备、暖通系统的优化，对建筑造型和细节设计进行调整，逐步降低建筑能耗，并最终实现建筑的零能耗设计。同时，通过对室内舒适度的分析，以期同步实现人的舒适度最大化和建筑能耗最小化。

可以看到，有别于国内外设计竞赛和课程设计作品中时有出现的、绚丽场景的效果图以及标新立异的概念化设计，该作品反映出的是运用绿色建筑技术研究辅助建筑设计的扎实工作态度。

哈佛大学

陈嘉雯

关键词

先例，变形，[illegible]

本科：同济大学设计创意学院

硕士：哈佛大学景观 MLA I 专业

工作经历：

AECOM（上海）LA 实习

YIYU Design 设计事务所 实习

不一样的景观（一）

哈佛大学／景观专业核心设计课程

因为我本科的专业是环境设计，基本上做的项目是偏向小景观、场所营造，也包括一些室内设计、小建筑和装置搭建。总的来说属于涉猎比较广泛但都不是很深入的类型。但也是因为这样，我有机会对“环境设计”的几个不同方向都有所涉猎，在这个过程中我逐渐发现自己对景观设计的喜爱和深入学习的愿望。而美国这边开设了 MLA 的学校其实并不多，所以申请的时候选择余地不大。而且因为我们的学位性质，不论是 MArch（建筑硕士）还是 MLA（景观硕士）都只能申请三年制。

PROGRAM INTRODUCTION
01 / 专业介绍

▼专业

MLA I 是三年制，每个学期固定是四门课。从课程设计来说，第一年以基础教育为主，循序渐进，虽然做的东西比较基础，但是一个星期有三次课（每次四小时），节奏还是很快的。一开始是一些无场地的练习，第一学期下半阶段是一个较为完整的滨水空间设计。第二年和 MLA AP/MLA II 的新生汇合，设计课程总人数约有七十人。上课时间一周两次，但每次时间是六个小时；第三年是两学期的选修设计课程。其他的课程主要有植物、视觉表现、历史、理论几门，均为必修，直到第四学期可以自选一门。总的来说，学的东西也是从基础开始，但进度还是比较快的。

▼学生

MLA I 和 March I 的中国学生比例应该是哈佛设计学院（以下简称 GSD）所有专业中最低的。每年 MLA I 的中国学生一般为 5~6 人（一共 30 人）。而且不同于其他专业的国际化，MLA I 除中国人外还有两三个日韩、泰国留学生，其他全是美国人。但是大家的背景非常多元化，有哲学、生物、数学等完全和设计无关的专业，也有一些如艺术，视觉，城市设计等关联专业，当然也有建筑本科（四年制）。其中也有不少人曾在园林、建筑等相关领域有几年工作经验，但总的来说，大部分都没有设计基础，很多同学一开始连 CAD 等基本软件都不会使用，所以如果是转专业的同学完全不需要担心跟不上，如果是有基础的话那就更有优势。一开始我也觉得很惊讶，为什么会招这些毫无基础的同学，但事实上首先他们都有一定的美术功底，而且多元化的背景能带给人很多启发。虽然有时候我会觉得他们的想法很怪，但不得不承认还是有很多可取之处；最重要的是能帮你跳出原有的固定思维，和他们一起交流非常有意思。

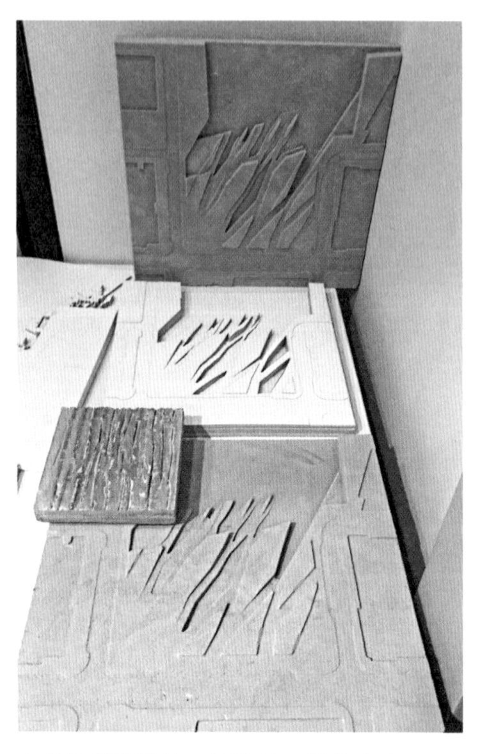

▲学生模型设计：夏洛特 · 列伯（Charlotte Leib）

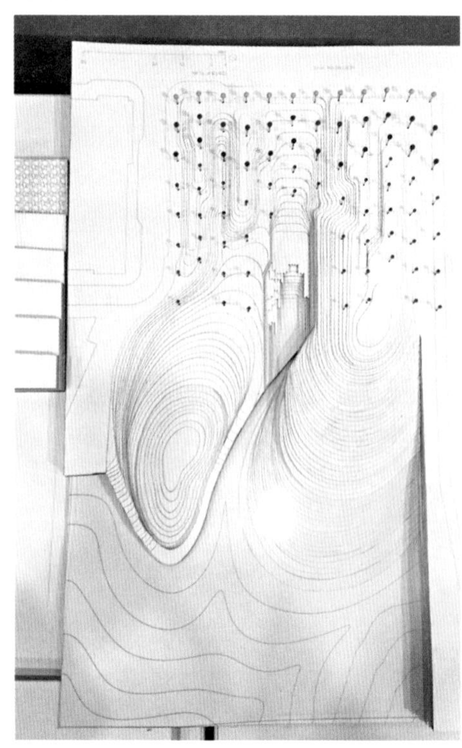

▲学生模型设计：娜塔莉 · 米切尔（Nathalie Mitchell）

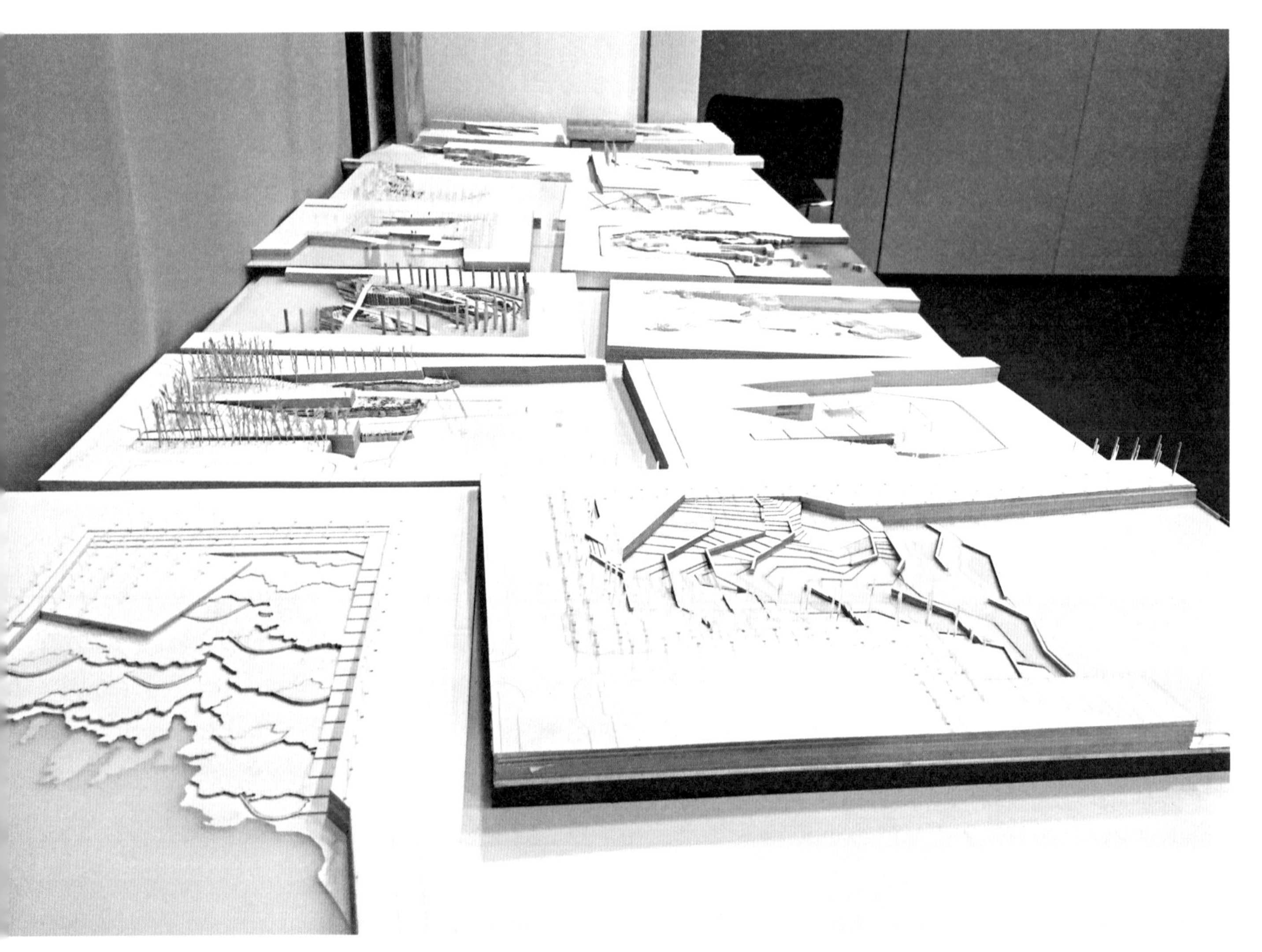

▲核心设计课程最终模型

▼上半学期

第一学期的设计课程是一个入门的阶段，贯穿整学期的关键词是"变形"。简而言之，就是每个练习你都会有一个先例，以先例为起点，开始就几何、形态、功能组织等方面进行变形，最终得到一个"完全不同"的设计结果。因为考虑到大部分学生没有设计基础，所以前三个练习是无场地的小练习，分别侧重几何形态、地形变化、植物配置，每个历时1~2周，节奏非常快。也通过这三个练习，学习和练习一些基本的画图（手绘 + 计算机）、模型及草图方法，为以后打下基础。

▲先例：沙漠广场（Plaza Del Desierto）

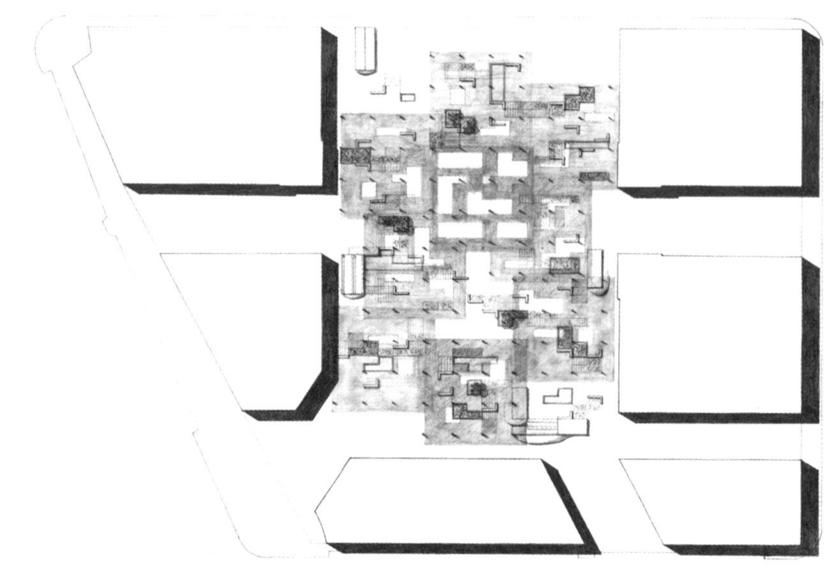

▲雨篷练习—— 手绘平面

第一个练习是在一个没有雨篷的先例中，从另外一组先例，即几种不同类型的雨篷中选择一种结合。我选择的是规整几何状的遮蔽式的廊架。由于沙漠广场（Plaza Del Desierto）是一个模块化设计，有了基本的网格之后按照比例和其他制约因素分配了草地、水、灌木、乔木及铺装的不同比例。因此在结合雨篷的时候我沿用了这种思想，用这种逻辑在雨篷上开洞，并且通过一天中的光影变化控制人的活动。

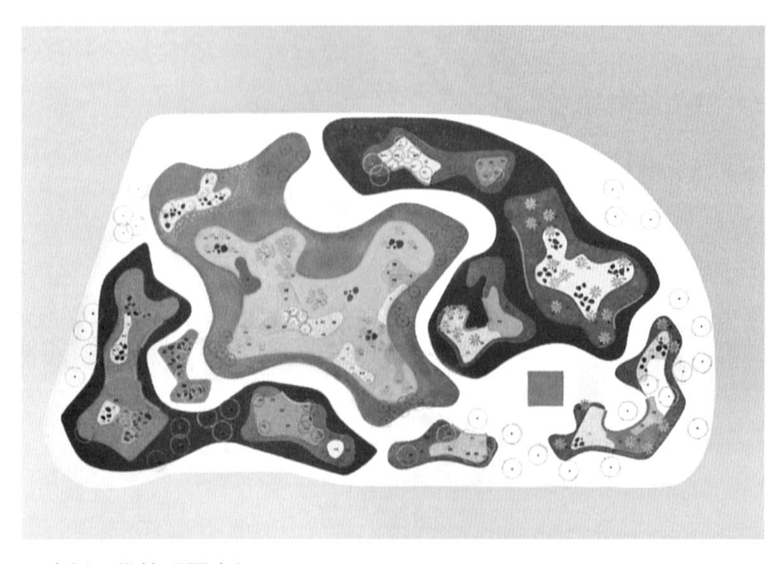

▲先例：佛拉明哥广场

这个练习是从先例的平面几何形态出发，加入地形变化（同样有另一组先例可供选择），从而创造不同的体验。在做这个设计时，特别强调抬高和凹陷的土地部分的平衡性，差异必须控制在 50% 内，这也是从此以后要求我们必须牢记的原则之一。

▲地形练习局部模型

最后的练习是在一个固定大小的场地内，取先例的一个几何单元进行重复，然后配置地面水、灌木、乔木以及水体等下陷部分。重在练习植物高度对体验和行为的影响。

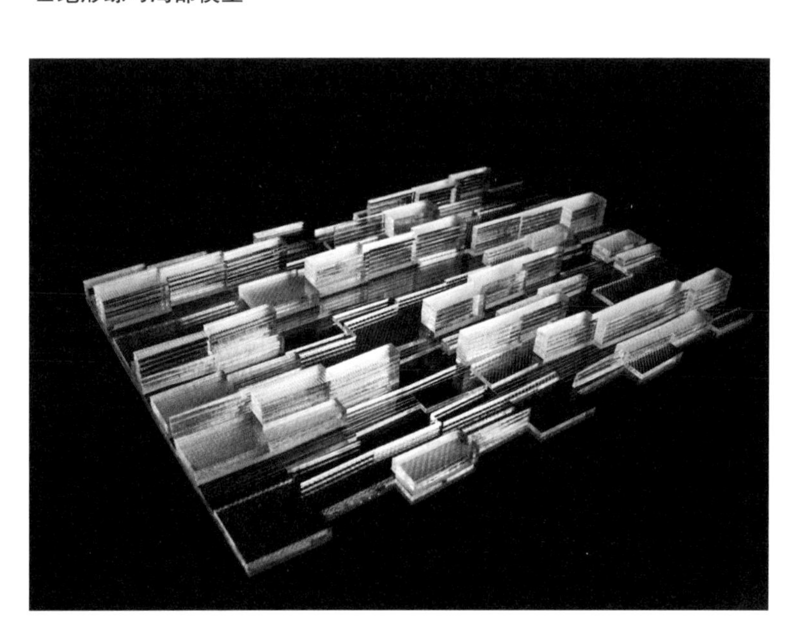

▲植物配置练习模型　先例：高线公园（High Line）

▼下半学期

下半学期一共六周左右的时间，要求完成一个较为全面的滨水空间设计。基地位于波士顿港口，面积不大，约 100m×100m。在这个课题中你依旧会得到一个先例，共有五个可供选择，均是很出色的滨水设计案例，如澳派景观设计工作室(ASPECT STUDIO)㊀的杰克埃文斯港口(Jack Evans Boat Harbor) 设计，奥斯陆歌剧院（ Oslo Opera House ）设计等。

因为主题是变形，简单回顾一下这一环节我的思路。我的先例是奥斯陆歌剧院，由于设计本身的尺度很大，都是由大块面的坡和切面组成，因此如何将其转化成合适的尺度是我一开始比较纠结的部分。同时，从前面几个练习也可以看出，可能怕初学者一下子“飞”得太远无法控制，所以有先例来辅助设计，但是最终结果追求的是与先例“完全不同”。考虑到这两点，我的设计的变形过程是，由先例的不规则几何体的边延伸出线，再移动这些线得到网络状的图形。打破了原有尺度和几何形态之后，为了进一步强调“线”，主要在这上面做文章，将其转化为墙、桥以及路等。做完这一步后我和导师都笑称“终于和大运河（ Grand Canal ）区别开来了”。

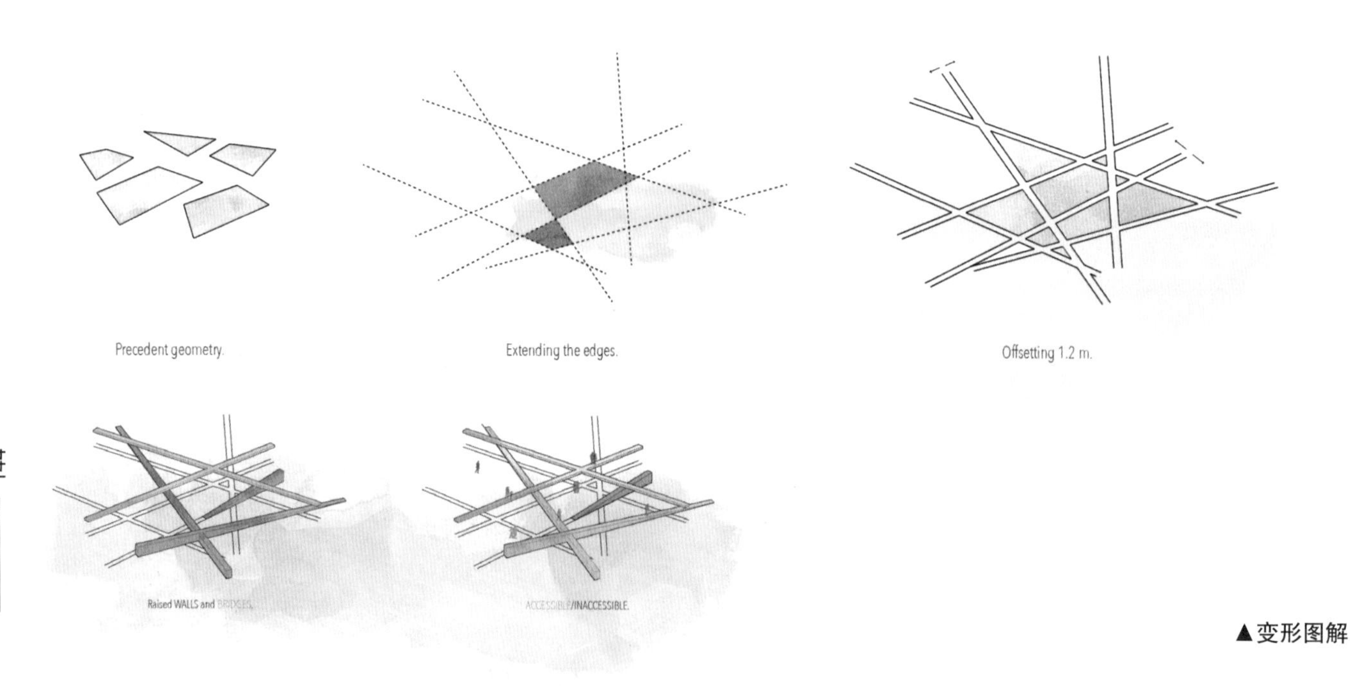

▲变形图解

㊀ 澳派景观设计工作室（ ASPECT STUDIO ）是一支从事景观设计、城市设计、多媒体设计的设计团队，在澳大利亚和中国分别有 7 个工作室，超过 65 位员工。

EXPERIENCE
03 / 个人感受

作为一个有设计基础的学生，这个设计课程对我来说虽然算不上挑战但很新鲜。这是第一次用先例来做设计，有一种和原作者合作的感觉。总而言之，我有以下几点感受：

1.

除去语言和文化的问题，这个课程比较大的挑战是，由于之前已经受过设计训练，反而带来了局限，有时候没有办法更为灵活地思考问题。

2.

指导老师的重点还是放在形态而不是功能或者和水的互动方式上，是个遗憾。

3.

走得太快，过于想当然，于是与老师之间产生了交流的“时差”。毕竟当面对教你如何画平面图和剖面图的课心里多少会有些不屑，但只能说打好基础比什么都重要。

4.

最终看见其他同学从学期一开始的 CAD 都用不顺溜到最后出了一套完整的图，也是深受感动。而且由于他们刚接触这一行当，一些非常规的做法也是让人眼前一亮。

由于三年的项目主要是针对没有设计背景的同学（国内来说的话就是环艺、城规等专业或者是更大跨度转专业），我觉得首先是多了解景观，确认自己是否真的对这方面感兴趣。尤其是一些有设计基础的同学，可能自认为对“景观设计是做什么的”非常了解，还是建议从多方面深入地了解一下。另外，第一年的基础学习非常系统和完整，因此相对两年的项目，有很多人包括我本科的老师（GSD MLA AP 的毕业生）更为推荐 MLA I。现在的同学中也有很多完全够资格申请 AP 的，但还是出于个人意愿选择了 MLA I。所以在这两个项目之间，需要多加了解好好权衡。而如果是完全没有设计基础的同学，一定要对生活节奏和作业强度有所准备，并自学一些基本软件操作。

▲最终模型

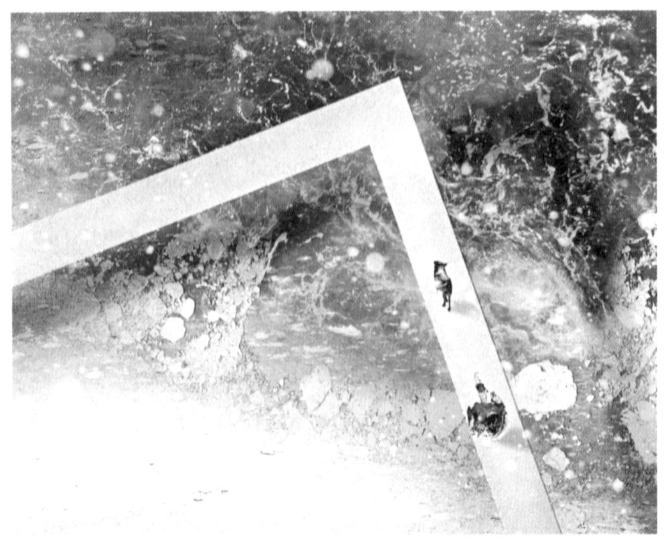

▲细部平面

做这个项目基本就是利用先例的元素，尝试各种不同的变化，开始的几周很多同学每节课拿出来的方案都完全不同，还要做很多草模和草图研究。在这期间虽然也开始注意水对环境的影响，但主要考虑的还是几何和地形。之后慢慢确定了概念和形态以后，就要更深入地研究“水的不确定性”。其实就是说不同的潮汐和天气状况等对活动、场地的影响。再深入则是植物的配置问题，有高线公园的植物设计师来做顾问，也可以看出对植物这方面的重视程度。

REVIEW
05 / 学者点评

浙江大学 吴璟

浙江大学建筑系副教授，
国家一级注册建筑师，
康奈尔大学访问学者。

从文中可以看出美国大学相较于国内大学，在硕士研究生的录取中并不太强调所谓的“专业基础”，因此给了学生很多选择自己喜欢的专业进行学习的机会，同时部分学生因为有先前完全不相关的专业训练，反而能够跳出既有经验的“窠臼”，摆脱惯性思维的局限转而更关注问题的本身，这无疑具有启发性，恰如作者在个人感受中提到那样。但是，基本的技能是不能欠缺的，所以三年制的课程中才有整一年的基础训练。我想补充的一点是：即便接受过建筑学或者景观学基础训练的学生依然可以借此基础训练过程对基本技能（或者说是基本的判断能力）进行提升甚至拓展。

科罗拉多大学 周军

毕业于美国宾夕法尼亚大学景观建筑系，
美国景观设计协会注册会员，
中国园林杂志社特约编辑，
科罗拉多大学设计学院客座讲师，
圆点（FOCUS）都市景观设计事务所合伙人。

MLA I 的教学方式很典型的是依靠一种初期的景观体验式教学。这点在比较新锐的景观教学中很类似（哈佛大学设计研究生院、宾夕法尼亚大学）等大学均有此类课程。

该类课程是便于让没有设计教育基础的学生来了解设计，感悟设计。正如陈嘉雯在文中所提到的很多交叉学科的毕业生来上这门课最初连 CAD 都不了解。我在工作中也接触过该类的 MLA I 毕业生。总体感受是，他们在学习上虽然不似有经验的学生能够很好地处理图纸表现，或者有较强的绘图能力。却因为其综合的教育背景，和比较独特的角度反倒在设计思维中有各种的闪光点。

同时，由于有不同的背景和专业领域。往往有设计基础的学生在最初占有很多优势，而很多没有专业背景的同学开始显得很幼稚或者各种的不成熟，但是由于是全新的头脑思维，非墨守成规在将来却反而能脱颖而出。这点也是哈佛大学设计研究生院、宾夕法尼亚大学等学校的景观专业的独特体现。相对来说，没有国内的部分大学强调技术以及强调表现，这里的课程希望能够启发学生的思维，鼓励学生能够去思考场地。

罗德岛
设计学院

张韬

美国注册景观建筑师，
绿色城市开发专家，
佐佐木建筑师事务所高级主管，
罗德岛设计学院兼职教授。

MLA I 的一个很大的好处就是与很多不同专业背景，特别是非设计专业出身的学生一起学习。景观建筑作为一个学科无论是在美国还是在中国都是相对年轻的，而且不断经历着各种变革。从深受欧洲园林影响，到 20 世纪的现代主义，直至近一二十年对都市景观主义和生态学的强调，这个年轻的学科一直在探索自己的方向和与资历深厚的建筑学科平等对话的机会。这也从某种程度上强调了景观建筑师需要是涉猎广泛的杂家。所以在一个背景多元的 MLA I 班里，更能有效地体会这种多学科碰撞的非传统想法，如作者在文中提出的这些看似古怪的想法能帮你跳出固定思维。这对未来进入多学科协作的事务所实践是很好的训练。

城市景观需要承载的责任和功能极其复杂。学习景观设计的学生既要有对设计理论和语言工具的熟练掌握，同时还需要对自然科学和社会学有更多的了解和兴趣。以形态和几何为基础的设计已经很难胜任今天的社会现实。单纯看起来“酷”已经不再是真“酷”了。对生态的重视更要求设计中需要科学地考虑很多不可见的生态动态和过程，比如雨洪管理和生物栖息地的恢复。

哈佛大学 **聂雨晴**

关键词
流，毛细管，混合功能

本科：中央美术学院
硕士：加州大学伯克利分校
哈佛大学景观 MLA I AP 专业

工作经历：
德阁建筑设计 实习

不一样的景观（二）

哈佛大学 / 景观专业核心设计课程

起初在大三分专业的时候，我就曾经想过选择景观专业，考虑到五年毕业却只能获得工学学位，最后我选择学习了建筑学并获得了建筑学学士学位。然而之后的建筑学习让我更加认清了，只从实体出发的建筑设计所具有的片面与局限性，最终我选择回归初心，再攻读一个景观研究生。建筑设计会受到诸多政策、经济的制约，这两年无论是在中国还是美国，建筑行业都正在经历前所未有的寒冬；反之，景观专业相对灵活，受制约小，相对稳定，这也是我转学景观专业的又一理由。

▼专业

MLA I AP 作为一个两年制的景观专业认证学位，共需要完成 80 学分，每学期分为 4 门课程。第一年，全年不能选课，所有课程均为必修。第一学期包括一个核心设计课程，景观表现课，理论课，以及植物、生态课程。因为 MLA I AP 学生之前多为建筑背景，学校针对这类学生开设了植物课程，包括认识植物，手绘植物等，老师会带学生去哈佛园(Harvard Yard), 哈佛广场(Harvard square ）， 麻省理工学院（ MIT ）以及植物园（ Arboretum Arboretum ）进行实地考察。

第二学期为针对绘图的核心设计课程，理论课，和两门生态、技术课程。最后一年则为选修设计课程，必修景观史课（和低一届的 MLA I 第一年的同学一起上）以及两门选修课程。

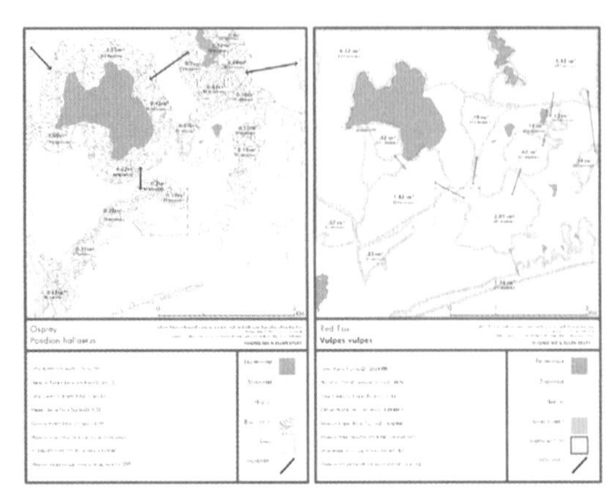

▲ GSD 课程：景观再现课程（ Landscape Representation Ⅲ ）

▲ GSD 课程：生态、技术和科技（ Ecologies，Techniques，Technologies Ⅲ ）罗德岛实地考察

▼学生

2015 年入学的 MLA I AP 新生共有 24 人左右，包括了 17 名中国学生。这 17 名中国学生中有 9 人毕业于美国的大学，3 人已经拥有至少一个相关领域硕士学位。每年 MLA I AP 录取的新生人数基本都稳定在 20 人左右，但相较于往年，2015 年录取的中国学生格外多，2014 年仅有一名中国学生录取，我个人认为 2015 年中国学生的录取比例不具有代表性，不能作为申请的参考依据。

与 MLA I 学生的多元化背景不同，AP 学生基本都是建筑背景，极少数是未认证的本科景观专业毕业生。

▲ GSD 课程：生态、技术和科技（ Ecologies，Techniques，Technologies Ⅲ ）罗德岛实地考察

▲ GSD 课程：生态、技术和科技（Ecologies，Techniques，Technologies Ⅲ）手绘稿

DESIGN METHOD AND PROCESS
02 / 设计过程和方法

MLA I AP 作为一个认证的专业学位需要在第一年完成两个核心设计课程。

MLA I AP 第一年秋季和春季学期开学前，各有一周必修的学前班（Pre-Term Workshop），分别学习 Grasshopper 和 ArcGIS，内容均和之后学期的核心设计课程有关。

MLA I AP 的第一学期是和 MLA I 第二年学生，以及 MLA II 新生一起上课，一共 70 人左右。核心设计课每周 2 次，每次 12:30 至 18:00，一共 6 名老师，每名老师带 12 个学生，每两个同学一组。第一学期的核心设计课程分为 4 个两周的研习班以及一个 6 周设计课程。前 4 个研习班主要针对湿地地形、人迹活动、基础设施、密度、城市形态、建筑和景观的关系进行训练，并没有实际的场地，强度非常大。

▲研习班 1：城市化中的土地形态、水和景观（landform+water workshop，landscape as urbanism）
研习班 2：确定的不确定性：景观和活动（determinate indeterminate flexible：landscape+social activity）
© 克里斯 · 里德（Chris Reed）

▲研习班 3：在建项目的形式和密度（on built form and density）
© 克里斯 · 里德（Chris Reed）

▲研习班 4：建筑和景观：编织和空白（buildings and Landscapes：Fabrics and Voids）
© 克里斯 · 里德（Chris Reed）

每个研习班都要求出4个设计过程的图纸和实体模型。2人一组，不能自己选队友和小组老师，每个小组都是一个MLA I第二年同学搭配一个MLA I AP或者MLA II的同学。对于初到GSD的新生，学校这样的分组可以让已经在这里学习一年的MLA I第二年同学帮助AP和II的同学快速熟悉这里的环境，并且让有专业背景的MLA AP和MLA II的同学在小组学习中给予MLA I的同学们一定学术上的支持和帮助。

最后的6周则是一个深入的设计课程，从前期先例的分析，提取设计元素，到结合场地勘察，最后完成设计。

▲研习班最终成果

▲终期答辩 © 克里斯·里德（Chris Reed）

▼先例分析

前期分析，我们选取了6个先例进行研究，分别是大都会建筑事务所（OMA）[1]的默伦新城（Ville Nouvelle Melun Senart）和埃森关税同盟煤矿工业区（Zollverein），MVRDV[2]的波尔多市城市扩建方案（Bestide-Niel），TKV[3]的加龙河埃菲尔（Garonne-Eiffel）以及之前的研习班2的地形和研习班3的纽约容积率覆盖率研究。整个分析分为3个步骤进行，将案例不改变原本方向直接放进我们自己的基地中，之后再进行比例和方向的调整，最后在每一个案例中提取一个特殊点进行强调。

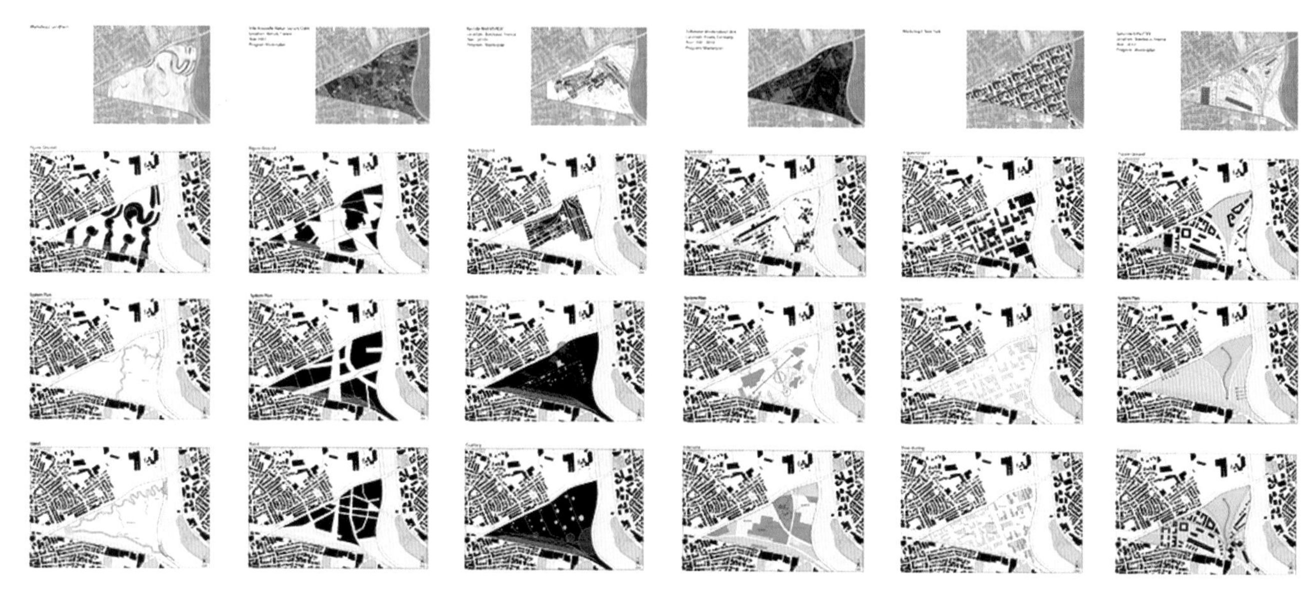

▲先例分析

[1] 大都会建筑事务所（OMA）：大都会建筑事务是荷兰建筑师雷姆·库哈斯于1975年在鹿特丹成立的。创始人雷姆·库哈斯1944年生于鹿特丹，早年做过记者和电影剧本撰稿人，曾在伦敦建筑联合学院、美国康奈尔大学学习建筑。曾引起热议的中国中央电视台新大楼设计方案就出自他之手。——编者注

[2] MVRDV：MVRDV建筑设计事务所创建于1991年，是当今荷兰最有影响力的建筑师事务所之一。它由三位年轻的荷兰建筑师韦尼·马斯（WinyMaas）、雅各布·凡·里斯（Jacob van Rijs）和娜莎莉·德·弗里斯（Nathalie de Vries）组成，事务所的名称即取自于这三位建筑师的姓氏。——编者注

[3] TKV：TKV事务所是由安东尼（Antoine Viger-Kohler）和皮埃尔（Pierre Alain Trévelo）于2003年在巴黎成立的事务所，致力于建筑设计和城市设计。——编者注

▼设计

通过前期分析，我们提出了大胆的策略，我们认为设计并不仅是基于场地的设计，更像在景观基建的基础上对场地中“流”的探索。在设计过程中不仅限于研究静态的建筑平面，而是希望捕捉到场地上动态的、瞬时性的信息。我们希望通过对场地的处理解决水流、人流、植被连续性和建筑功能等问题。

1. 平面，人流时间线

基地位于奥尔斯顿，夹于查尔斯河的灯塔公园铁路（CSX Beacon Park Rail）和剑桥路（Cambridge street）之间，呈三角形，基地上有高架与铁轨。根据前期调研，场地上将有不同的人群穿过，波士顿大学学生、居民及游客。不同的人流对场地有不同的需求，并且会在不同的时间段使用场地，这将影响到之后功能的布局。

2. 分析图

总体策略：我们提出了毛细管原型，这是经过场地前期调研后提出的总体策略。在城市环境中，毛细管原型对三条边界分别做出不同的反应：对居住区开放，像河岸延伸，与铁轨平行结合绿带形成噪声隔离带。另外，毛细管单元能够结合建筑、绿地、储水池等基础设施共同处理场地表水流、人流、生态等问题。

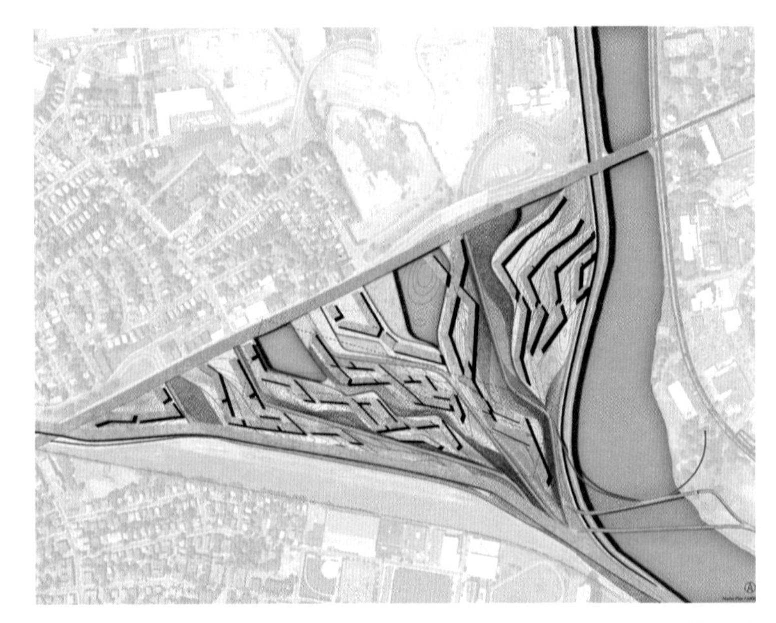

▲总平面

▲水系与建筑分析

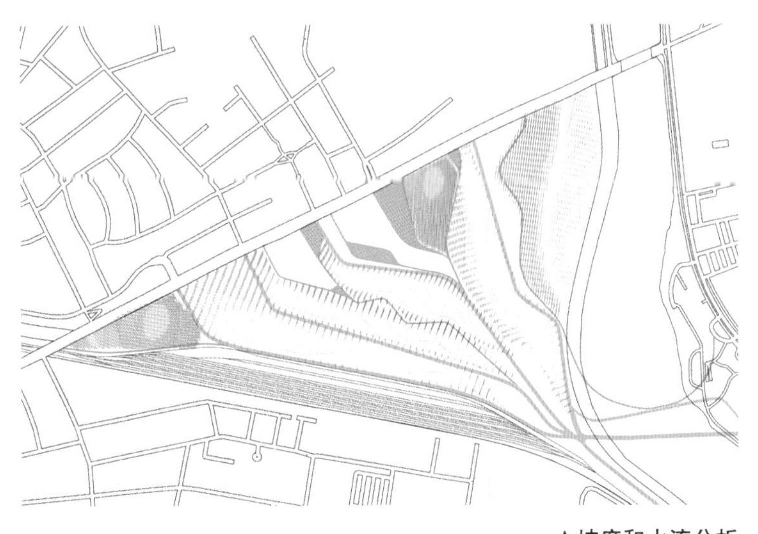

▲坡度和水流分析

3. 具体策略

绿带：基地按条带划分，三条绿带与居住、办公、学校间隔，分别作为降噪带、绿轴线，与沿河绿地建筑功能；带状分布（居住、办公、学校、商业）根据对人流的分析安排混合功能，混合并不是高密度，而是研究不同功能在场地中的结合。

建筑：以 grasshopper 对建筑密度、阴影的分析为基础，通过控制建筑的围合、屋顶坡度使建筑与场地融为一体。

水流：在毛细管系统中，每条单元包括山谷与坡地，平时是人的景观流线，下雨时可以汇集雨水并用于灌溉，最后还会汇集于雨水广场。

植物带：从山谷底部开始沿着毛细管结构肌理生长扩散。

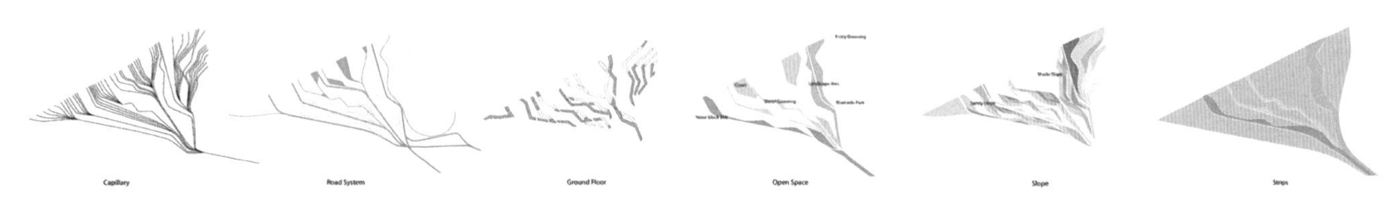

▲毛细管系统分析

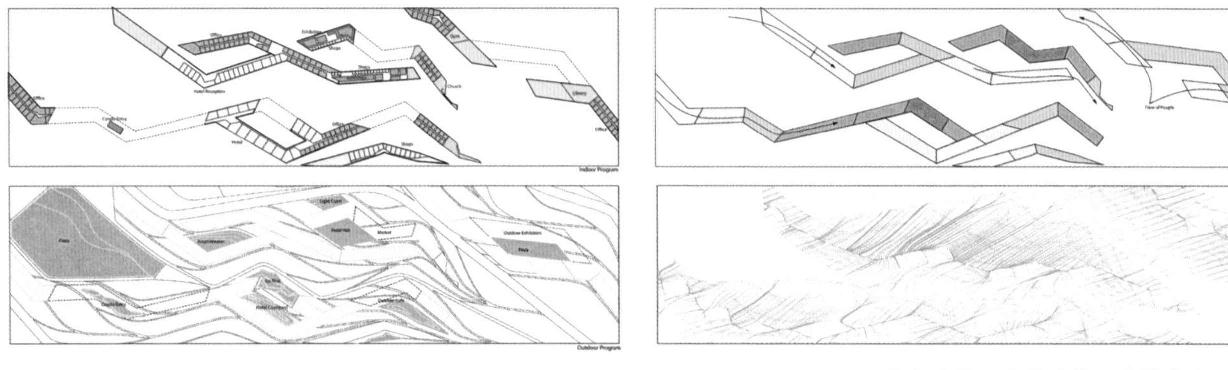

▲室内功能、室外功能、建筑高度、水流

▲人流、植被连续度、阴影、坡道

▼设计深化

取场地的一小块局部推进：建筑屋顶起伏——架空（使建筑成为景观的一部分）——建筑体量与地形的结合（建筑结合水流、坡向设计室内外功能）。从景观出发的场地设计能更好地控制不同的流线，让室内外的空间与功能延续。

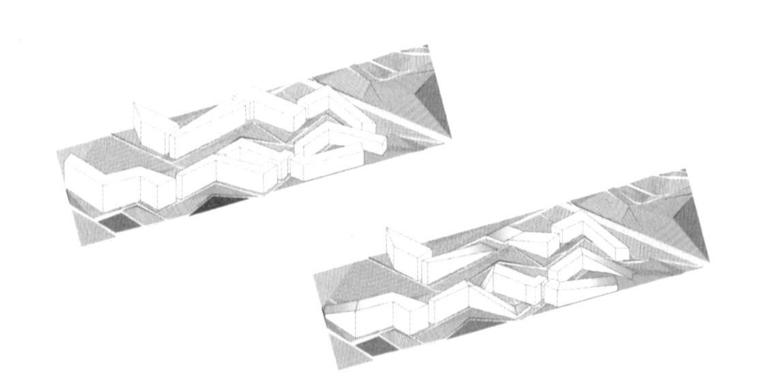

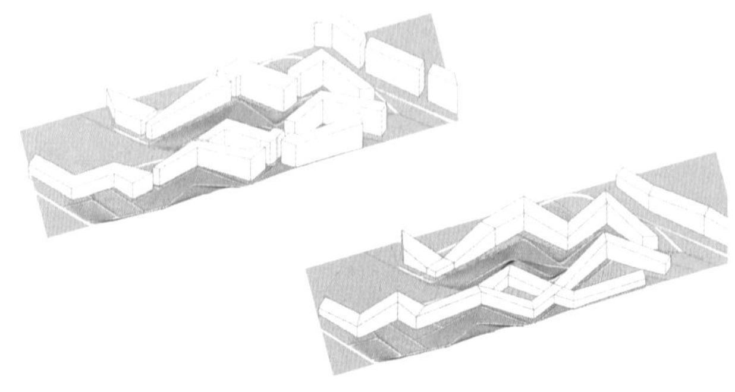

▲设计过程

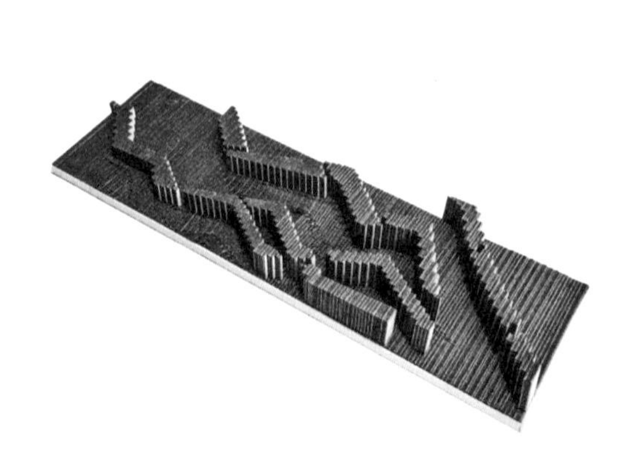

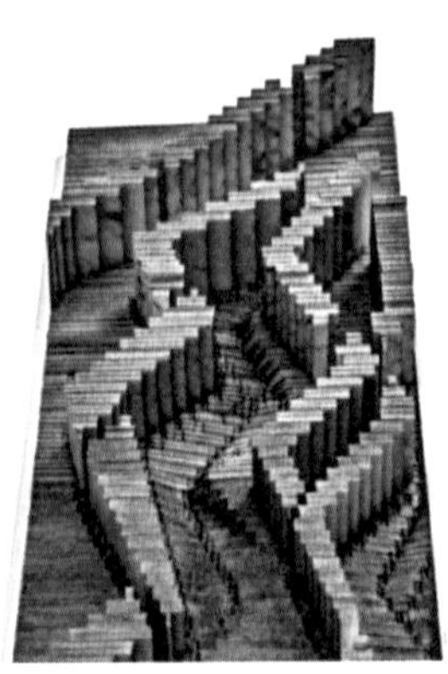

▲切片模型

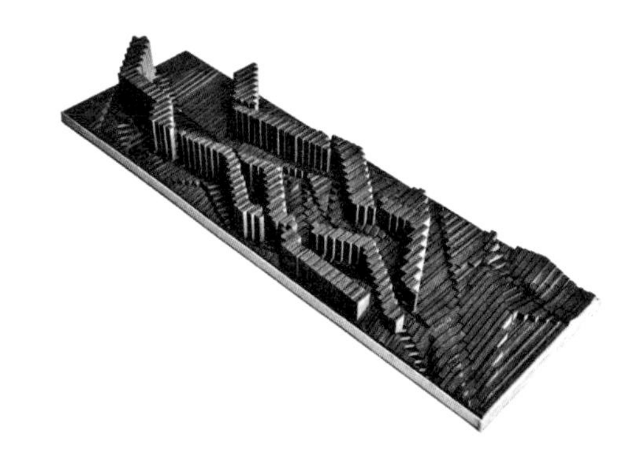

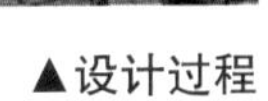

▲设计过程

▲切片模型

EXPERIENCE
03 / 个人感受

1.

研习班的学习过程非常重要，从景观各个要素入手，让我了解到了学科的不同层面是如何与一个宏观问题结合的。

2.

课程设置很科学，从案例分析中学习如何强化和抽象设计方法，然后以此为基础找到自己面对场地的手段。

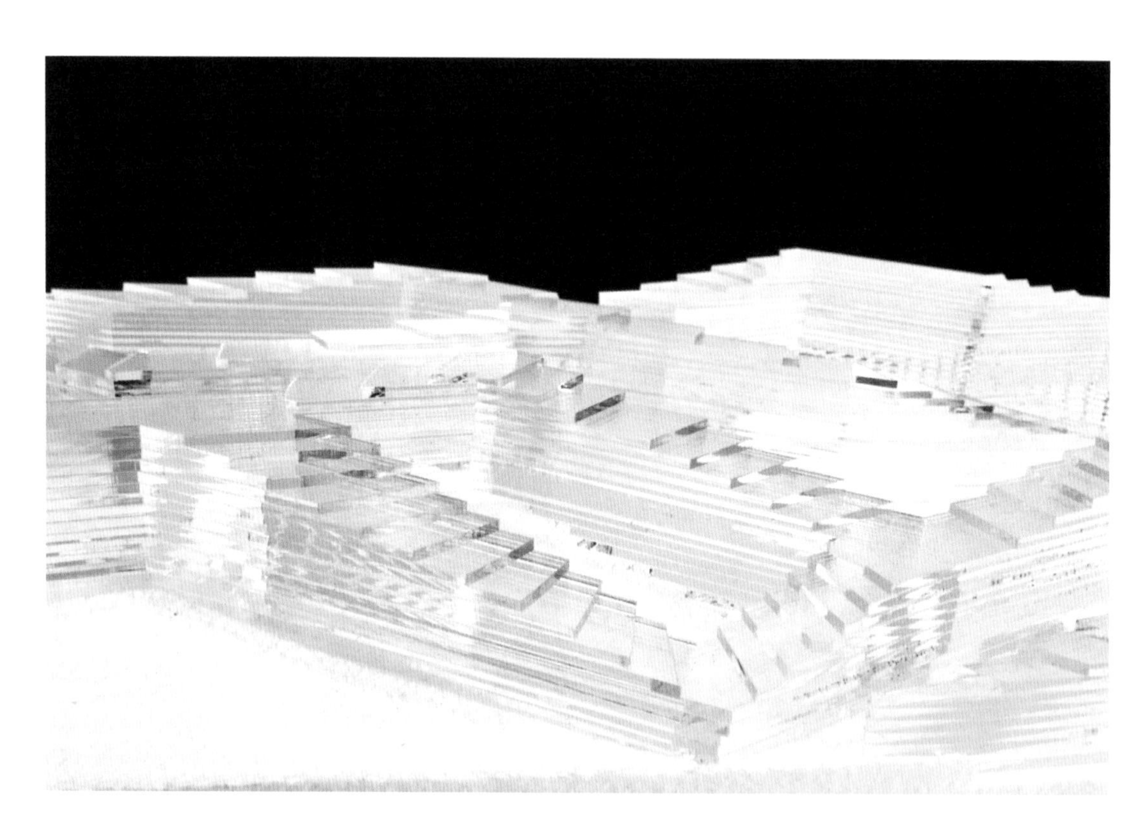

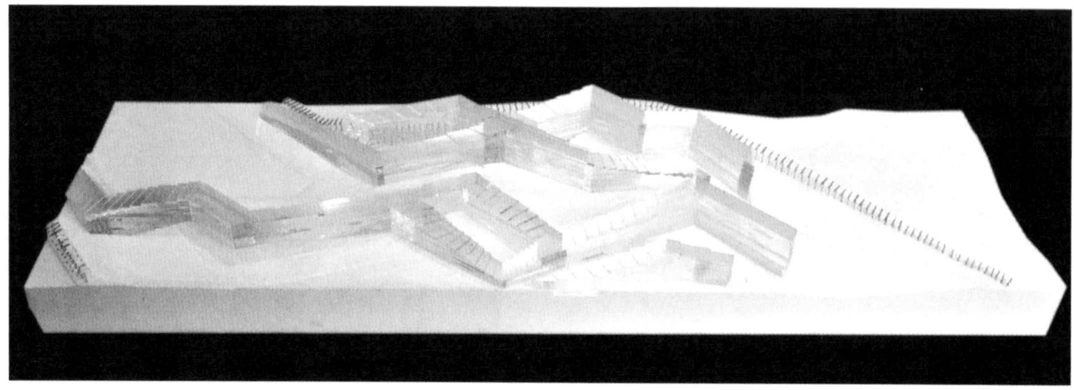

▲最终模型

FINAL
04 / 成果展示

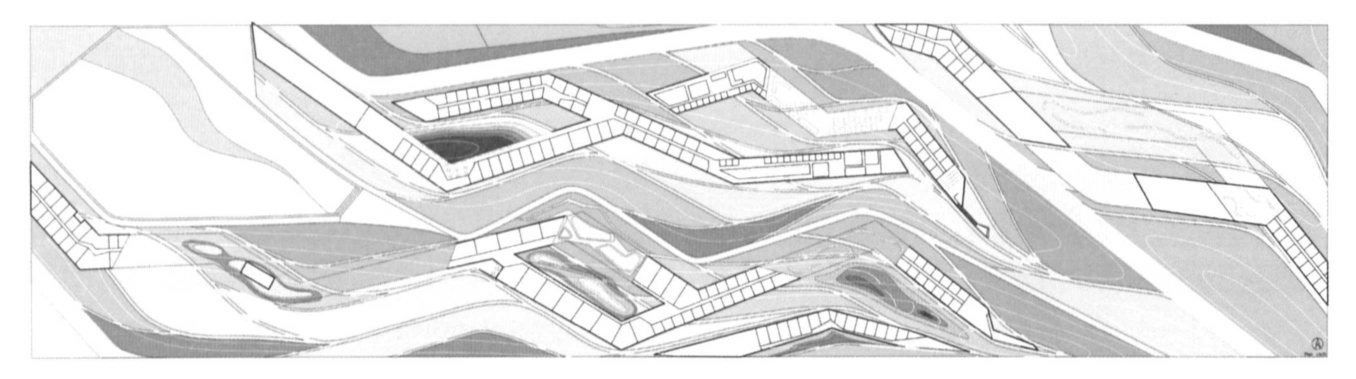

▲总平面

▲最终模型

文中对设计过程的介绍反映出：相较于既有的知识和经验，GSD 的设计课程中似乎更注重方法，而不是“手法”。这才是学生走上职业之路后迫切需要的立身之本，毕竟既有的知识和经验是有限的、而面对的问题则好像永远会是新的，所以学习解决问题的方法（包括更新知识跟获取经验的方法）是关键。

浙江大学 吴璟

浙江大学建筑系副教授，
国家一级注册建筑师，
康奈尔大学访问学者。

哈佛的另一种课程就是针对已有专业背景，并且有过扎实的工作经验的再教育课程。该类课程一般有 2 年制或 1.5 年制等。学期比较灵活，也能够有机会接触到很实际的项目课程。国内很多学生申请该类课程，原因有很多。比如学时短，经济合算。同时也避免重复资源再次学基础课程等。因此，有时候会难免出现扎堆的现象发生。但是，课程本身与三年制的第二年的课程没有什么区别。就像聂雨晴同学在文中和作品中所描述的，本阶段很注重课程的协作以及各种研习班。因为，设计必须是个互相协作的过程，和同学互相间的比较与各种督促，以及磨合甚至是争论都是很常见的情况。通过协作的课程再到中期之后分散为各个独立的组或者是个人，将会有另外一种启发。总体来说，该阶段的课程是一种承上启下、城市尺度的设计课程，也是教学生在面对较大的设计尺度时如何以理性的分析、团度协作开始，并逐步深入到具体的小尺度设计。该部分的设计也是最能够提高自身的核心课程，并且为将来的大尺度城市设计的工作做准备。

科罗拉多大学 周军

毕业于美国宾夕法尼亚大学景观建筑系，
美国景观设计协会注册会员，
中国园林杂志社特约编辑，
科罗拉多大学设计学院客座讲师，
圆点（FOCUS）都市景观设计事务所合伙人。

罗德岛设计学院

张韬

美国注册景观建筑师，
绿色城区开发专家，
佐佐木建筑师事务所高级主管，
罗德岛设计学院兼职教授。

现在不单单是哈佛设计学院，其实在大部分美国的景观专业研究生中中国学生的比例都在逐年增加。作者的专业背景有很强的代表性，很多景观研究生其实都是从扎实的建筑背景转过来的。这既是他们的一个优势同时也给他们的景观学习带来一定束缚。从我接触过的很多类似的学生中经常能感受到这点。他们往往设计基本功非常扎实，对各种软件和构图色彩等技术层面的掌控驾轻就熟。但也会经常在转入景观或城市设计专业后的一段时间对大尺度项目和公共空间的思考和适应有些吃力。另外比起很多从非设计本科专业来的，特别是美国的 MLA I 的学生相比，他们多年的设计训练思维惯性偶尔会成为双刃剑。所以核心设计课的 4 个双周主题模块研习班的训练就极其重要，大强度地训练学生对景观和城市尺度以及相关涉及的社会和生态元素的认识。景观更强调系统思维，各个设计元素间的关联和格局往往比单体对象更是设计的核心所在。

罗德岛设计学院

徐抒文

本科：东南大学建筑设计系杨廷宝班
研究生：罗德岛设计学院景观设计专业

工作经历：
上海现代建筑设计集团

关键词
体验，动态，静态

交给自然，交给感官

罗德岛设计学院 / 景观课程

选择罗德岛设计学院（Rhode Island School of Design）的目的很明确：想彻底浸润在艺术的氛围里。东南大学的建筑本科教育确实是基础扎实，但在巨大的成绩压力下，很多思想被束缚住了，对其他艺术领域的探索也是有限，对于我，负面的压抑大于积极的动力。转到景观专业，一是想了解更多新知识，包括一直感兴趣的生态与地质，一是课程略少于建筑，可以有更多精力放在其他兴趣上。选校途中也听过各种经验之谈，但很庆幸我没有被别人的各种意见左右自己的判断。每个人都不同，不同的目的，不同的追求，别人的经验只能做参考，自己走的路要自己选。

▼教师

指导教师亚当·安德森（Adam E. Anderson）是一名教师，景观设计师和艺术家。毕业于俄亥俄州立大学景观建筑本科，罗德岛设计学院景观建筑专业硕士（获得奥姆斯特德奖学金）。曾在南加州和波士顿工作。亚当现作为兼职讲师，教授罗德岛设计学院景观建筑专业的硕士设计课程，工作于波士顿Landworks工作室，并成立个人工作室与博客“设计天空下”（Design Under Sky）。

▲亚当·安德森（Adam E. Anderson）

▼专业

罗德岛设计学院没有本科。两年研究生项目主要包括：生态与设计基础（暑期）、设计原理、核心专题设计课、景观理论、土地建构、人文地理与规划。三年另加：技术与材料、表现、景观史、生态规划与设计、植物材料与设计。（国内修五年建筑本科的同学可以直接申请两年景观项目）

景观专业两年项目每年春秋各两个选修课加一个冬季课程，总共九次机会探索感兴趣的专业。布朗的课也可以选。我上学期选的18世纪法国艺术史，和雕塑系的条件动力课程（Conditional Dynamics）。一个古典，一个前卫。古典艺术有它自成一体的矜持的审美系统并不断在被新兴思潮推进；现代雕塑越来越泛化，到装置，到行为，到大地，并与景观有着千丝万缕的联系。这些被激发起的感悟，与自己原先的经验思维相互碰撞，交叠，不停地产生新的火花与灵感。

一年级重材料探索，重模型思考，重手绘表达，少用计算机。我感到罗德岛设计学院的景观学习系统与框架是偏传统基础的，而思想与表现则大胆不受拘束。在正式学期前的暑期课程里，绘图技法、测绘地形、自然基础（日照、生态、植物、水文、地质土壤等），都密集地学习了一遍。方法往往是从最简单的模型操作开始，从无意识的操作，观察变化，分析可能造成的影响，到最后有目的性的改变，给了学生对于“设计”最朴实的理解——做什么，为什么做。期间有数次野外调研，比如在森林学习地质土壤的基本系统，植物怎样受生态的影响而更替，测绘地形，观察感受不同现象的变化（光、风、声、湿度、温度等）并提炼表现；在海边，学习海岸生态系统的运作，潮汐更迭，动植物的物种变化；在路途中，老师也会不时停下来讲解身边的植物或土石。这种根植实际自然的学习方法对我这个没有景观背景的学生来讲帮助很大，比单纯的记忆知识理论要来的深切得多，除了是用身体感受一切极其微妙的自然变化，也深切感受到“生态”这样一个动态的系统默默以巨大的力量运行着。在设计中，对于每个人的想法，老师是尊重的，设计思路也非常开放，设计课评判的重点在于大家的反馈，有助于思考怎样修改更能表达自己的思想与概念。在罗德岛设计学院，我第一次真正感受到作为“设计师”，或是“艺术家”。

罗德岛设计学院给我最大的感受就是：几乎所有的学生都是饱含热情的，对作品，对生活，交谈时可以看到大家眼中的火花，以及创作过程中巨大的沉迷感。这和因压力而消极的学习是截然不同的——很忙，很幸福，大抵就是这样。下面讲讲我最喜欢的几个地方和活动。

1）舰队图书馆（Fleet Library）：图书馆不大，设施完备，满满的都是艺术书籍，常规书籍可以在布朗图书馆借阅。

2）罗德岛设计学院博物馆：在美国都算比较有名的美术馆了，藏品极精，种类极丰富，有些课程可以借用馆藏的特殊展品。比如我选的艺术史课有几个专题是在博物馆里上的，有专门的研究员给我们展示并讲解特殊藏品，中期也是在博物馆当场完成。

3）自然实验室（Nature Lab）：这是一个神奇的地方。在艺术学校内部深藏着各类动植物标本，骨骼、微生物切片、显微镜、晶体及水族箱等，是专门给学生提供创作灵感的地方。

4）工作室开放日（Open Studio）：每年的全校工作室开放日，一般分本科和研究生，持续两个周末，可以探索各个专业不同风貌的疯狂的设计作品，并与学生交流。

▼课程

罗德岛设计学院建筑与景观专业第一个学期都必修设计原理，这个号称“地狱王牌”的课程，目的就是让不管是什么背景的学生全部重组一遍对专业的认知。该课程建立在暑期课程中开始形成的设计基础之上。我们将继续拓展并探索关于设计思考、研究性制作、概念发展的问题，同时探究对具体景观设计媒介的动态、空间及环境要素。本次课程的大致框架：第一阶段我们将进行一系列实验，它们有助于对研究型设计问题的创造性方法的生成；在课程第二阶段，我们将开始使用这些工具去分析地面的结构与组成物质、场地问题、景观空间的品质等，并在最后用这些手段去创造、传达我们的设计意图。

研究主题：

反复观察与过程；材料逻辑；形式与空间构成；现象与场地；技术图纸思考；草图思考。

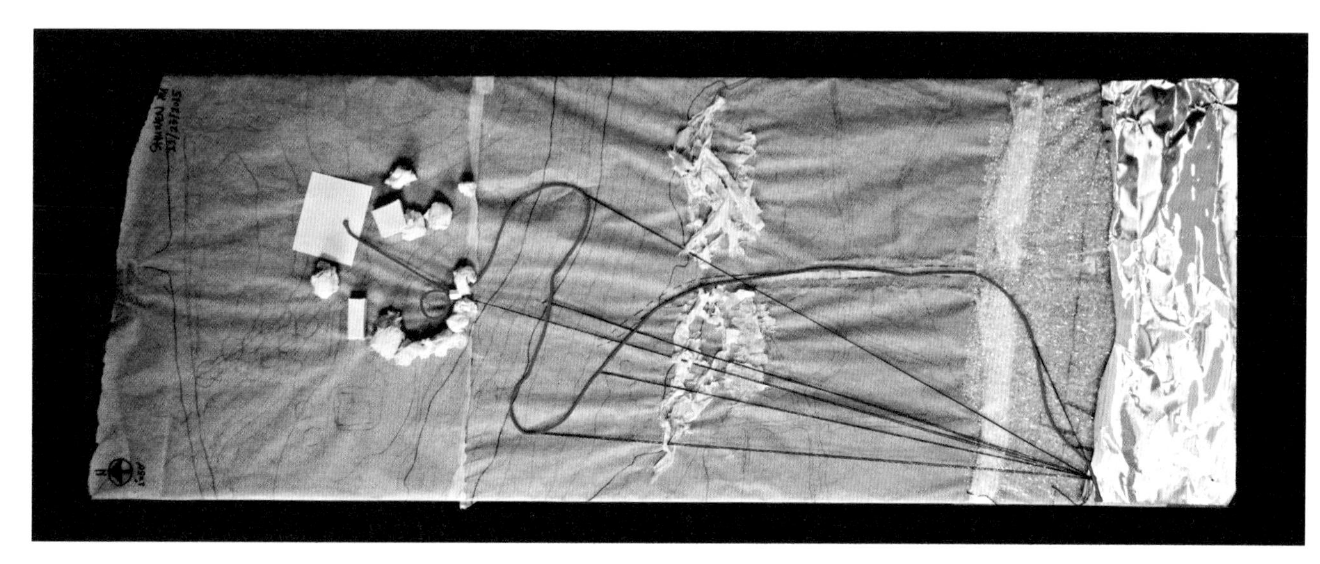

▲人前往场地的过程——对流线、空间、视线、场景、现象的思考

1. 纸的性能和纸制滤光模块

从对纸的材料特性的探索开始，在自己随意尝试之后，要求用其表达“柔软”“厚重”“刚硬”三种性质。这里很有趣，每个人用自己的理解表达抽象的概念，之后过程的模型表达也有很多是偏抽象概念性的。评图时看到了不少脑洞大开的研究。第二步是用纸创造一个单元，并发展出有孔隙的三个模型，分别表达这三种性质，选择一个模型按照自己给定的意向完善，并用分析图表达阐述此意向。在这里，我们已经不知不觉地开始摸索和理解“模数”和“孔隙率”的概念。

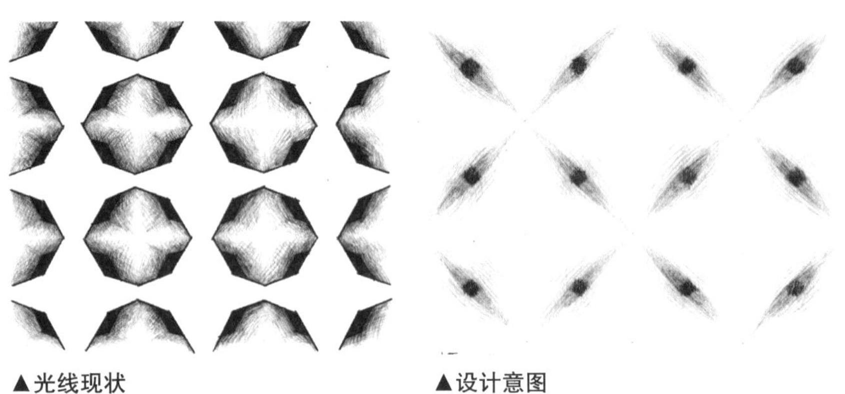

▲光线现状　▲设计意图

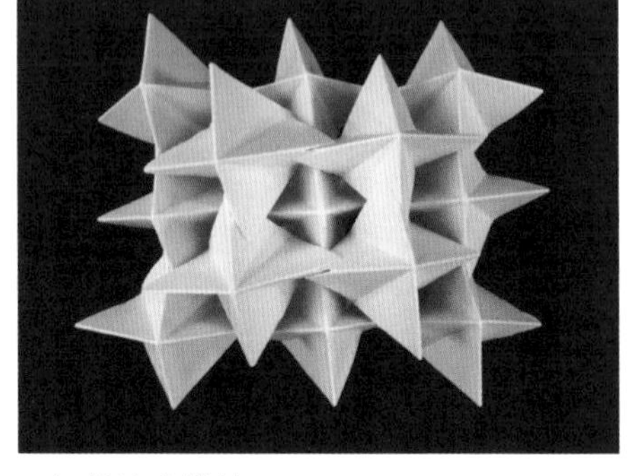

▲纸模滤光模块

2. 土壤剖面

在野外调研中，每个小组被分到场地不同地带的一个坑，研究土壤性质和分层，做一系列小实验并用照片和草图记录。然后以之前的纸膜过滤器为基础，做出土壤断面的模型（抽象表达孔隙率、透水性、湿度、颗粒大小、密度等特性）。接着每人研究各种不同孔隙率的材料，并选择其中两种，代替之前的纸质，表达土壤断面的特性。在这一个阶段，通过“抽象表达关系而非具象表现物质本身”。这一方法逐渐加深我们对土壤结构性质的理解。

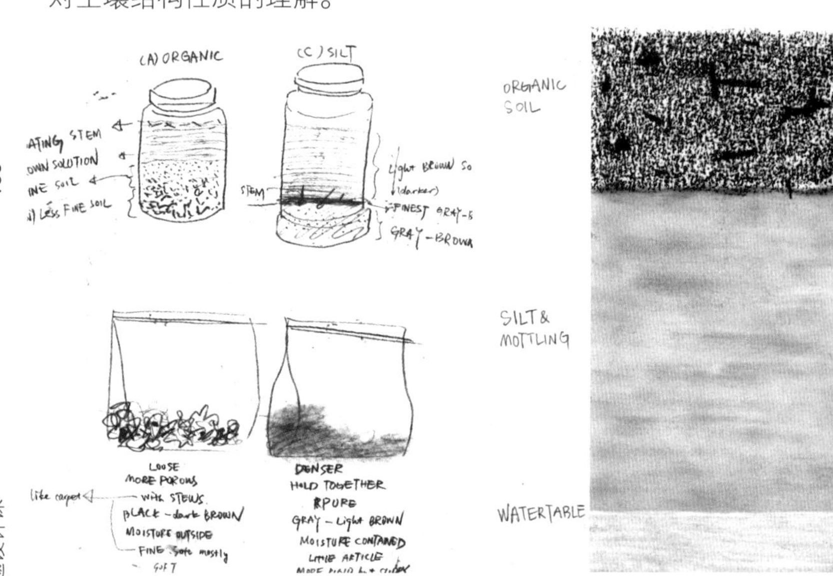

▲土壤性质观察与实验　▲土壤剖面分层与性质

▲土壤剖面模型

3. 临界点和自然现象

实际场地中存在着很多区域的交界与转换：公路、丘顶、开阔草坡、灌木丛、小树林、芦苇、沼泽、沙丘、沙滩及海。这一部分通过场地长剖面表现土壤状况，同时分析整个场地的水文、坡度、植被及视野变化，学习这些区域的交接转换，并用模型表现其中两个感兴趣的临界值。与场地状况变化相对应，各种现象也在微妙地变化着，这里既需要准确的定点温度、湿度、风速的数据测量，也需要最大程度发挥自己的感官力量，捕捉一切感兴趣的现象与变化，这些感受体验都是之后方案的灵感来源与设计基础。

4. 通路设计

这是一个很初步的小设计。基于之前的调研，选择一两个感兴趣的现象作为概念对象，并通过改变地形、植被、水流等来创造一条路径，使自己完成对这些现象的改变。

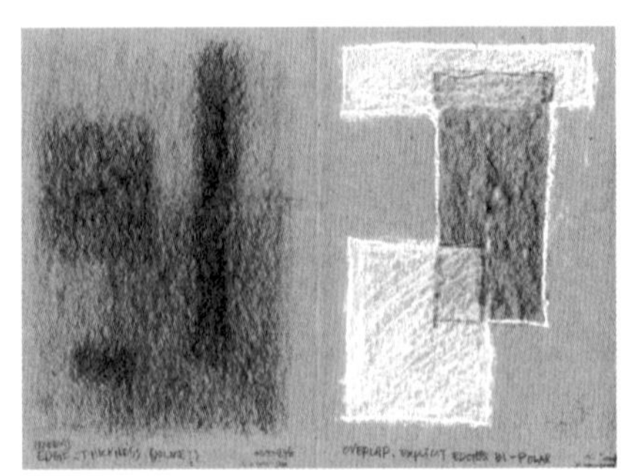

▲现象：温度与光影

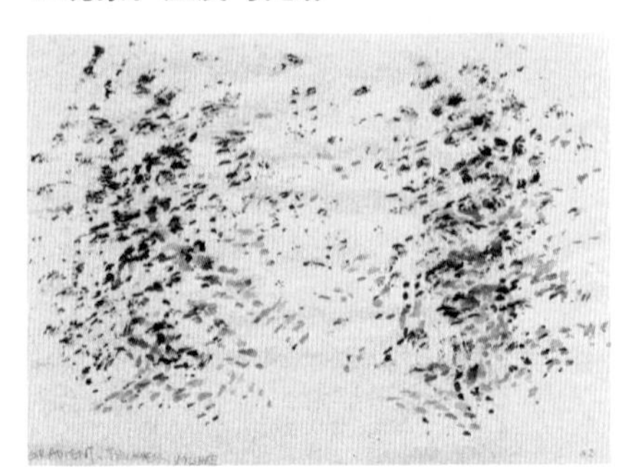

▲现象：风与声音

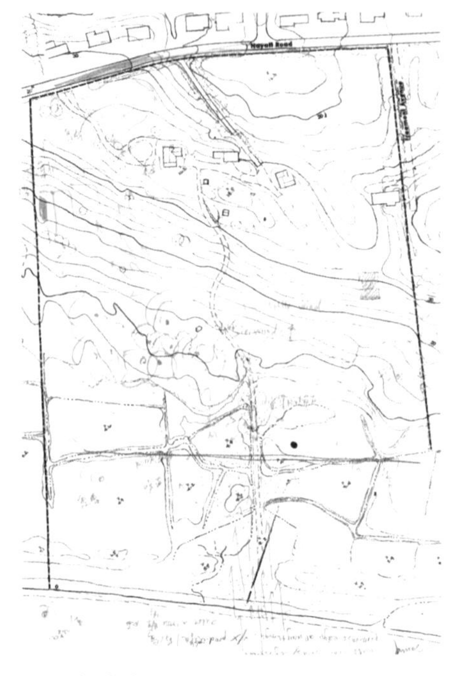

▲ 风与声音——调研

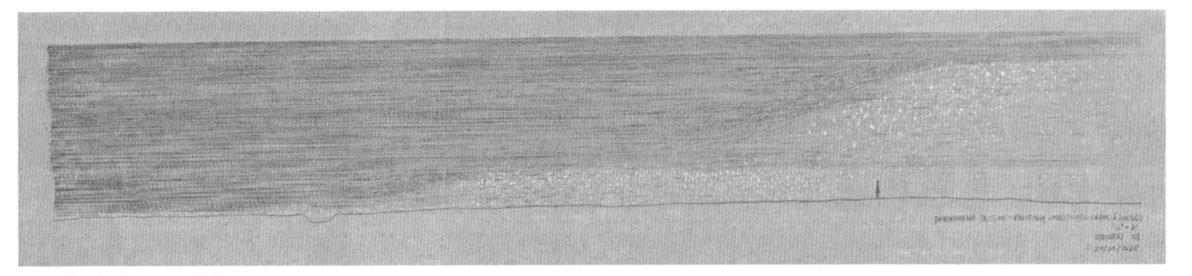

▲风与声音——现状

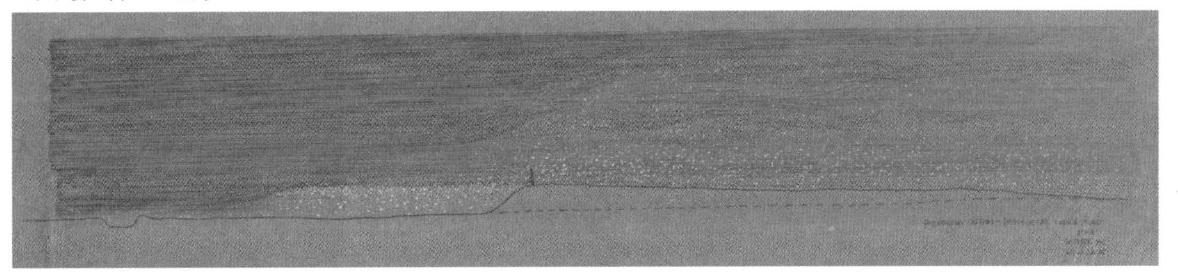

▲风与声音——意图

5. 教室设计

这是一个独立的设计，但是是基于前面对场地和现象的理解之上的。要求很简单而且弹性很大：大致是设计一个室外空间用于教学相关地质或生态知识，需满足三十个人的停留空间和两三人的交谈空间。

我的灵感来自一次去场地时恰巧碰上的春潮，极高的潮汐把整个沼泽地包括其中的一条道路都给淹没了，大地缓缓倾入水下的微妙美感与反光的线性水面延伸至远方的无尽之感挥之不去。回来很快就做了个意象模型，甚至连目的都不明确，完全靠直觉，现在想想，其实是对春潮画面感的提炼。

后来慢慢明确了自己的想法：从山顶的停车场就能遥望到闪亮的海面，一路下来，体验过各种环境与空间后，来到无尽的海面，随着人们的行走，构筑物散落延伸至海的更远处，逐渐消失。

▲灵感来源：春潮

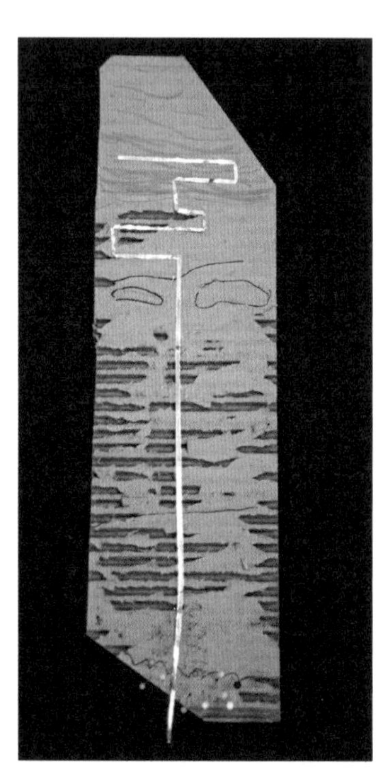

▲闪耀的线

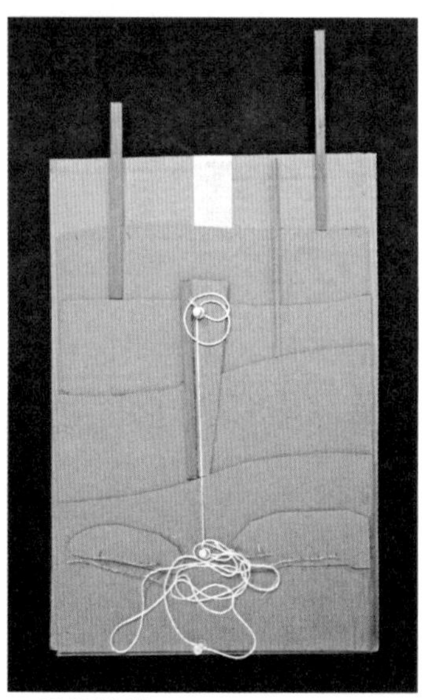

▲延伸的线

海作为最动态的环境要素，波浪、潮汐、沉积物无一不在改变着，构筑物在这里作为标尺，默默展现着海水的变化。概念模型的原型是数个处在不同标高的长条水平延伸到海面远处，在不同的潮汐高度时，一些构筑物露出水面，一些被淹没；除了视觉，水面上人体验的空间也在相应改变着，流动，围合，或是从构筑物走向远处。随着与海岸成一定角度的海浪冲刷，构筑物一边会积累起沙子，地形慢慢自发产生了变化；而被海浪冲刷至岸上的不同沉积带，也会在构筑物上留下印迹。考虑用石笼作为构筑物材料，水流可通过以减小海浪冲击力，沉积沙和其他物质可附着在构筑物上。

▲海水动态

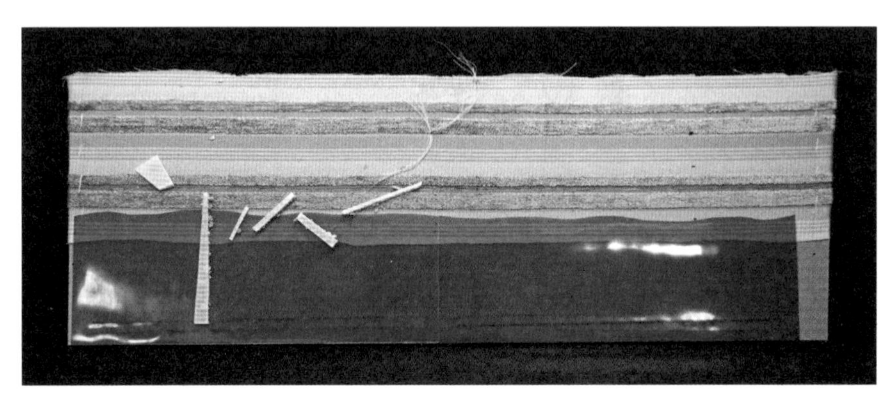

▲潮汐区沉积带与附着物

▲潮汐与沉积物形成

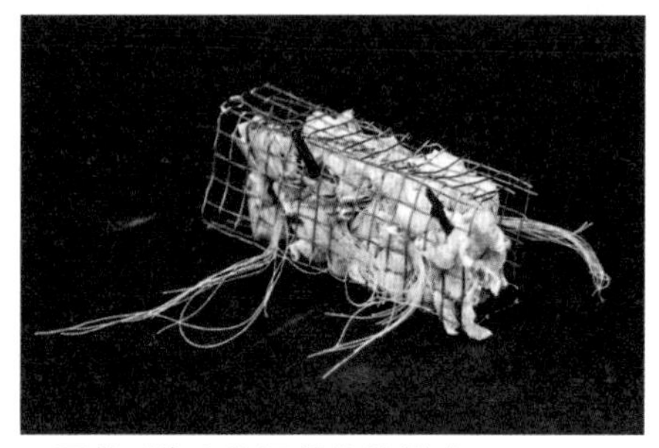

▲石笼对海水和沉积物的影响

基本想法明确后，便是根据意图创造相应的空间：每条构筑物的宽度改变和不同的高度可以带来不同使用方式（引导、靠坐、行走、停留、遮蔽、围合）；构筑物之间的空间比较难掌控，因为是随潮水动态变化的。为了证实沉积沙会形成，以及说明怎样用构筑物改变与控制沉积沙的形成，我做了两个实验：一是用稀石膏溶液模拟成一定角度冲刷构筑物的带沙海水，最终在模型的特定角度会留下沉积的石膏；二是一系列的小实验以研究不同角度与位置（分别为单个、双平行、双平行错动、双八字、双八字错动、双垂直）的构筑物摆放会怎样影响沉积沙的形成。并将两个实验都用录像记录了下来。根据实验归纳出规律，并根据意向空间调整构筑物排布，用大尺度模型研究空间使用。最后是依据各种反馈进行的调整。

可以看出，在设计的过程中，草图和实验模型是帮助思考甚至启发思考的重要力量来源。在之前，我们常常忽视了手头最直接的推敲方式，借助软件“间接”设计，模型只是最终的表现手段。抽象模型帮助理解物质表面下的逻辑关系，想法模型迅速记录自己的直觉，概念模型最大程度地表现思维进程并推敲改进，实验与纪录也是很有利的推进工具，而最终的表现模型更多展现的是实际外貌。

▲实验过程 1

▲实验过程 2

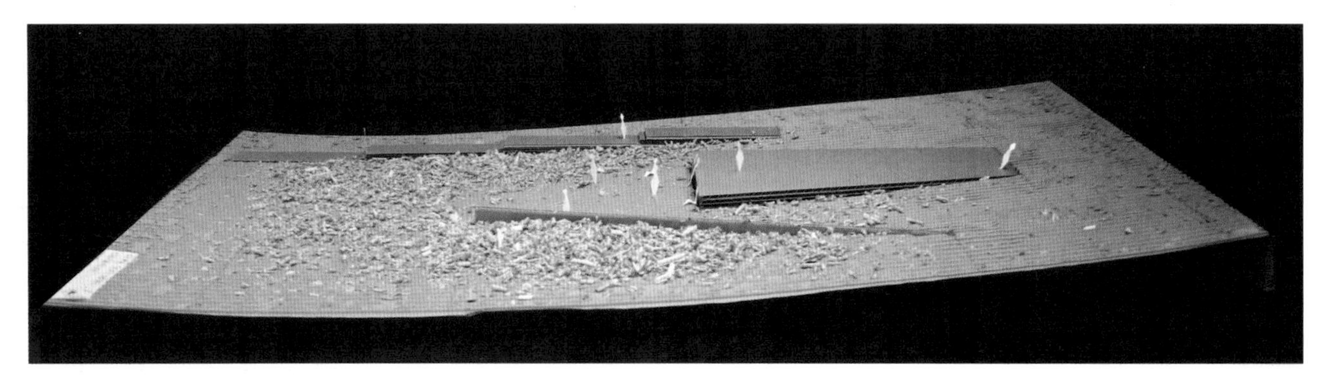
▲大尺度空间研究

▲铝网模型及建造成果

6. 金属材料的建造

在设计原理过程中穿插了一个为期两周的装置建造课程，由两位日本老师教授。时间安排：第一周按材料分成钢片，铝网和铜线三组，个人推敲材料特性，设计单元节点，组内确定单元和具体场地，并讨论决定搭建方案；第二周正式搭建。

我所在的是铝网组。铝网的特性是有一定的可塑性，易受外力影响；视觉上不同层数相叠起来形成不同程度的半透明效果，层层叠叠的感觉让我联想到了树林里交错的枝叶；而场地内的树冠很高，人难以直接感知，所以此装置的概念是“下层树冠”（sub-canopy），创造一个人可感知的穹顶。从模型到建造经历了很多不可预知性，这也正是大自然的奇妙之处。搭建时正值秋天，树叶的颜色很丰富并有层次感；风雨中轻质的铝网会轻轻晃动；搭建完的当晚下了一场大雨，吹落在装置上的落叶使其多了一份融入感；装置尽头与芦苇丛之间的空地本有一块难看的低洼地，而雨水将它注满，反而形成了一处意外的景观等。

EXPERIENCE
03 / 个人感受

1.

被教导如何设计五年后，在罗德岛终于完全主导了自己的思维与感官。设计与各类艺术人文科学的相互碰撞与启迪，大大丰富了所想所为，给了我一次次的洗礼。

2.

保持激情，努力工作！

FINAL
04 / 成果展示

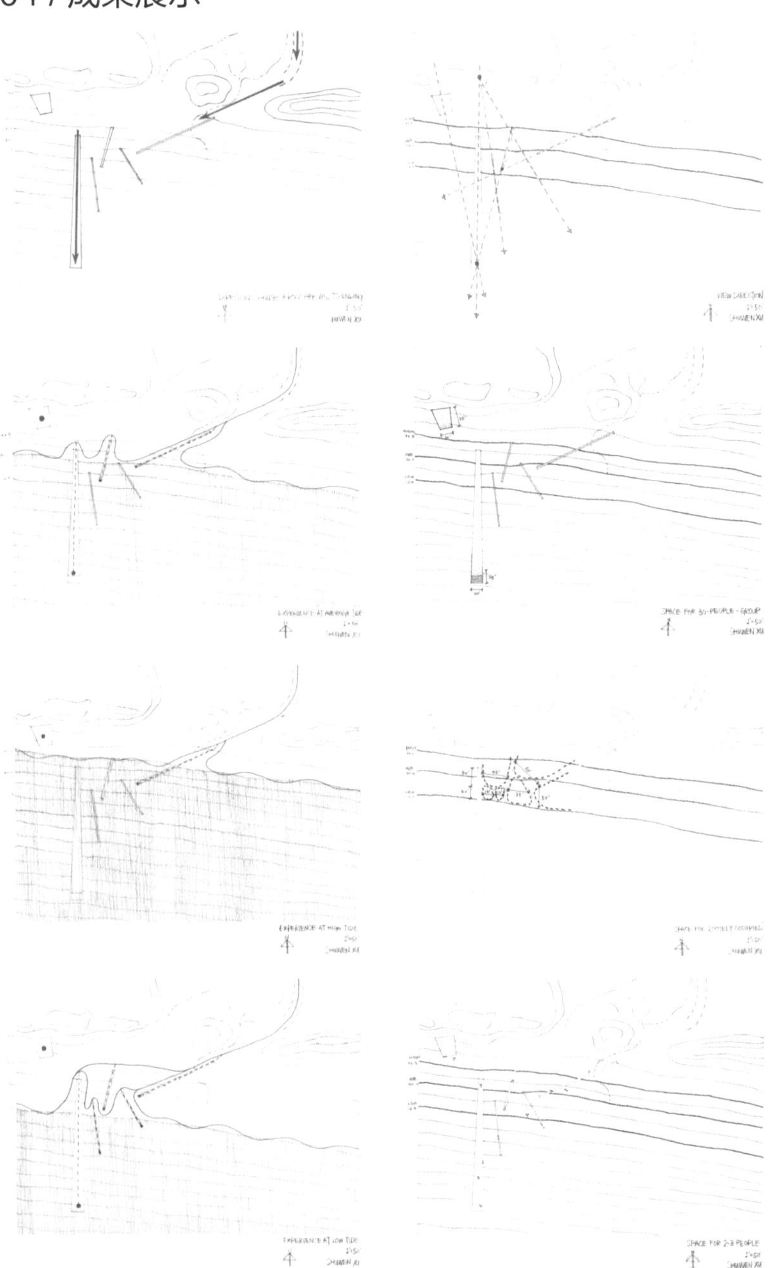

▲分析图

▲答辩展示

▲表现模型

PLAN
1"=20'
SHUWEN XU
12/11/2015

▲平面

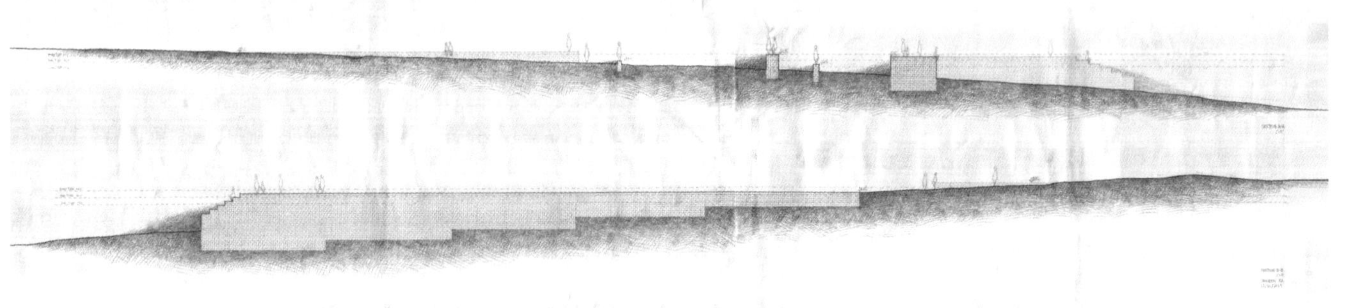

▲剖面

浙江大学 吴璟

浙江大学建筑系副教授，
国家一级注册建筑师，
康奈尔大学访问学者，
从事建筑学设计基础教学与建筑设计教学，
设计实践涉及建筑设计与景观建筑设计。

罗德岛设计学院确实为设计学习提供了宽阔的视野和良好的条件，而令人印象深刻的是设计中植根于切身感受的思维、判断，还有具体而实证的实验来帮助设计的成熟。这些无疑是培养独立而全面的设计师必须的条件。同样，科学缜密的方法亦在其教学过程中显露。这一点我以为是在中国建筑院校的设计课程中尚存在较大提升空间的。

科罗拉多大学 周军

毕业于美国宾夕法尼亚大学景观建筑系，
美国景观设计协会注册会员，
中国园林杂志社特约编辑，
科罗拉多大学设计学院客座讲师，
圆点（FOCUS）都市景观设计事务所合伙人。

罗德岛设计学院也是美国非常顶尖的设计学院之一，其设计教育与哈佛大学、宾夕法尼亚大学都很相似。其系统和教学课程体系也是一脉相承。但罗德岛设计学院的学生作品更具艺术风格，大都具有很强的视觉冲击。从徐抒文的设计作品也能看出其将艺术风格与景观场地的衔接。但对于模型的这一观点，我认为建造模型或者思考其空间关系也是一种非常重要的设计过程。草模的重要性能够启发其设计思维，同时也通过对体量的了解而更加能够对整个设计进行全方位的把握。

同时，设计也是一个理性的思考过程，包含着很强的序列性和引导性，通过图纸来描述自己的一个场地愿景。因此，图像和抽象的体块不是目的，而是通过这些手段能够达到清晰表达自己意图的作用。

罗德岛
设计学院

张韬

美国注册景观建筑师，
绿色城区开发专家，
佐佐木事务所高级主管，
罗德岛设计学院兼职教授。

罗德岛设计学院的景观专业相比美国其他学校的明显特点就是强调学生的动手能力和艺术性。景观和建筑系共享的后工业教学楼（BEB：Bayard Ewing Building）以及其粗放的室内环境无一不透露出这个特点。单从教学环境来看，这里感觉更像美术学院而非通常注重细节崇尚简约的设计学院。这和作者在罗德岛设计学院的求学体验完全吻合。这里的教学更重视学生对设计对象的感官体验和意象的捕捉，而非技术性的培训。所以物理模型的应用在设计中十分重要，而计算机三维模型却被弱化。我很高兴看到作者描述了她那种设计初期对设计对象的模糊意识和目的明确前大胆尝试的经历。这其实是设计思维中非常珍贵也是最容易产生质变思维提升的短暂阶段。很多学生容易在这个阶段害怕放开预设的理性分析思维止步不前，产生迷惑感。我们教师在这个阶段通常会鼓励学生放松，让思维自由畅游，在模型或纸上尝试，而不是过早地进入计算机。作者提到在户外课堂里对生态系统重要性的认识也是罗德岛设计学院在未来打算进一步强化的一个方面。

MAIN BUILDING
TEA HOUSE
POND
CAFE

哈佛大学

唐辰曜

本科：东南大学建筑学院建筑系
研究生：哈佛大学设计研究生院建筑系

工作经历：
康沛甫建筑设计公司（KPF Associates）
拉斐尔·维诺里建筑设计公司（Rafael Vinoly Architects）

关键词
自然，尺度，路径

另一种自然

哈佛大学／石上纯也设计课程（Junya Ishigami Studio）

哈佛设计学院建筑硕士 II（Harvard GSD MArch2 ）一个重要特点是它的多样性：建筑学生，可以选择城市设计，甚至和景观密切相关的题目。这是石上纯也（Junya Ishigami）第一次在海外带设计课。事情缘由 2011 年春季石上纯也受邀在 GSD 讲座， 院方后来邀请他来讲课并且给予 GSD 最高客座教授荣誉——2014 年丹下健三教席教授（2014 Kenzo Tange Visiting Chair in Architecture and Urban Design）。这个项目本身是石上纯也受东京庭院美术馆委托的改造工程，他自己也做了一些调研，这次给我们“真题假做”。

STUDIO INTRODUCTION
01 / 课程介绍

▼教师

石上纯也，1974 年出生，日本新锐建筑师，毕业于东京艺术大学，在 SANAA 建筑事务所 工作四年，2004 年成立自己的事务所。石上纯也建成作品不多，但他第一个独立作品神奈川工业技术大学工坊（KAIT Workshop）就获得了第 61 届日本建筑学会建筑设计类奖，也是日本建筑界的最高荣誉。他和结构工程师佐藤淳合作的作品“空气建筑（Architecture as Air）”赢得了威尼斯双年展金狮奖。

对于自己的建筑理念，石上纯也认为：他要创造的是界限极其模糊的空间，而不是像密斯那样具有普遍特征的空间；而模糊空间的特性则是最大限度地消失。

▼课程

课程设在春季学期，题目叫“另一种自然（Another Nature）”。石上纯也认为人们单纯地把建筑看成是“人工制品”或者是“人工环境”是过于狭隘也是过于简单的。用更加宽广的视角看待， 新的建筑应该包含了周围环境的所有方面；超越一般尺度和传统思维的建筑，才能满足如今社会的需求。石上纯也提出“新的环境 = 建筑（The New Environment = Architecture）”。

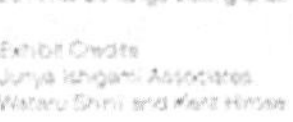

▲石上纯也在哈佛设计学院的展览

▼新尺度

过去，建筑本身作为一个遮蔽物与自然环境分离，而如今，这两者的区分变得越来越模糊；另一方面，“纯粹的自然”或者“单纯的人工制品”都不能完全满足这个时代所追求的舒适性。因此，这个时代必须会有一种新的建筑、新的语言。而实现这种新的建筑、新的语言的途径之一就是新的尺度。

云

新的建筑自由漂浮于空中，柔软蓬松像云，透明复杂且像气流，巨大但是没有物质。介于自然现象和真实建造之间，可以成为建筑新的潜力。

树林

设计一个建筑如同种植一片树林，内部空间如同行走在森林中一样模糊。这种模糊性为空间的形态和使用提供了无限的可能性。

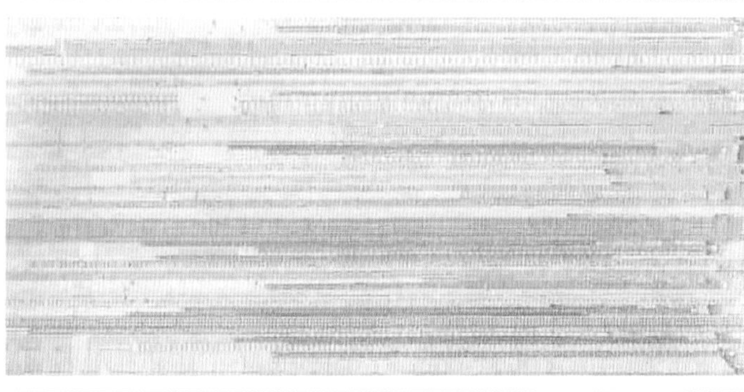

天空

天空在垂直方向给了建筑新的尺度。打破原有高层建筑的比例，颠覆从地面向上建造的传统。新的技术可以让建筑无限高，天空成了建筑周围新的环境。

地平线

地平线来源于大地和天空的交界；然而传统意义的景观只设计地面而没有上空。新的建筑也许会有像大地一样的楼面和像天空一样的屋顶。

云、树林、天空、地平线
图片来源《建筑的另一种尺度》石上纯也著（*Another Scale of Architecture* by Junya Ishigami）

▼意向参考

▲伏见稻荷大社一品品的鸟居限定形成一个神秘通道，光和树影从缝隙中渗透下来。

每个学生要求去找一两个关于日本文化的参考或者意向。比如有的同学研究鸟居对于空间的界定，有的同学探索日本地震对于结构体系发展的影响，有的同学用当代神龛的形式诠释。这些参考或者意向最后不一定能够带到设计中，但是在设计一开始促进了同学们对文化和场地的理解。同时，学生来自不同的学科背景，评委老师中不仅有建筑师和老师，也有结构工程师和建筑理论家，互相间的讨论和交流更有多样性。

日本自古以来将鸟居称为没有屋顶的门，其名字也是由中国的“华表”翻译而来的。鸟居一般建在御陵和寺院内，一般来说，鸟居是连接神明居住的神域与人类居住的俗世之通道，作为神社的入口标示界定了精神空间和世俗空间。其实在很多地区，在精神功能性越来越弱化的当代，鸟居已作为周围景观的重要组成部分。

▼从做模型开始

相对于计算机模型或者图纸，石上纯也更加偏向实体模型。课程设计的第一节课是他在东京用视频软件 Skype 和我们一起上的，要求一周之后他来哈佛大学设计学院看到的是每个同学做的大量模型。

模型是推敲空间的方式，这种不断试错和调整，探索了空间的不同可能性。从很多当代日本建筑师的过程模型照片中不难发现，其实很多想法在一开始并不独特，有些甚至拙劣；但是在大量的不断的模型制作中，总有一些特别有潜力可以继续往下发展。随着推敲过程的深入，概念越来越具体，设计也越来越好。

然而，石上纯也对如此壮观的模型阵列并不满意。虽然每个同学提出了各种空间和结构概念原型，但是很少有同学把场地做出来，并且每个模型局限在场地内部，即便是做了场地模型，所做的建筑也是其中一个点，是一个物件，而不是真正的建筑。

▲同学们的概念模型

▼回归场地

基地位于东京目黑区的一个保留的大公园，整块绿地被高密度的城市建筑包围，西边有高架桥。公园深处有个房子，是原来王子（Prince Asaka Yasuhiko）的官邸，现被改造成了东京都庭园美术馆（Tokyo Metropolitan Teien Art Museum）。课程设计没有对建筑功能作特别的要求，甚至没有对建筑范围做出明确规定。

▲基地全景

▲原有官邸

▲场地中的日本传统园林和茶室

▲场地中的西方园林部分

在基本了解场地之后，每个学生带着各自对于自然环境、城市和边界的理解，开始又一轮的模型。与之前只是放一个新建筑不同，新的设计把整个场地当作要素来处理。面对周围城市人工环境的侵蚀，有的概念给这个公园里的各种动植物建立一个个全新的家，而家的大小按照公园现有的动植物的尺度设定；为了让公园延伸到城市，有概念将公园边界部分整体抬高至高架路的路面高度，使得公园在三维上得到了扩展；更有的概念直接摒弃重塑公园本身，直接升高高架桥道路等基础设施，让公园最大程度的渗透到城市环境。

▲概念草图

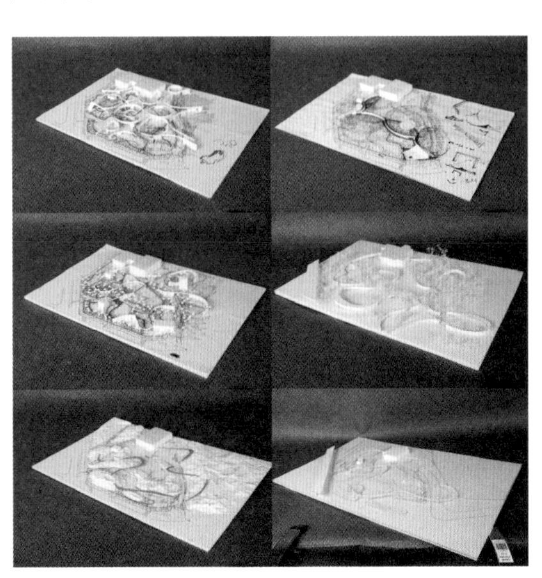

▲过程模型改造场地

▲总平面

我做的是这个美术馆的扩建，是对于整个公园内部元素的整合和外部环境的介入的操作，营造出更大的空间尺度。随着周围城市环境的发展，公园的完整性虽得到保留但是却与周边越来越分离。西边有高架桥，周围是墙。原有建筑位于公园深处，南边是有点荒废的日本茶室和西式园林。

设计利用原有起伏的地形，稍微加减土方，塑造成“山丘”一样的空间氛围，各个小山丘互相围合成不同情景的聚落空间。靠近边缘的山丘重新定义了与城市的边界，产生隔而不断的关系。西边高起的山丘把绿色植被向城市伸展到了新垂直高度，同时又阻隔了高架桥视觉和声音的干扰；南边山丘之间的平坦虚空又联系起城市空间。

▼中期评图

课程设计的中期答辩是在石上纯也的事务所——位于东京六本木的一栋小楼的地下室。地下共两层，其中一层是员工画图和做模型的地方，不过各种体积巨大的模型占了多数空间，交通空间变得有限，遇到狭窄的地方只能从两个大模型中间侧身走。一层地面掏了一个大窟窿，人可以钻到地下二层，同样堆满了建筑模型和图纸。混凝土地面，而墙面和天花板均刷白；没有任何窗，完全靠机械通风和人工照明，这种极端的做法让人感知不到世界和时间的存在而完全沉浸在工作中。

石上纯也邀请到妹岛和世，西泽立卫，佐藤淳还有奥雅纳日本分部的结构工程师作为答辩评审。妹岛认为需要进一步了解基地本身的特有属性，比如基地内部微妙起伏的地形需要更加小心的对待和处理。西泽立卫对于自然这个词进行了新的解读，他认为自然不仅仅是自然或者自然界所包含的动植物；它其实是一种行为模式和习惯，具体来说也许是日常何时吃饭或者吃什么的问题。两位结构工程师则对新建筑尺度非常敏感，反复确认结构落地对于基地的影响。

EXPERIENCE
03 / 个人感受

石上纯也是一个工作狂，几乎没有任何娱乐时间。建筑完全等于生活。石上纯也一般中午十二点到事务所，晚上十二点离开；做他员工的原则就是来得比他早，走得比他晚。工作之余，他经常会和自己的员工、学生还有别的建筑师深夜一起去喝酒，但是不管任何时候，只要谈论到建筑，他立即可以清醒而认真的讨论。

OMA 的合伙人重松象平（Shohei Shigematsu）形容部分当代日本建筑为“无印良品建筑”（Muji Architecture）。它们刷成统一的白色，弱化功能和文脉，图像内容大于空间本身。从外表看来，石上纯也的建筑似乎也可以归为这一类。然而石上纯也对建筑在新的尺度上重构和对结构、材料的极限追求使得他完全不同于任何一个当代日本建筑师。

1.

相比于国内的课程设计，这个课程设计增加了较多的调研。借助哈佛图书馆丰富的馆藏，学生在前期不仅研究了场地周边的历史和环境，也对日本近现代文化的变革有了基本了解。在东京的实地考察和与其他建筑师、工程师的交流加深了自己对这个设计的理解和思考。

2.

相比于其他哈佛设计学院的选修课程设计强调论点和辩论，这个课程设计相对自由和开放。石上纯也更加关注于设计本身是否能够带来建筑新的诠释、新的氛围的创造，而不是过于强调逻辑的完整。

3.

遗憾的是，由于缺少石上纯也经常合作的小西泰孝和佐藤淳等结构工程师的课程参与，技术支持较为薄弱，很多概念不能进一步向下深入和落实。

▲石上纯也在给其他老师讲解场地

FINAL
04 / 成果展示

模型
在塑造“山丘”之后，设计引入细长的“路”连接起各种地形，使得入口、原有的美术馆、池塘、茶室、雕塑小广场等形成一个完整回路；而作为美术馆的扩建，这条路径又新增了临时画廊和餐厅空间。曲线的回路轻落于场地，时而显现架空于山丘之间，时而隐蔽和山丘融为一体。

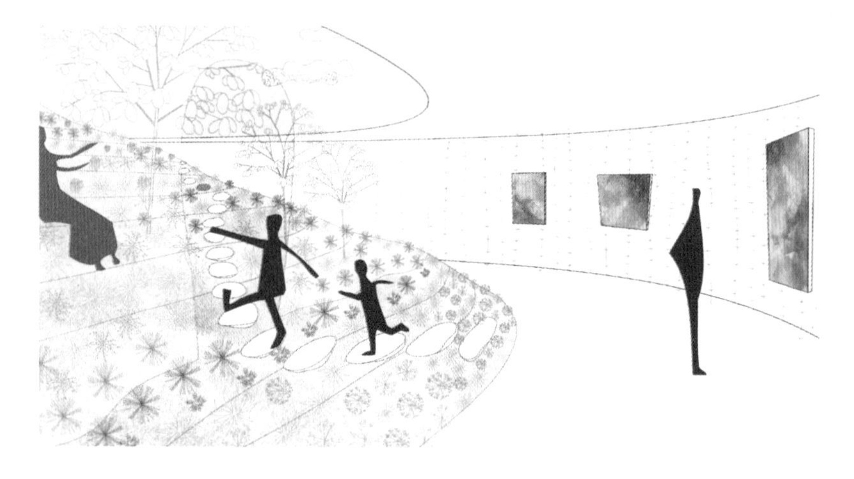

临时画廊透视
自然延伸到构筑物内部，消除了人工和自然的界限。

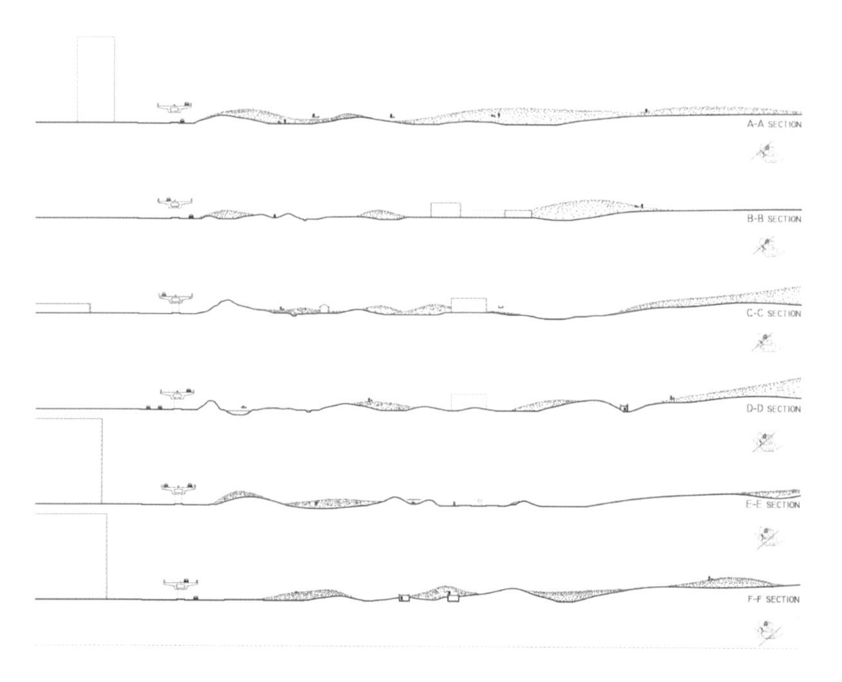

剖面
连续的场地剖面显示了地形的起伏和变化，以及和城市的关系。

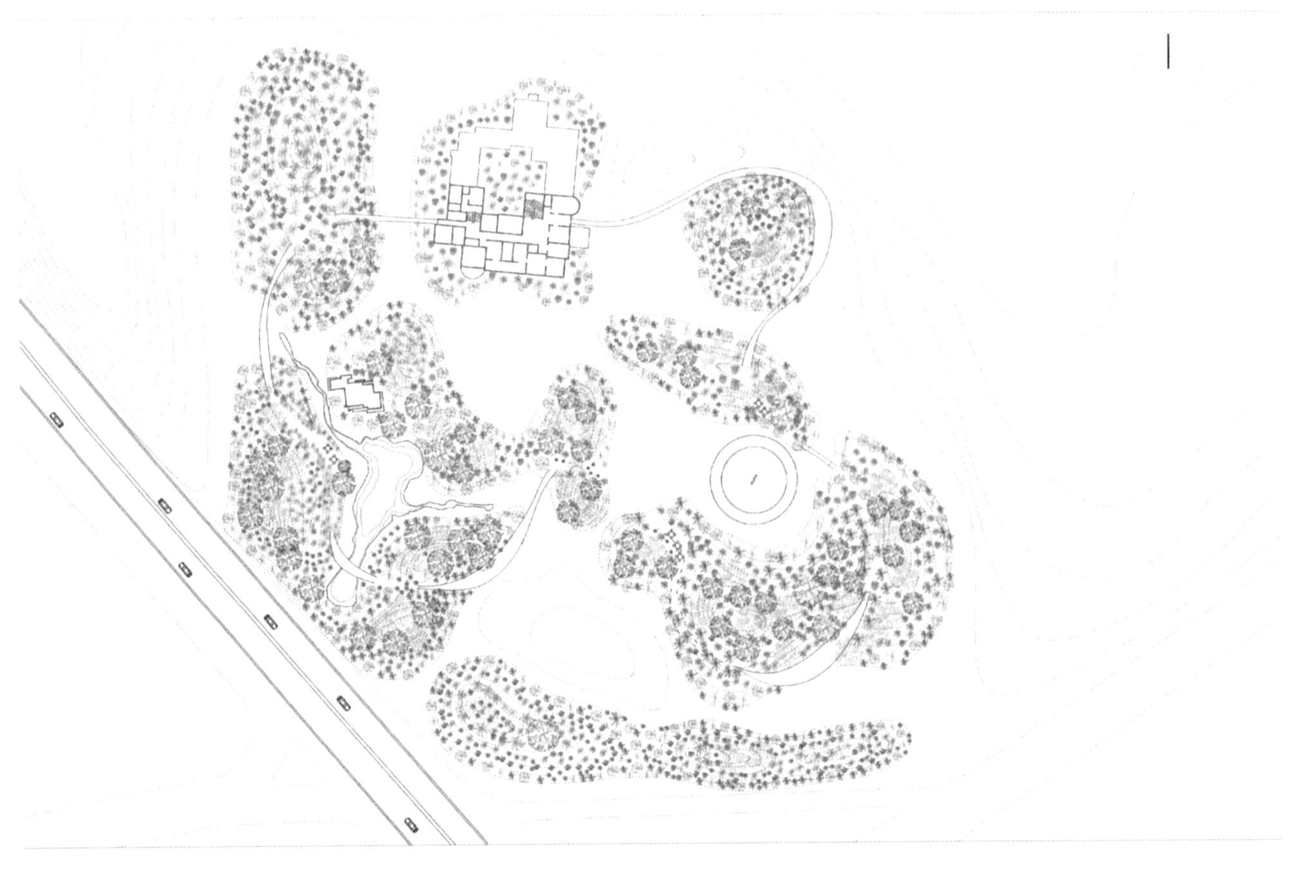

▲高标高平面图

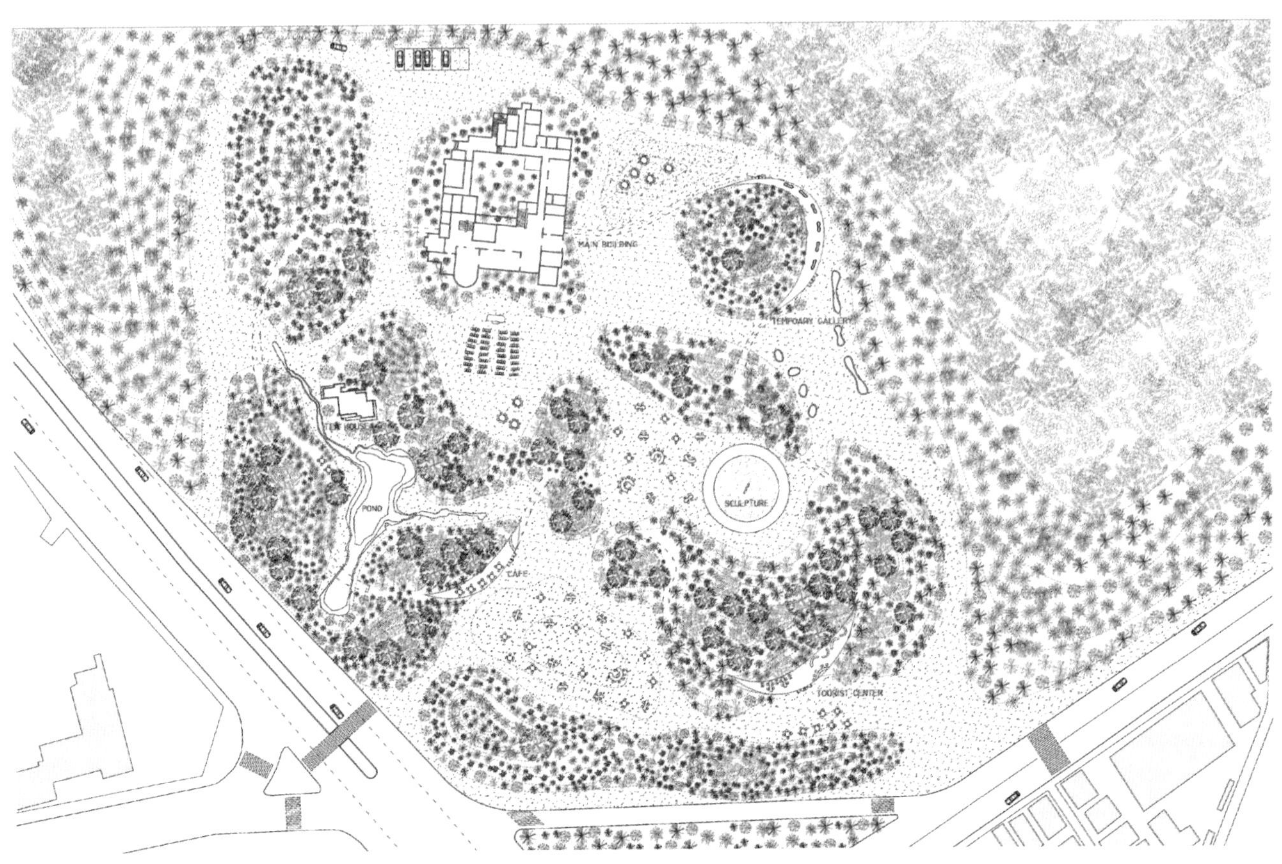

▲低标高平面图

华南理工大学

孙一民

哈尔滨工业大学博士，长江学者特聘教授，国务院特殊津贴专家，中国建筑学会常务理事，国家百千万人才工程入选及“有突出贡献的中青年专家”。
“建筑设计”国家精品资源共享课的负责人、主讲教师和国家级教学团队主要负责人。曾主持多项国家大型体育建筑工程，完成奥运、亚运、世大运、全运会及其他体育建筑工程 22 项。

课程是因人而设，充分相信建筑师的个人风格并给予了灵活的教学配合。重要而富有的学院如 GSD，一直保持这样的努力，以尊重与开放的态度与世界各地明星建筑师保持密切合作。对于学生而言，有机会与名建筑师面对面交流是年轻人无法抗拒的诱惑。对于设计的结果而言，似乎没有特别的期许。这样课程的设置犹如锦上添花，非常重要的一点是同时要有稳定的主干课程体系与之对应。希望中国大学建筑学院有这样的财力与世界接轨，更希望稳定而高水准的主干课程体系能够先建立起来。

合肥工业大学

李早

工学博士，合肥工业大学建筑与艺术学院院长 / 博导，中国建筑学会理事，全国建筑学专业指导委员会委员，安徽省土木建筑学会副理事长。主持国家自科、国家社科、文化部、教育部等多项国家级、省部级课题。

作品清新的图面表达方式、精致的模型制作，对树木、山丘等自然环境特征，以及建筑与城市关系等因素的关注，都反映出日本先锋建筑师石上纯也的指导思想对设计者的影响。

与设计方案相比，更为吸引我的是作者对整个教学过程的梳理，如日本文化相关资料的整理、远程在线指导、现场调研、场地分析、阶段性方案模型的反复推敲，以及由石上、妹岛、西泽、佐藤等诸多著名建筑师、结构工程师共同参与的评图答辩。这种与国际名师面对面接受指导的国际化教学模式，很值得国内建筑院校学习和借鉴。

东南大学 朱雷

博士，东南大学建筑学院副教授，一级注册建筑师，曾赴日本爱知工业大学和美国麻省理工学院访学。关注现代建筑空间设计及教学研究。中国建筑学会“青年建筑师奖”获得者。

聘请一线建筑师担任设计课程教师，这是欧美建筑设计教育中常用的一种机制，可以保持学院教育的开放性，并将一线建筑师的最新经验和专业思考带入大学。该课程教授石上纯也本身也善于理论思考，提出“另一种自然”的主题，试图打破传统建筑的边界和尺度，探讨能适应当代或未来的另一种建筑的可能性。课程作业也回应了这个要求，融合建筑与场地环境的图纸和模型表达不同于一般的设计成果，呈现出一种更为放松，并且也可能更为微妙的状态。

长安大学 赵敬源

长安大学建筑学院教授，博士生导师，长安大学人居环境与建筑节能中心主任。研究方向为绿色建筑与城市生态，先后主持多项国家自然科学基金等国家及省部级课题，兼任中国建筑学会建筑物理分会理事，陕西省土木学会节能与绿色建筑专业委员会秘书长，西安市绿色建筑研究会监事长，陕西省绿色建筑标识评审专家。

1. 随着计算机建模的广泛应用，学生在方案的推敲过程中过于依赖计算机模型，而对于实体模型缺乏热情和耐心。其实制作、调整、修改实体模型的过程就是一个方案不断推进的过程，相对于电脑模型，实体模型能给人最直观的感觉，更容易发现设计中存在的问题。

2. 绿色建筑本身就应更加体现和周边环境的协调融合。学生应在平时有意识地涉猎景观、规划、哲学等专业内容，这类开放性的课程设计可以更多地引领学生扩展思考的广度和交融性。

IV

IV CONSTRUCTION
第四章 | 建造中的建筑

哥伦比亚大学

关键词
软节点，建造，团队

王奕涵

本科：华南理工大学
硕士：哥伦比亚大学
工作经历：李氏建筑师事务所
（Li Architect Associate）

莫玲卉子

本科：华南理工大学
硕士：哥伦比亚大学
工作经历：拉斐尔·维诺里事务所
（Rafael Vinoly Architects）

闫迪华

本科：伊利诺伊理工学院
硕士：哥伦比亚大学
工作经历：康沛甫建筑设计公司
（KPF Associates）

建造一只跑动的怪兽

哥伦比亚大学／建造设计课程（FPSS Studio）

建筑系学生对于将自己的设计“建出来”有着不可抵抗的执迷，而仅凭一己之力，我们很难实现心中所想，这门课程的 10 人合作机制，是一个全面参与与体验“设计到建成”流程的绝佳机会，从中锻炼了我们团队合作和脚踏实地的实践能力。

团队成员：闫迪华，王奕涵，莫玲卉子，周闻，梅尔·奥古斯托（Mel Agosto），威廉·博德尔（William Bodell），维诺雷特·惠特尼（Vinolet Whitney），查尔斯·周（Charles Zhou）

STUDIO INTRODUCTION
01 / 课程介绍

▼ 老师

马克 · 比尔克（Mark Bearak）和布里格特 · 博德斯（Brigette Borders）都是很年轻的建筑师，他们分别于 2008、2009 年毕业于哥伦比亚大学建筑、规划与历史保护学院。除了在哥伦比亚大学任教，马克同时也是一名实践建筑师，布里格特目前则任职于谷歌。他们认为，建筑教育从来不能够局限于“纸上谈兵”，践行重于表达。他们希望通过让学生探索、设计和搭建，去关注理论与实践之间的关系。

▲ 马克 · 比尔克（Mark Bearak）

▲ 布里格特 · 博德斯（Brigette Borders）

▼ 课程

快节奏 / 慢空间（FAST PACE/SLOW SPACE，以下简称 FPSS）是哥伦比亚大学的一门选修课。该课程主要是对新型材料和参数化新型结构的实践性探索。同时，课程着眼于新结构体的探索和小型构筑物的快速搭建。

课程成果要求为：在快节奏的大都市里，搭建一个冥想空间。这个构筑物也将成为哥伦比亚大学建筑学院每年年终展的展览作品，将对公众开放，进行体验使用。

实现这个小型构筑物的方式不是直接采用现有的结构体系进行设计，而是从材料测试和节点设计开始，逐步探索新的结构应用的可能性。虽然设立了明确的搭建目标，但课程并非成果导向，整个学习的重点，也从未离开对于材料和结构的关注。

材料和结构的测试研究与实际搭建，是课程中的两大部分。研究测试阶段对于培养建筑师对材料性能的认识能力、对材料研究方法的习得大有裨益。实际搭建阶段则更侧重于对于团队管理、合作分工、项目进度把控等一系列实际建造工作中的综合能力的锻炼。而两个学习过程都在对动手实操能力进行挑战。课程人数限制在了 30 人，每 10 人一组。首先从材料研究、制作小的节点模型开始。

一种思路是选取传统材料进行不同结构原型的性能探索，当其构件形状不同、构建方式不同时，便会呈现不同的结构特性。比如厚木板，本身非常坚硬，不易弯折，但当其两侧被密集地切开一定宽度的切缝之后，在材料不被破坏的前提下便可以在平面方向上进行弯曲，而这一性能更可以推而广之，在三维的体量中再进行测试和应用。不同木材、切口大小、切口疏密程度等对于可弯折的灵活度都有影响，都需要进一步通过做实体模型来进行研究。而不同的节点链接方式的木构件，可以发展成完全不同的结构形式，例如榫卯、拴接、铰接等。

▲ 通过节点模型对材料力学特性进行探索

在熟悉的结构形式下，我们寻找的创新点则转移到了新材料的选择上，这就有了另一种材料研究的思路。提及建筑节点，“舒适区”内的选择都集中在金属构件上，而我们的创新点恰恰在于我们没有选择传统材料制作节点，后文中的“建造过程”中有更详细的记录。与材料测试同时进行的是结构找形，也是对于所要求的“空间”的概念性设计。

▲ 结构模型

技术上，参数化设计软件的发展，使设计师们对更复杂的形体、更精密的节点和材料的利用效率都有了更高水平、更为准确的控制。我们被鼓励使用参数化的手段进行结构找形的研究。基于从材料出发的思想，我们在模拟结构体的同时更要考虑材料的特性及其局限性，应用材料特性的同时接受材料固有的“缺点”，在局限性里寻找创新的可能。而正是这样有条件性的探索，所谓的局限性往往成了创新应用的重点。

课程安排每周一次汇报，重要的阶段性汇报由结构工程师等相关的专业顾问作为评审。通过每周的小组讨论、成果的收集整理，结合老师的意见和点评，我们逐渐找到了自己的研究方向，开始进一步将材料研究的成果与结构上的概念设计进行结合。

更为重要的是，课程中每周一次的讲座或参观交流机会，为我们提供了许多非常有价值的参考资源。这些课程安排都对不同阶段的工作进行针对性的指导。从前期的结构原型介绍、材料供应公司参观、参数化软件技术交流、团队管理资料整理收集技巧介绍、营造工作坊的参观，到中期的细节节点深化讲座（主讲者包括结构工程师、有丰富相关经验的实践建筑师等）、室内细部设计工作室参观交流等，以及后期搭建阶段进行的各类操作方法教学，最后还有团队项目的归档、展示等工作的介绍。所有的课程资源都非常有价值，我们的成果最后能获得一些肯定，很大程度上是由于对课程资源的良好利用。

▲ 搭建现场

最后的课程阶段是搭建。搭建阶段首先需要解决不断碰到的实际建造的技术问题，要求团队充分计划好施工时间，在有限的建造时间内寻找新的、有效率的施工方式。第二，要在有限的预算内购置所有需要的材料，寻找材料赞助商不失为一种好的选择。同时，还要学习与不同项目建造相关部门进行有效的沟通交流，协调好场地使用时间（包括搭建时间、展览时间、拆卸时间）、项目建造形式的合法性和安全性等。主要需要联络的包括建造场地所在地的各个管理部门，与场地管理部门的协商交流过程往往也会对项目最终的建造方式、建成形态造成影响。2015 年的课程项目场地就在哥伦比亚大学校园内，因此需要涉及的部门主要是学校内的管理部门，包括校园安保部门、防火部门、校园用地管理部门及学院行政部门等。

相较于最初的教学目的更侧重团队合作去完成一个完整的“从设计到建造”的流程，FPSS 课程已经愈发成熟和偏向于对于新结构体的探索，和对互动、展览型小型构筑物可应用性的研究。因而，课程近期的关注方向是扁平封装、便于运输和易于收纳的结构体研究。

▲ 夜景

DESIGN METHOD AND PROCESS
02 / 设计过程和方法

传统意义的结构是固定的、死的，这是因为它们的节点是固定的、死的。灵活的节点对于未来结构的发展和参数化设计的实现是至关重要的课题。

▼材料

结构创新在于节点，节点创新在于材料。我们对橡胶、硅胶、木头、纸管等一系列材料进行测试，设计了不同形式可动的灵活节点。由木头制作出来的灵活节点脆性很大，可承受的扭力很小。最终选择了浇铸硅胶制作成的软性节点。硅胶相较于橡胶更加柔韧，并且比纸和木头的吸附性更强。纸管比木头要轻得多，这就可以大大减少整个结构的自重，从而减少建成后整体结构的下沉程度。更有利的是，因为纸管是中空的，我们可以把互动的电子元件隐藏在里面。但是，中空纸管的接触面却是有限的，不足以和硅胶形成强度高的连接。因此我们设计了另一种零件——暗榫来抓紧纸管和硅胶，更有效地提高了节点的力学特性。

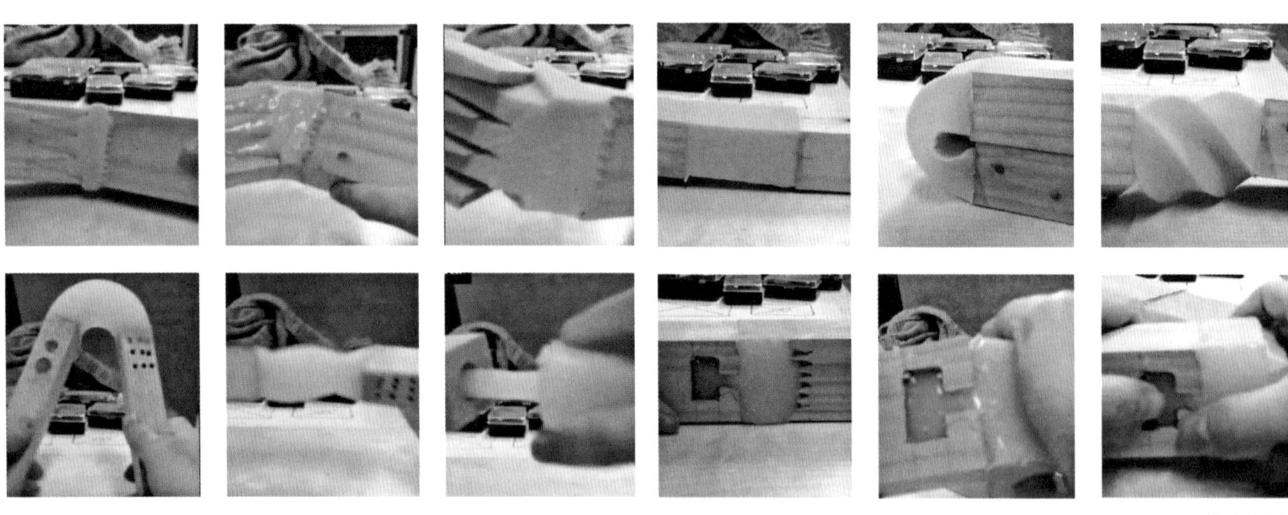

▲ 节点探索

经过一系列单元节点测试，我们制作了等比例模型，进行模拟测试，深入了解硅胶节点结构系统的特性。对于节点我们尝试将纸管直接和硅胶浇筑在一起，但这种直接浇筑连接的方式对于真正建造搭建是不现实的，预制节点的概念成了改变整个搭建逻辑的一个关键点。另外，等比例模型的灵活性完全超出了我们的预计，需要更稳定的结构系统控制和支撑硅胶的节点。

▼结构

我们开始用 QQ 糖和牙签做一些结构模型测试组装的顺序以及结构稳定性和灵活性之间的平衡。三角形单元是一种稳定的二维结构，但是在三维中就需要用一个支撑结构在第三个维度起支撑作用。双层结构系统，或者说是桁架结构太过坚硬，而且结构之间的空间是不可达的，是一种对空间和材料的浪费。对于单层结构系统，我们用支撑结构连接两个三角形单元，从而形成了一个菱形单元。菱形单元交错连接起来，我们相信这种结构能够维持灵活性与稳定性之间的平衡。

最终确定罟埆(GUME)的结构是一个使用标准化节点的参数化结构。罟埆结构系统中有三个主要结构成员。穹顶层是用标准化节点连接不同长度的纸筒预组装完成的。底部基础使用的是固定在地面的、被弯折到固定角度的铝管。在场地上的搭建过程，加入支撑结构使整个结构站立起来。另外，我们还有一个备用的支撑结构，在结构外部使用绳子提供拉力，可使结构更加稳定。但是最终建成模型没有使用这种支撑结构，也能稳定站立和摇摆。

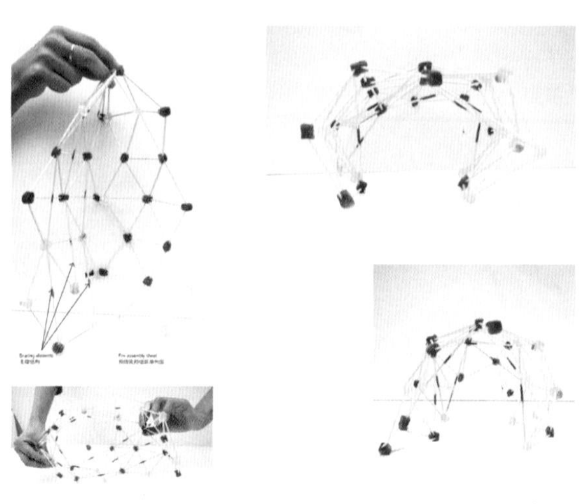

▲ 结构模型

为了解决因结构自重导致的下沉和不稳定的问题，我们使用袋鼠插件 (Kangaroo) 的反重力模拟功能确定最终结构形态。在确定平面形状和节点数量之后，计算机将优化结构形态并给出所有纸管的长度。

整体结构是由三个拱形组成的。罟埆由三个入口，三个完全相同的侧面。杆件包括了纸管和铝管，连接件包括了各种种类的硅胶节点。为了使结构稳定站立，结构系统是中心对称的。但是，为了使结构灵活可动，我们根据现场情况删减掉了一些支撑纸筒。这是一个很有意思的稳定性和灵活性之间的平衡实验。

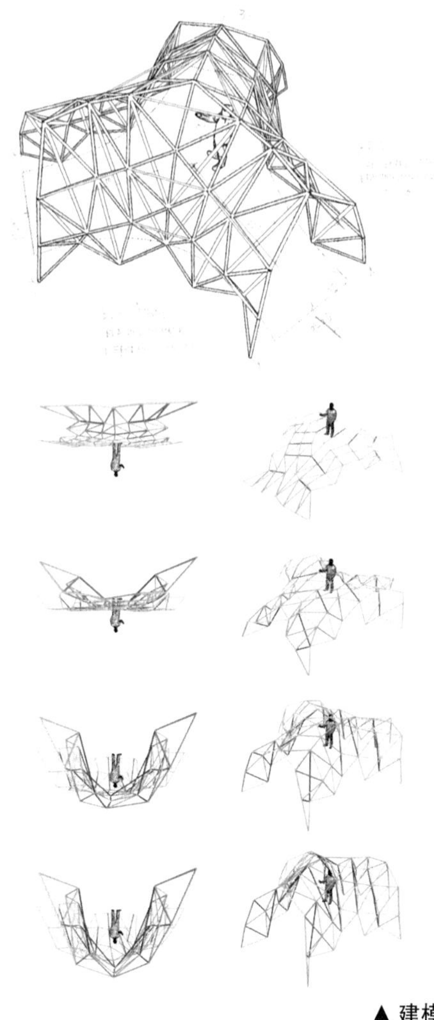

▲ 建模

结构互动是我们对于罟坶最初的设计理念。作为一个结构装置，和整个结构的互动是前所未有的。作为一个结构系统，它的潜力将是无法估计的。它的灵活性，抗震性能，缓冲性能都值得做进一步的研究。

▲ 1：1 模型活动性实验

▼节点设计

我们设计了两种不同尺寸的木榫来作为硅胶和纸管之间的连接。节点分为三类，底部节点四种，支撑节点两种，标准节点一种。这些木榫和节点都是预制和标准的。

模具的设计和做工的好坏决定了节点是否能实现我们预期的设计。计算机数控机床可以很容易和精确地切割木头和泡沫。通过使用数控机床（CNC）技术，我们可以制作多种模具。为了能方便倒模，我们将模具设计成两个部分，并加入了几对榫卯，以使两部分紧密地咬合在一起。上面一半的模具有两个孔洞，一个是灌硅胶液体的洞，一个是排出空气的洞。雕刻成型之后，模具需要打磨光滑，以避免在浇筑过程中出现渗漏的情况。使用数控机床制作成的模具，可以批量浇筑节点，再经过预组装的过程，可以在场地快速搭建完成。节点本身是标准化的，灵活的，所以可以完全实现参数化设计对节点的要求。

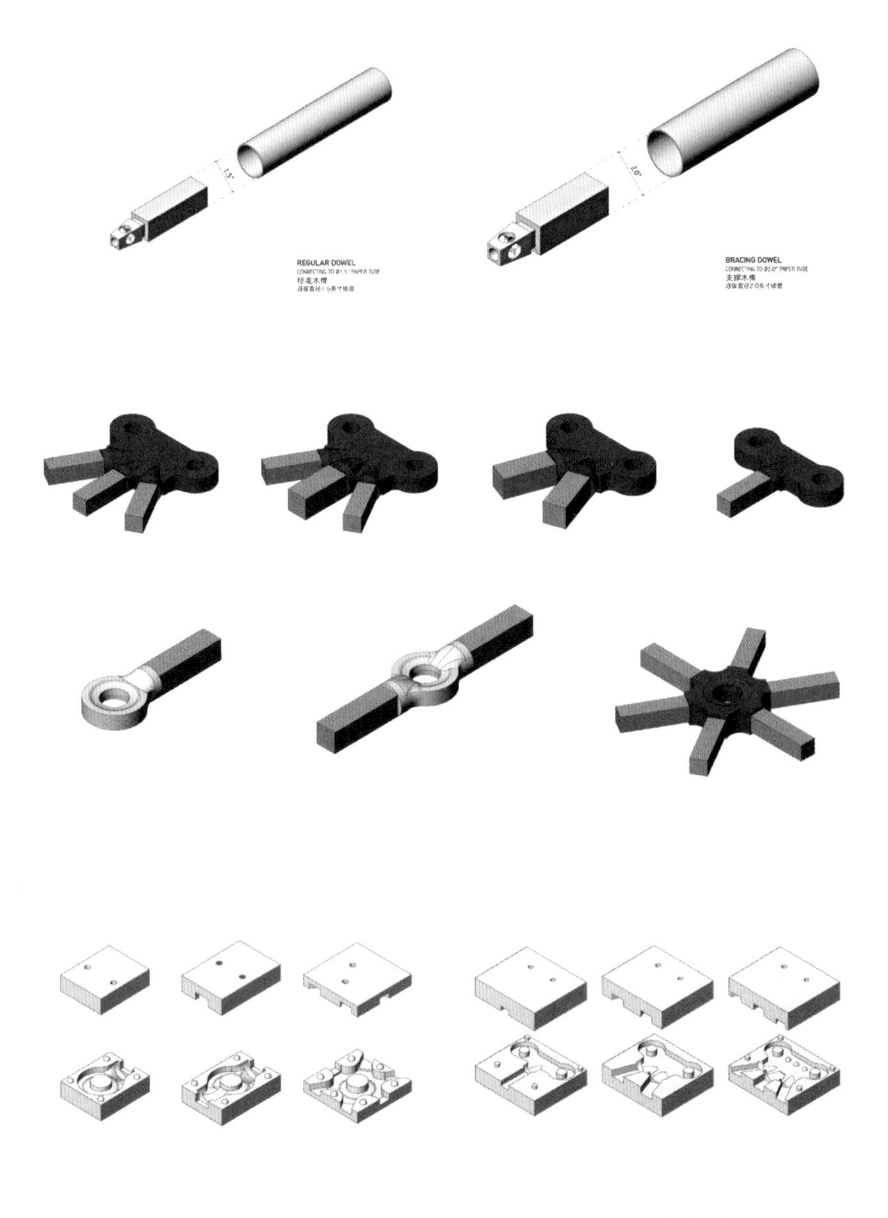

▲ 节点模型制作和模具

▼搭建过程

第一步：预制零件。

1）纸管防水处理。
2）声光互动电子元件组装。
3）木榫切割制作。
4）标准节点模具——木材。
5）支撑和底层节点模具——泡沫。
6）浇筑。

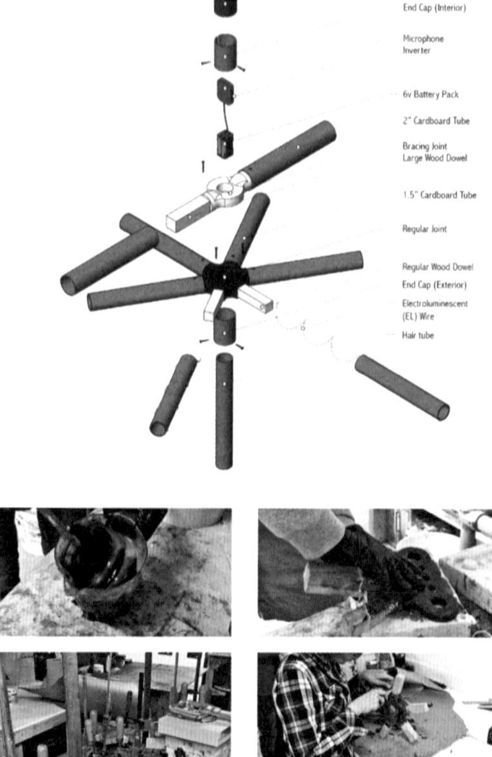

第二步：预组装。

将标签对照表上的八个部分预组装起来。这个步骤包括了安装电子元件和将支撑纸筒的一端先连接到指定位置。

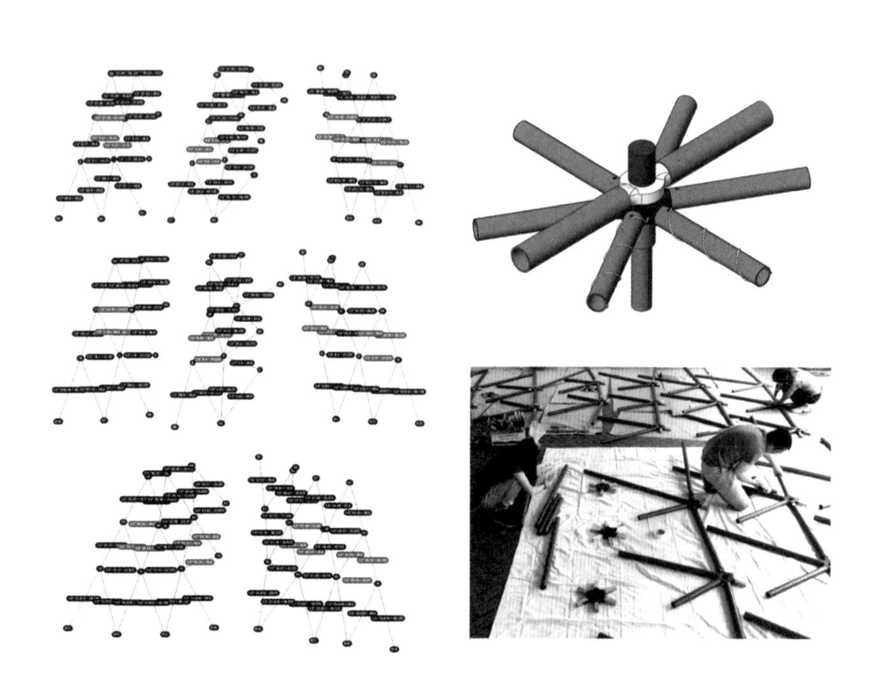

第三步：现场组装过程。

将预组装好的八个部分搬到场地上，将支撑纸筒的另一端连接到相应位置，撑起整个拱形结构。三个拱形部分依次组装好。最后我们把这三个拱形连接起来。罟坶小怪兽就这样站起来了！

罟坶是一种新的建筑结构，更可以说像一种活的物体。一般意义上的建筑物都是死的，静止的结构，而罟坶是活的。就像一个有灵活关节的骨架一样，这同时也意味着罟坶不可能是完美的稳定结构。事实上罟坶是可以和体验者在互动的时候摇摆和晃动的。它的表皮会缓慢变化拉扯和收缩，骨头会发出咯吱的响声，它的触须会颤抖。罟坶可以根据任何环境生成出合理的结构而站立起来。

▲ 搭建过程

EXPERIENCE
03 / 个人感受

FPSS 课程通过对材料、结构的探索，以快速搭建小型构筑物为最终成果要求，使学生能参与一个完整的建筑实践过程。该课程对于“设计”问题，更强调“从理论到实践”的跨越，通过一次次的实践测试去解决初步设计在实际建造中出现的各类问题，从而达到真正优化设计的目的。而与之并重的是团队合作，十人工作组的人员工作分配、实际建造中的工作流程设计，都在不断的磨合中逐渐调整得合理高效。罟坶小组以可动节点的设计为出发点，进行了材料研究、结构探索和节点设计，最终完成了罟坶互动结构体的搭建。对设计的热忱和创新的渴望则是团队共同协作的原动力。我们相信，罟坶可以成为史无前例的结构语言，并能为实现参数化设计提供新的方法。

1.

团队先后研究了不同材料的结构灵活性和材料之间的结合能力，最终选择了硅胶浇铸节点和带暗榫的空心纸管为整体结构的主要构件，在节点灵活性和结构整体自重之间求取平衡点。对整体结构的参数化测算帮助我们在确保了结构整体稳定的同时，也保留了可动节点的灵活性。在实际测试过程中，我们逐步确定了“预制节点 - 现场搭建”的建造逻辑。在最终建造阶段，整个团队合理高效的分工合作保证了作品的成功搭建。

2.

一个学期的时间非常短暂，其间很多概念和设计都因为时间原因没有办法实现。毕业展览之后，我们联系了纽约虚构（FIGMENT）展览的策展方，又让罟坶在总督岛（Governors Island）上进行艺术展览。2015 年 12 月参加“深圳城市 / 建筑双城双年展”，在教育区展示了罟坶的视频与文本资料，并受到许多专业人士的关注。同时我们开始了罟坶 2.0 版本的设计。

▲ 团队合影

FINAL
04 / 成果展示

REVIEW
05 / 学者点评

西安建筑科技大学

叶飞

国家一级注册建筑师，
西安建筑科技大学建筑学院教师，
Teemu Studio 合伙人。

对材料、构造、结构的全新探索需要处理这样一组关系：既不能有太具体的限制，因为会影响多种可能性的探索；又不能让没有经验的学生无边际摸索，因为在有限的时间内找不到指向可建造的组合。哥伦比亚大学的这门课程在教师配置（两位老师都是经验丰富的实践建筑师）、结构原型讲座、材料公司参观、软件技术交流、营造工作坊参观、节点深化讲座等一系列周边资源的配合是课程成功的关键。

本份作业是一个在课程框架内探索的成功案例，从多种材料的组合、节点测试和修正、结构受力的模拟计算、最后的加工和搭建，直到后续的展览和拓展设计，都可以看到学生收获满满。虽然存在一些比如成果对题目要求的冥想空间的表达性不足、关于能动性部分缺乏必要控制、灯光和环境缺乏互动这样的瑕疵，但是成果已经很精彩了。

国内高校也有“实体搭建”“建造节”等类似的课程或活动，但是在过程中缺乏上面提到的一系列周边资源的配合，让这些尝试流于“纯艺术性表达”的表面，失去了对材料和建构的深入探索，是值得注意的问题。

独立建筑师

俞挺

博士，教授级高工，国家一级注册建筑师，上海现代建筑都市院总建筑师，Wutopia Lab 创始人，Let's Talk 创始人，城市微空间创始人，旮旯联合创始人。

题目让我小激动了一下，结果还是一个棚架，这十几年来世界各地的学生贡献了数以千计的棚架，参加了数不清的展览，存者寥寥。这基本在于指导老师对建筑学的认识粗浅而浪费了学生的才华和热情。如果从学生亲身动手测试材料以及试验结构形式来看，是非常有必要的，但未必需要这样的课程来实现。

南京
林业大学

耿涛

南京林业大学艺术设计学院室内设计系系主任、副教授，东南大学建筑学博士。
主要从事公共建筑、景观及室内空间设计，并聚焦设计媒介、设计方法及设计传播理论研究。

跑动、怪兽、冥想空间、活动节点等古怪、有趣的字眼不禁让我想起彼得·库克（Peter Cook，1936~）与那9期半《建筑电讯》杂志（Archigram，1961~1974）。杂志中那些炫酷的语汇、画面和版式使20世纪70年代关于“插接城”（Plug-in City）“步行城”（the Walking City，1964）等畅想概念跃然纸上。

尽管“怪兽”只是哥伦比亚大学一门建造选修课的作业，但与“建筑电讯小组（Archigram）”天马行空的“未建成”同样野心勃勃。结构体系与活动节点的创新是探索的焦点，柔性节点材料的选择使得该构筑物获得了完全另类的空间体验。从教学的角度而言，给我最大的启示有两条：尽可能深入地完成一个作业要好于在相同课时内急赶慢赶地做几个作业；课程结束后坚持通过参加各类展览将探索延续下去、将观点传播出去，从而获得更深入的思考与更广泛的反馈。

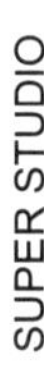

哈佛大学 **肖蔚**

本科：华中科技大学

硕士：哈佛大学建筑 March II 专业

关键词

流动，哥特，生活场景

哥特结构的光和优雅

哈佛大学 / 瑞可 · 乔伊设计课程（Rick Joy Studio）

学习建筑以来，一直将自己定位为一个较为感性的设计师。相较于建筑酷炫的形式、严谨的逻辑抑或是前卫的概念，我更关注建筑与人精神层面的互动：建筑如何回应场所精神、建筑如何解决使用者的问题、建筑如何给社区生活灌注新的活力。相对来说，我更欣赏那些有情怀的建筑作品与建筑师们。

于是，在这学期选设计课的问题上，我选择了一个在美国普遍被认为"有情怀的建筑师"——瑞可 · 乔伊（Rick Joy）的设计课程，希望通过向这位在美国已是非常成功的建筑师学习，更好地理解如何将生活经历转化成真真切切有品质的空间，培养自己对设计的品味。更希望在第一个学期里，停下不断扩张知识的脚步，静下来自省自己的内心，思考自己在未来于设计界的贡献点究竟在哪里。

STUDIO INTRODUCTION
01 / 课程介绍

▼教授

瑞可・乔伊（Rick Joy）在国内并不是一个很响亮的名字，网上相关的内容都少的可怜，但在美国的名流界却是一级豪宅设计师的代号。这么介绍，很容易让人想象瑞可本人为一个锦罗玉衣、西装革履的纽约客的形象。然如瑞可本人描述："每年我去四季酒店参加那帮纽约客的跨年派对的时候，站在一帮光鲜亮丽衣冠楚楚的纽约客之间，我就穿一身运动夹克和跑鞋，真心觉得我不属于他们。" 大概这也解释了为什么在现在事务所如此成功之后，他依然将事务所设置在图森而不是像很多事务所扩张惯例一般搬去纽约。所以如果要总结一下这位教授，"性情"大约是最好的注解。

普林斯顿大学火车站是他近期的一个项目，也是毗邻我们设计课程基地的一个重要建筑节点。设计位于普林斯顿大学学生中心（Art & Transit Project），毗邻斯蒂芬・霍尔（Steven Holl）⊖的作品路易斯艺术中心（Leuis Center for the Arts）。延续瑞可一贯的再现与对话当地文化的思路，他的火车站主要关注于两方面，一方面是整个校园里哥特式的建筑风格，另一方面是关注创造一个有社区参与的、有亲和力的公共空间。瑞可其实是一个非常感性的设计师，相较于设计中很多逻辑的、可表述的事物，他更关注于设计所创造的生活场景，一种基于地域性、文化性，却是又被设计师引导的、有情怀的生活场景。

▼课程

瑞可操作设计课程的方式更像是在操作他的工作室，像一个传统意义上的作坊，而不是一个系统的教学体系。我们的教学框架大致是，首先两周研究基地和挖掘兴趣点，然后设计课程的实地考察是去凤凰城和图森细致参观和研究他本人的作品，最后通过从他那里得到的灵感与思路，再根据我们自己个人的兴趣发展个人的方案。我个人认为，从工作方法上来说，这是一个有些传统的设计课。从设计思路上来说，这是一个非常传统的作坊，意味着学生事实上在做着老师风格的发展与再现。从成果上来看，我们组许多小伙伴的设计多多少少都贴上了瑞可风格的标签。就像是现在的扎哈的老战友们做出来的设计几乎与扎哈本尊如出一辙。

下面是我们在图森参观的他的沙漠住宅之一，他给一位石油界百万大亨做的冬季住宅。坐落在广袤的沙漠之上，独享 360° 沙漠景观，干

▲太阳谷度假屋（上）
普林斯顿大学火车站（下）
来源：http://rickjoy.com/Rick-Joy-Architects

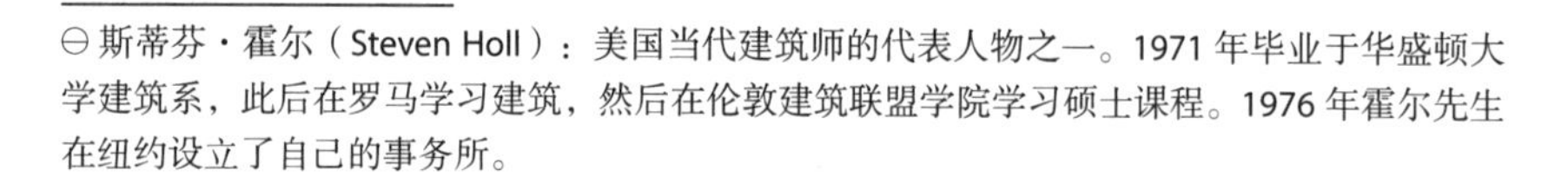

⊖ 斯蒂芬・霍尔（Steven Holl）：美国当代建筑师的代表人物之一。1971 年毕业于华盛顿大学建筑系，此后在罗马学习建筑，然后在伦敦建筑联盟学院学习硕士课程。1976 年霍尔先生在纽约设立了自己的事务所。

燥的环境里一方水池通向天际，空间和材料的处理非常细腻而动人，低调又震撼。豪宅之豪，并不体现在“贵”，而更是体现在设计师和业主都有着极高的品味和极好的修养。

另一点值得一提的是，瑞可本人即是亚利桑那人，本科是在亚利桑那州立大学完成，交流之中也不难发现，他对亚利桑那的沙漠地景及文化有着极其深刻的思考与真挚的感情。常常在上课中，他可以侃侃而谈一小时沙漠中阳光的变化给人带来的精神体验，谈到大家都泪流满面。在这个项目中，他本人提到，他很感兴趣于创造一个在这样一个沙漠文化的大背景之下，加入一些调皮的想法。比如在下图泳池上的长条形走秀T台上，面对眼前的落日和峭壁，将是怎样一种新的社交体验。我们参观时，住宅的主人恰巧正在，他也表示，他最喜欢的空间便是这个沙漠泳池，他甚至会常常邀请超模来这里走秀或是跳舞，煞是享受。

再说到设计课程本身的题目，我们设计课程的全称叫作“复兴”：一个新的普林斯顿社区中心(Resonance: A New Community Performance/Meeting Place for Princeton ）。简单来说，就是在普林斯顿大学做一个关注社区的、给聚会用的公共空间。而瑞可在把握设计上也是相当的开放，具体的功能、大小、高度都没有限制，完全放开规定，让我们按照自己的想象自己去发展。一直被强调的，是人们要在这里得到的令人惊喜的生活体验。

▲太阳谷度假屋
来源：http://ventanacanyonhouse.com/

DESIGN METHOD AND PROCESS
02 / 设计过程和方法

▼概念

个人一直对哥特式建筑的历史、理论和形制很是热爱。这次的设计场地是普林斯顿大学，美国最古老的校园之一，其中哥特式的拱券几乎成了校园的标志，我也有很大的激情去再现与诠释这个校园的风貌。

尽管从建筑史上来说，“哥特”这个词多少有些负面的意味，但事实上，中世纪后期哥特形式的寓意并非是消极而负面的，反而具有流动状态的特点。即哥特式并非一种固定的形态，而是表现出一种状态，一种过程，是历经中世纪漫长思想禁锢过程后人们开始对世界重拾思考的迹象，可能体现了一种“虽然真理永不可得，但仍旧要追求不息”的精神。

18 世纪，英格兰率先开始了一连串的哥特复兴，蔓延至 19 世纪的欧洲，并持续至 20 世纪，主要影响教会与大学建筑。那么为什么普林斯顿大学这样的美国的名校中，哥特式建筑备受青睐呢?

当年，美国的大学一向深受牛津大学和剑桥大学的影响。日后的常春藤联盟那时还都是学院，以牛津剑桥为楷模，欲兴建四边形的建筑群。即使当时的建筑开始向“哥特式”看齐，却决非历史上的“哥特式”。12 世纪和 13 世纪的建筑师想要解决一个工程问题：如何使建筑结构尽可能高大，却将墙壁的负荷减至最低。他们设计了彩色玻璃窗和飞扶壁，使建筑物能够更高，再加以尖顶、尖形拱门，以及正门的装饰为特色。

“哥特风格的含义随时代而改变。”普林斯顿大学艺术博物馆研究员希森文如是说。维多利亚时代的人效仿哥特风格，学得拖泥带水，混合了多种风格和特色。“伊斯兰式的东西、拜占庭式的东西都可能会被扔进去。”希森文表示。这是 1860~1870 年的维多利亚式哥特风格，是一种杂烩。而学院式哥特风格出现于维多利亚时期之后，更为精确。这种风格更直接仿效牛津和剑桥。

有时候风格的选定是出于文化的考量。1896 年，普林斯顿（当时还是新泽西学院）的董事决定该校应该成为世界一流的研究机构，因此校园所有新的建筑物，将采用学院式哥特风格。普林斯顿扬弃了前一个世纪的杂烩风格，严格效仿剑桥和牛津。

时任普林斯顿大学校长的威尔逊，有句现在广为人知、关于哥特风格复兴的言论：“我们新的建筑物采用了都铎哥特式风格，借由这种简单的手法，我们似乎把普林斯顿的历史增加了一千年。”通常引言就到此为止，但事实上还有下文：“……仅仅是把这些线条加在建筑物上面，就能将每个人的想象导向英语民族学习的传统。”这种种族文化必胜心态被认为是哥特风格的“负面弱点”。

由此可见，普林斯顿大学对哥特式建筑的复原和追求，正是这个学校文化中对精英文化偏执的追求所致。而哥特式的作品，被认为正是精英文化的最佳代表。而在我们的课题中，我们却更关注于这个项目在社区中所能创造的平等、交融的文化氛围。并不是打破这种精英文化的壁垒，而是试图释放这种精英文化，让这种文化不仅仅是停留在校园围墙中，而是将这种文化中对艺术的追求、对交流的关注解放到社区中去。那么如何运用这种精英文化下的语言去诠释我们所意欲表达的大众文化，成了我们要挑战的课题。

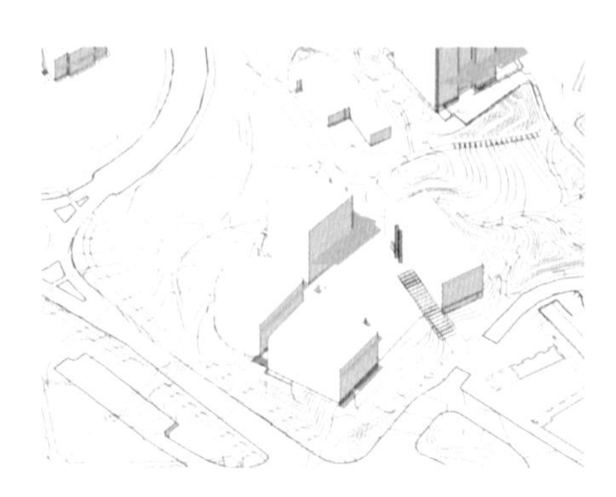
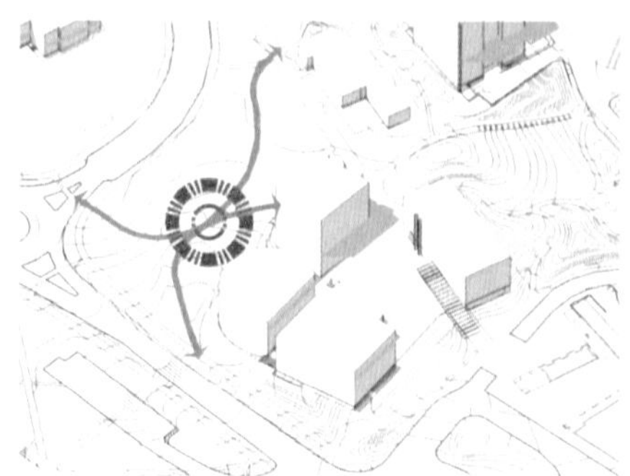
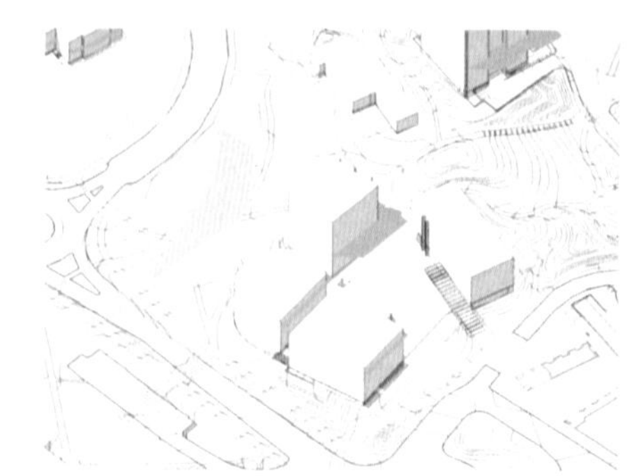

▲平面发展

▼平面—流动

基地本身处于一个校园与社区互相流动的区域。在基地观察中，我们发现，人们来来往往，行色匆匆。交流被限制在熟悉的领域，信息在已知范围停滞。

于是，在平面设计上，我们仍然保留基地原有的流线，在流线的交汇处创造交流的发生。尝试通过“流动”的手法，来创造空间“停留”的可能性。听上去像个悖论，却是我们想在这个项目中所必须探索的。

就像是一个住在社区的女孩，下午工作归来，哼着小曲想穿过这片草坪，走着走着不经意间走到了这样一个设定流线中，不经意地发现这个空间里有一场精彩的表演，不经意地发现旁边一位来自普林斯顿大学的学生原来也是这个乐队的粉丝。

又像是一个普林斯顿大学的学生，本是行色匆匆地想跨过这片草坪去图书馆，走着走着不经意参与了这个流线，不经意地路过了一场路演，又不经意地与一位住在附近社区的女士进行了一次愉快的粉丝交流。

之后，他们又各自沿着原来的流线离开了。也许以后会再见，也许不会。但重要的是，他们在这个节点度过了一个愉快的下午。这就是我想用我的设计讲的故事。

流动，文化在各自圈子里繁荣。

▼竖向—拱券

我们研究哥特式拱券的几何形式、比例、关系，去了解如何用建筑的手法来诠释“哥特”的空间和思想。通过与瑞可的讨论，我们认为我们需要的不是做一个哥特式的建筑，而是去用现代建筑的手法诠释哥特式建筑的气质，去用这种气质激发更多的社区活动来参与精英文化。

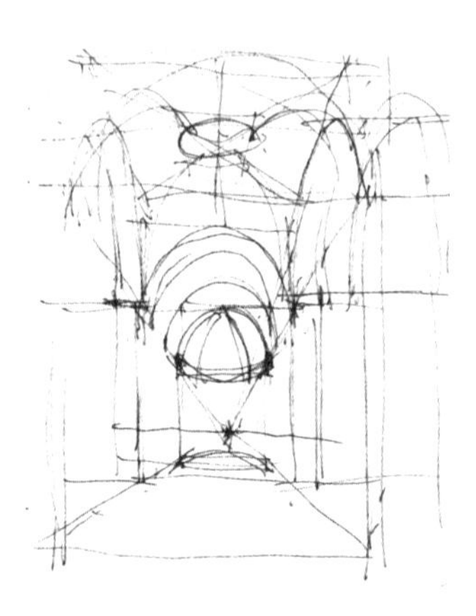

▲哥特几何研究

▼切入一结构

那么哥特的气质是什么？我们总结为光和轻（Light and light）。

追溯哥特式建筑的起源，事实上是由于当时的教堂建筑普遍由厚砖石建造而成，体量大，开窗难。最早的想法是教会希望在建筑中引入更多的光，解放黑暗的空间。那么由此想下去，需要更多的光意味着更自由的开窗，意味着更轻型的结构体系而不是罗曼式建筑中较为厚重的材料和构造。于是，哥特式建筑独有的、较为轻盈的框架结构被逐渐应用。

那么这样考虑下去，建筑的结构设计成了我们这个项目语汇中最重要的一个部分。

▼整合

用原始的哥特结构体系作母体，为了让每个结构单元更轻盈一些，让单个结构单元做乘法，移动数单位进行重复，得到我们所希望采用的更密的、更细的结构。然后将这个结构加诸前面讨论的平面上。

▼深化

考虑到新泽西州较高的纬度，探索双层表皮与这样一个新哥特结构结合的可能性以及这种双层表皮带来的空间与活动的新关系。

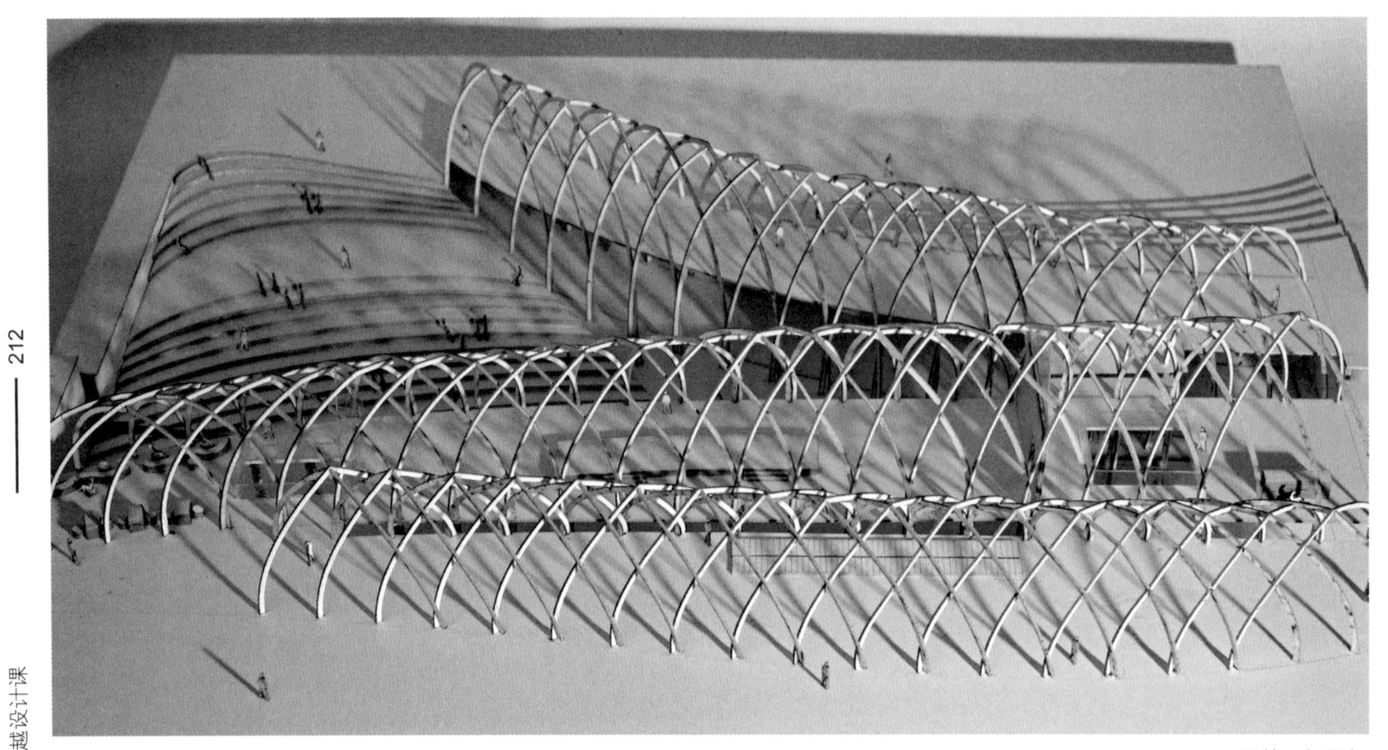

▲哥特几何研究

继续深化，保留中间的主要流线作为永久建筑结构，而其他的次级流线作为临时装置性结构，提供临时的、可变的活动场所。下图是对这样一个体系的一个简单的细部设计，如图中可以看到，中间的空间是有自身的建筑结构的，而两边的附属流动空间则是临时的构架。

主体的结构体系是手工模型中的重复的拱券，而在拱券之下有与之结构脱离的另一层更轻的拱券结构，既提供热力学上保温的支持，也作为室内空间设计的构成元素。

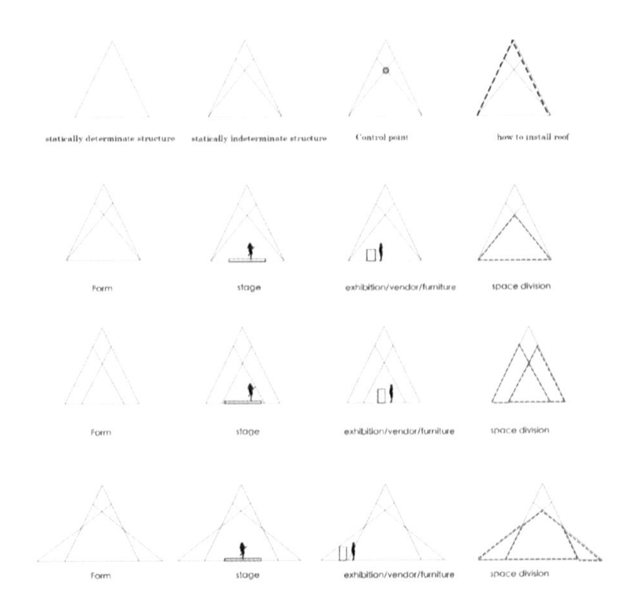

▲结构与空间

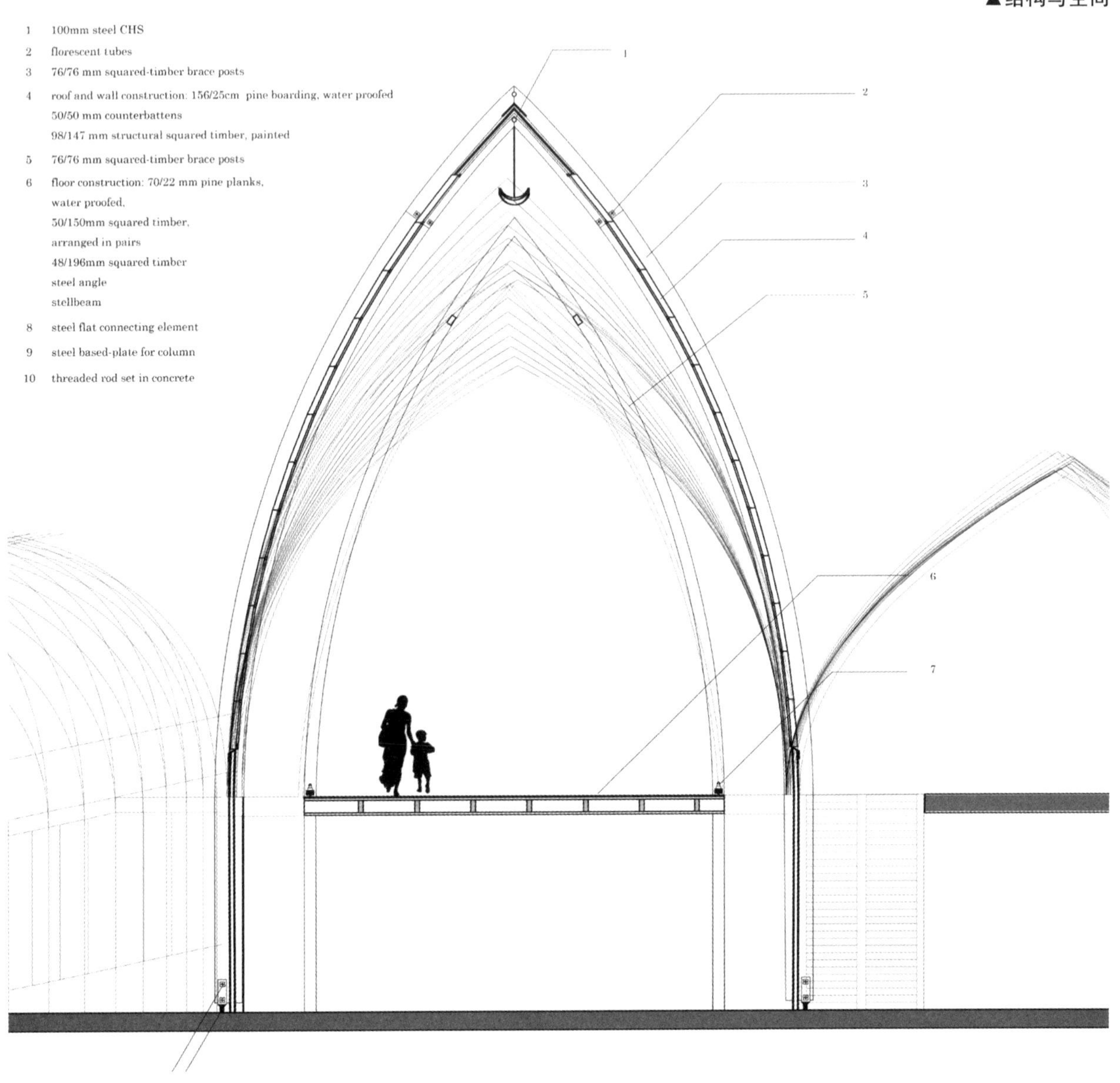

▲剖面

城市设计上，将场地视为由这些“流”所限定的停留空间，我们尝试用很柔和的方式来将人们引入我们设定的这种“流动”之中。

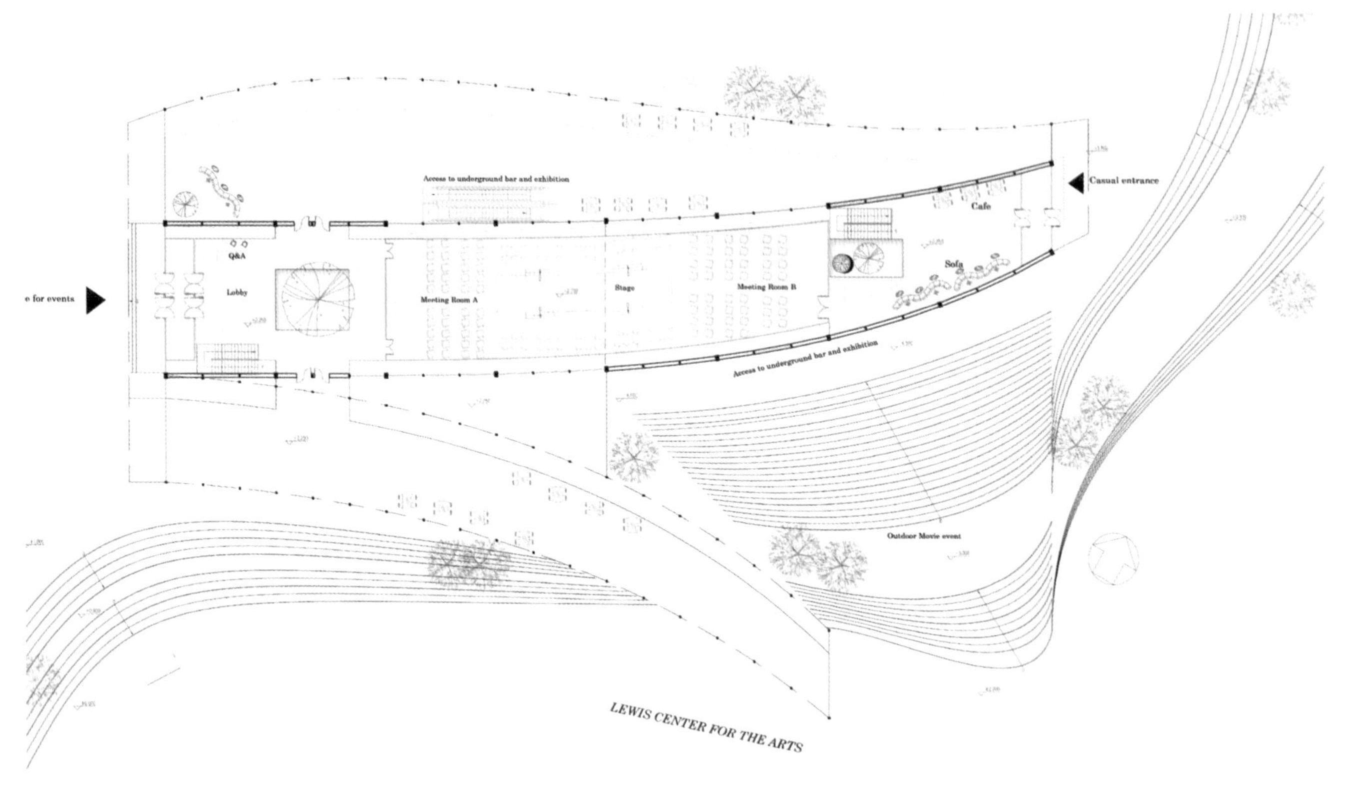

▲平面

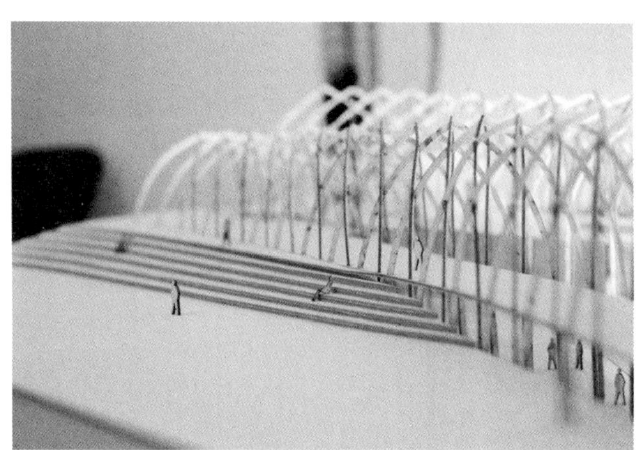

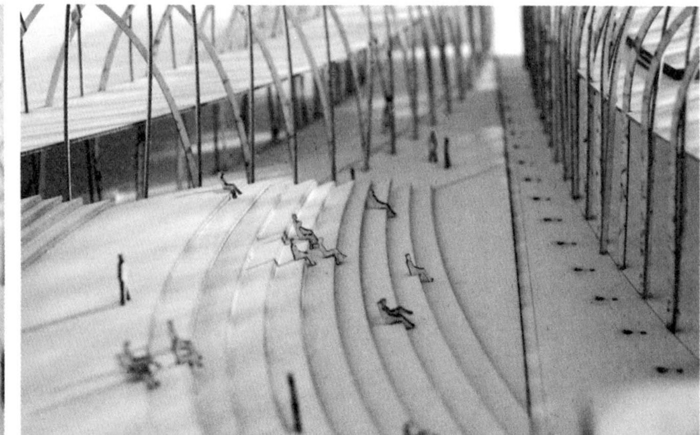

▲场地

EXPERIENCE
03 / 个人感受

瑞可最喜欢用的一个词就是生活场景。他说到，有时自己甚至会被脚下一块裂开的砖所感动，看着看着觉得这个砖裂在这里怎么这么美，于是在设计铺地的时候一定想着要把这份感动融入进去。

诚然如此，做设计就是再现你生活中的情感瞬间，如果你自己都没有被感动过，你怎么知道如何去感动别人呢？并不是什么很深奥的道理。但这种听上去像是一个理想主义艺术家的人生态度，最难得的是他真真切切地实现了这种理想主义。

对于瑞可在设计领域的成就，我认为最可圈可点的依然是品味二字。在他所有的设计中，我们看不到华丽的装饰，看不到昂贵的材料，也看不到酷炫的技术，一切都简单却惊人。我将这些归根于他本人的经历深深植根于沙漠文化的缘故。正是因为他有深刻的理解，所以他才能震撼地再现。

1.

保有着自己对建筑最初的感动，并通过设计将这份感动传达给我们的观众吧。

2.

对于空间体验这个话题来说，我认为抛开这些抽象思维、定义性词汇，去关注真正影响空间品质的实物是至关重要的。

3.

教学，更需要的是一个体系，一个框架，让小组的每个人在这个体系下获得更多的信息，得到更大的参与度。这一点是这个设计课教学方式上所缺乏的。

因为他在豪宅设计中独特的品位被越来越多的人青睐，美国名流们诸如汤姆·汉克斯、乔布斯家族都纷纷委托他做自家的住宅。很多都被瑞可拒绝了。据他自己说，有的人，比如汤姆·汉克斯，在委托后却表示自己由于工作繁忙而没有时间与设计师交流；而瑞可认为，一个与客户缺乏交流的设计一定无法成为一个好的设计，于是婉言拒绝了委托。而还有些人他拒绝了，纯粹因为他实在不喜欢那人。

说穿了，所谓品位，其实就是一种近乎单纯的执念。

FINAL
04 / 成果展示

▲室内场景

▲场地拼贴

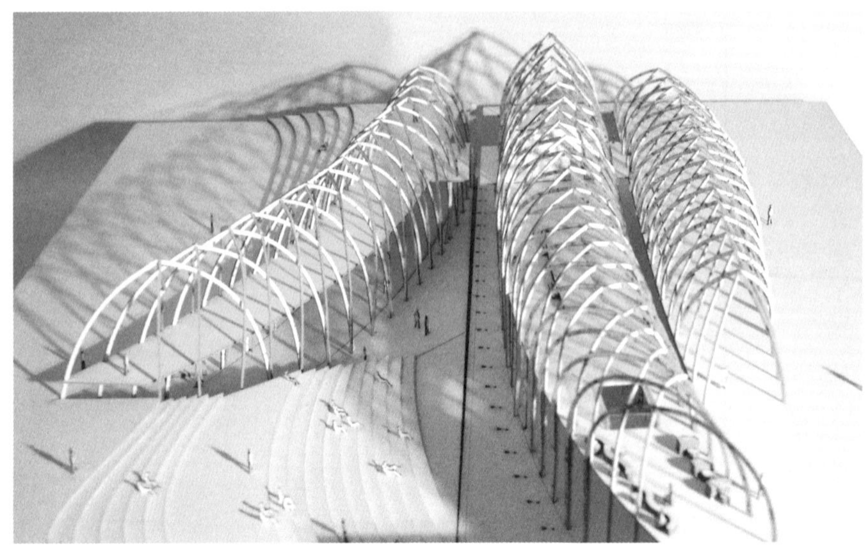

▲场地模型

▲模型剖面

REVIEW
05 / 学者点评

东南大学 鲍莉

东南大学建筑工程学院副教授、博士、硕士生导师。为“建筑设计”国家级精品课程和国家级教学团队主要成员。获得瑞士联邦高等工业大学博士学位，瑞士苏黎世高等工业学院博士学位。致力于城镇系统研究、绿色住宅区研究与实践、既有建筑绿色改造的设计与技术的研究。

瑞可·乔伊设计课程的教学更像是具有工匠精神的传统作坊，这是实践建筑师作为教授者的具有特殊优势也是惯常使用的教学方法。教授者基于自我的实践经验，传授灌输其认为重要的设计关注点及设计品位，如其对地域性生活体验的再现与解读，关注设计所创造的生活，基于地域性、文化性的生活场景。这是对教授者风格的发展与再现，但也需要鼓励突破与创新。

这类设计课程针对实践建筑师的培养也不失为一种有效的教学方法，通过职业建筑师的熏陶，个人工作方法与经验的传授，只是需要强化教育学层面的理念与方法，同时作为学生也应该不只是顺从，而是能有自我的理解与批判，跳脱与创新。

同济大学 童明

TM STUDIO 建筑事务所主持建筑师，同济大学建筑与城市规划学院城市规划系教授、博士生导师。
研究方向为生态城市研究，城市住房与社区发展，城市公共政策理论与方法，建筑设计与理论。

说实在的，建筑是否采用哥特式的风格与良好社区氛围的营造并不一定存在必然的关系，高耸的尖券式的结构与室内的光感效果也未必存在一种因果关系，这可能更多取决于为表达光感而采取空间限定，为此所进行的开孔方式，以及观察者在这种空间中接受光的状态。设计方案虽由此介入，但却非常有意思地完成了一系列围绕建筑结构所进行的复杂操作，在此过程中形成的斜向交叉的拱券，以及沿着平面弧线形成的动感空间却是非常有趣，所投下的光影效果虽然与设计概念中所提到的那种神圣光感有所不同，但的确可以为一种公共性的氛围提供一种有趣的背景。

华南
理工大学

肖毅强

工学博士，教授，
华南理工大学建筑学院副院长，
亚热带建筑科学国家重点实验室设计科学实验中心主任，
全国高校建筑学专业教育评估委员会委员，
《南方建筑》杂志副主编，
国家一级注册建筑师。

西方教育系统中教授负责制的设计课程不可避免地带有浓重的教授个人色彩，笔者选择的主持教授非常典型——一个充满个人情怀的成功职业建筑师，题目也是典型的建筑项目——有场地语境的公共建筑。课程中，导师成了标本，通过其阅历、为人、作品等理解建筑设计方法和价值观，从而得到对建筑更全面和深入的理解。当然，这并不是国内设计课程的典型语境。

可以看到，设计成果要驾驭好场所、空间和结构的关系是非常困难的，面对约束性不足的设计问题需要设计人极高的悟性，“套路式”的思维定式尤其可怕。教育贵在提供足够好的条件并给予自由，让受教育者徜徉其中不断地选择适合自己的成长方式。对于年轻人而言，首先需要放下既有的烙印，能浸淫其中方可终有大成。

奥斯陆建筑与设计学院

张一楠

本科：东南大学
硕士：东南大学
奥斯陆建筑与设计学院（AHO）

工作经历：
东南大学建筑设计研究院

关键词
搭建，团体，机制

自发性的建造

奥斯陆建筑与设计学院 / 稀缺性和创造性设计课程

我刚到奥斯陆建筑与设计学院（The Oslo School of Architecture and Design），所参加的第一个课程设计名为稀缺性和创造性设计课程（The Scracity and Creativity Studio），是在智利瓦尔佩莱索（Valparaiso）实地建造一个室外小剧场，由教授克里斯蒂安·赫曼森·科尔多瓦（Christian Hermansen Cordua）和索尔维·珊尼斯（Solveig Sandness）带领和负责。在智利这个古老而美丽的海边城市为一个公益组织造一栋真实的房子，于我而言有一种梦幻感；在完整地参与到这栋房子由无到有的过程里，自己得以感性地认识到建筑的目标和它所涉及的诸多因素。从这一课程设计中也可以一窥奥斯陆建筑与设计学院教学的些许特点，如灵活以及注重手工制作等；虽然课程设计数目不多，但它们也都各有特点，并以此组成了简洁却多样的教学体系。

团队成员：安娜·格兰·贝尔瑞（Anna Gran Berild），卡罗琳娜·马丁斯（Carolina Martins），克拉拉·特里维迪·玛索（Clara Triviño Massó），伊娃·德·梅尔斯曼（Eva De Meersman），史富东（Fu Tung Sze），豪克·乔纳森（Hauk Jonathan Lien），艾达·耶勒·诺德斯特洛姆（Ida Gjerde Nordstrøm），玛伦·松维森·穆厄（Malen Sønvisen Moe），摩顿·雅各布森（Morten Jakobsen），保罗·安托万·卢卡斯（Paul Antoine Lucas），朗希尔德·埃·乌斯巴克（Ragnhild E Osbak），西耶·特昂（Silje Træen），提摩西·汉考克（Timothy Hancock），特鲁斯·格莱斯（Truls Glesne），维尔德·凡伯格（Vilde Vanberg），张一楠。

STUDIO INTRODUCTION
01 / 课程介绍

▼教师

▲克里斯蒂安・赫曼森・科尔多瓦
（Christian Hermansen Cordua）

克里斯蒂安・赫曼森・科尔多瓦：
奥斯陆建筑与设计学院教授。
2012 年跨学科及创新项目奖，
2012 年英国皇家建筑师协会（RIBA）“20 个最终奖”银奖，
2012 年交通建筑奖（挪威国家道路协会）。

▲索尔维・珊尼斯
（Solveig Sandness）

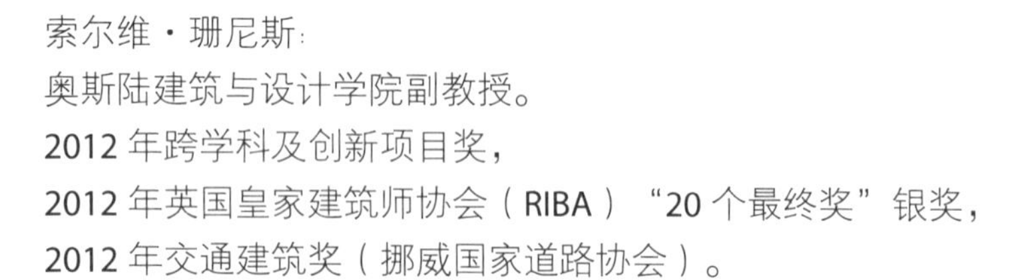
索尔维・珊尼斯：
奥斯陆建筑与设计学院副教授。
2012 年跨学科及创新项目奖，
2012 年英国皇家建筑师协会（RIBA）“20 个最终奖”银奖，
2012 年交通建筑奖（挪威国家道路协会）。

▼课程

稀缺性和创造性设计课程（The Scracity and Creativity Studio）于2012年春季由克里斯蒂安・赫曼森・科尔多瓦，迈克尔・亨赛尔（Michael U. Hensel）和索尔维・珊尼斯在奥斯陆建筑与设计学院发起，其中参数化方向的教授亨赛尔之前已经退出，今年也未参加。赫曼森是智利人，从而有机会借助智利的资源开展这个教学活动。而珊尼斯是结构教授，在整个过程里起到结构工程师的作用。

今年的课题由教授赫曼森和珊尼斯带领，共 16 名学生，时间为 4 个月，前 3 个月在挪威进行设计，最后一个月赴智利进行建造。

由于赫曼森的私人关系，项目位于智利中部沿海老城瓦尔佩莱索（Valparaiso）一个废弃的沿街院落。基地之前就已经被用来组织表演和聚会，客户则是智利的一个公益团体“Sitio Eriazo”，其目标是将被遗弃的城市空间重新利用，将其转变成建筑、剧场、马戏场、绘画坊、工艺坊和果园，以此改良人与城市的关系。

▲建成照片

此次课题的功能要求，包括容纳 100 个观众的表演空间，咖啡厅（活动中常需要提供食物），工作坊（放置表演器材等），厕所以及一个菜园。

这门设计课的工作方式则有些特别，在学期开始时学生们提出个人方案，然后全体学生投票评估最有潜力的方案，并在下一阶段将其发展。为了取消每个人对于自己设计想法的所有权，在投票选择时要求每个人不能选择自己的方案。这一过程重复 3~4 次之后，教授或甲方决定最终要实施的方案。由于最终方案是经过数个阶段、经过许多人发展出来的，最终结果总会是集体努力的成果。

课题首先要求对有限的地方资源的创造性使用，通过将学生置身于完整的建造活动中，要求学生不仅能够做到“从图纸到建造”的转换，也能够与团队，与客户共同推进设计。

DESIGN METHOD AND PROCESS
02 / 设计过程和方法

在挪威的3个月的设计时间，可分为 4 个阶段：

阶段一：每人一个方案，16 个学生的方案中投票选出 7 个方案。

阶段二：2~3 人一组发展 7 个方案，从中投票选出 2 个方案（原计划选出 3 个方案，然而有 2 个方案的票数远远多于其他方案）。

阶段三：8 人一组发展 2 个方案，由教授或甲方决定最终方案。

阶段四：全体学生共同发展最后方案，绘制施工图纸，统计几个月来的筹款，并准备和安排施工。

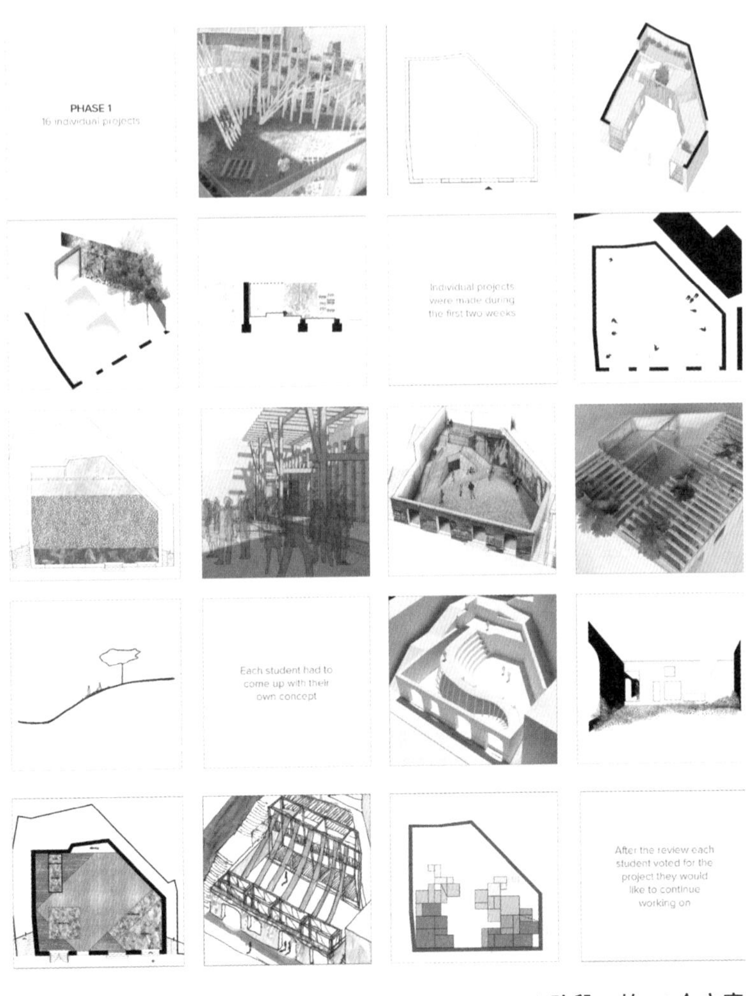

▲阶段一的 16 个方案

▲阶段二的 7 个方案

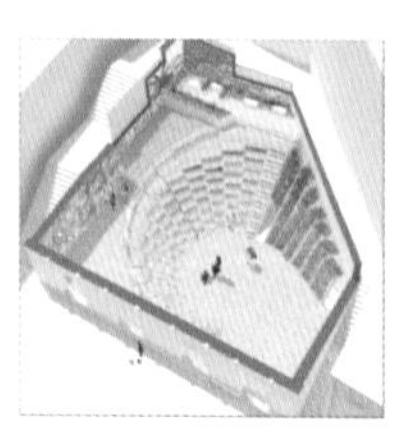

▲阶段三的 2 个方案

最终所选定的方案，其优势在于创造了一种适宜的观演氛围，并且可以快速搭建。从最初的 S 形方案，方案最终发展成为一个特别的微型化的半圆形剧场。观众席的边缘是一圈步道，人可以从地面沿着这条弧线边缘上行到基地原有的 4m 高平台。同时人也可从中心的舞台沿任意方向直接爬到观众席的顶端。通过错置的座位，方案巧妙地同时兼具了坐（观看）和走（游乐）的功能。而方案本身却十分简洁易行。

▲最终方案

从始至终，设计课程没有明确的设计倾向，教授似乎不会刻意将方案引导到某一种价值判断之中，所有的选择都是由学生投票决定。个人的偏好被不断审视并要求足够的理由，从而使得方案经过多人反复调整之后更加适于建造。

方案选定之后的阶段四可以视为一个项目团队的共同工作，每个人自愿或是接受安排，被分配到不同小组，包含以下几个内容：

- 设计深化（Design development）
- 规范了解（Regulations）
- 项目策划（Project Planning）
- 材料造价分析（Costs & Material）
- 细部结构（Detailing/ Structrue）
- 等比例模型（1：1 Mock-ups）
- 犀牛建模（Rihno model）
- 资金募集（Fund raising）
- 放线定位（Setting out）

另一方面，在具体的设计过程里，有一些因为文化差异而形成的中西教学上的不同也很让人有所触动。教授和学生之间的关系非常平等，不会事事替学生拿主意，或者因为经验就对学生的各种想法产生质疑。外国学生也非常善于主动表达自己的想法。他们在讨论中，喜欢随时提出解决办法的思维而非批判的思维，他们总是习惯于先做出东西来再讨论，这些都让人觉得非常积极。

唯一让我觉得遗憾的是，教授对于工作方法，对于设计，对于制图太过没有要求。因为缺乏要求，方案在某种程度上就显得随意，不那么紧凑，成果也没有那么明显的特征。同时，也不会形成特殊的设计系统，难以对自身的设计形成批判。

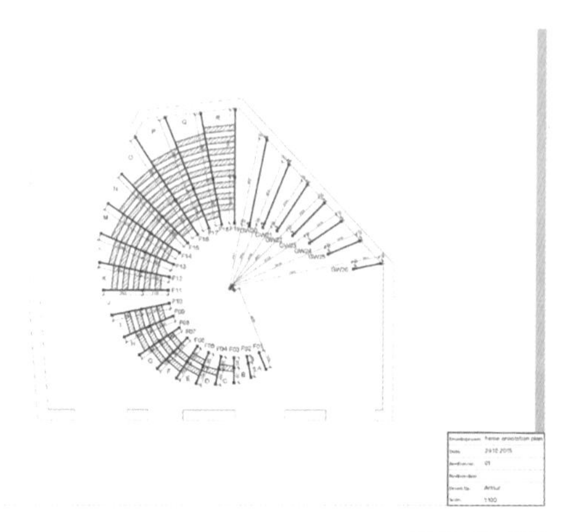

▲最终平面图

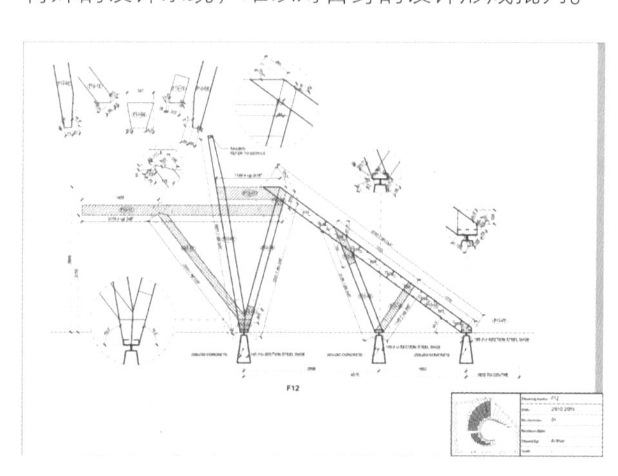

▲最终框架大样图，17 品框架中的一个

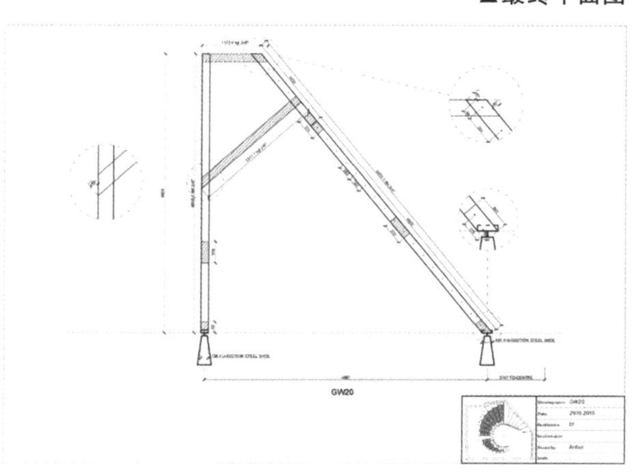

▲最终绿墙部分框架大样图，7 品框架中的一个

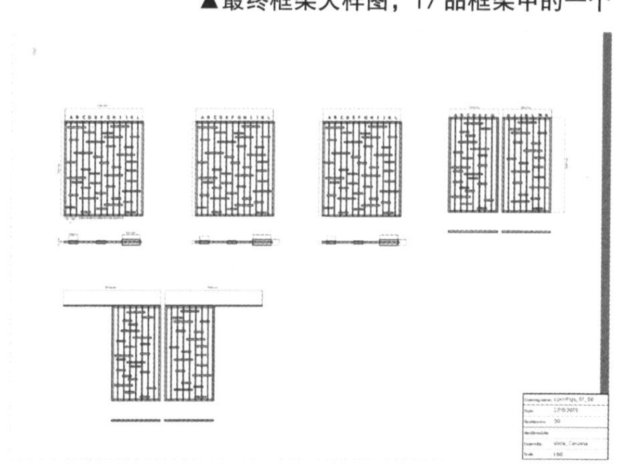

▲最终门做法大样，现场在此图基础上发展了设计

▲每天拍摄、共 24 个工作日的照片

▼建造阶段

在智利一个月的建造时间里，每周需要工作 6 天，现场的工作也十分辛苦。没有工人，全部依靠学生自己，基本上是靠小型机械和人力完成的。到最后我每个指关节都疼痛不已，几乎难以再去抓重物或者长时间攥住工具。

前期因为组织上的松散进展稍慢，后期调整之后得以按期完成。

第一周清理现场，完成了基础的大部分工作。

第二周完成基础，完成 6 品框架及部分座位。

第三周完成了座位区域所有的 17 品框架，将其安装到位，并完成半数的座位安装，以及 4 扇门的制作和安装。

第四周则是完成了最外侧的人行步道、栏杆、绿墙、厨房屋顶，填平地坪。最后一天下午专门留出时间整理现场并进行拍照。

现场建造好像搭建一个大模型。从人可以操作的尺度的构件，组装成为人身处其中的尺度的建筑，这一反差会让人重新理解之前的图纸、尺寸以及搭接方式。

正如教授所说，“你在搬动框架之前都无法想象它会有这么重”。通过建造，学生感受到在设计及制图过程中所无法体会到的各种材料的重量、质感，也能够天然地理解搭建次序。

▲框架的制作和安置

同时，建造的过程也是一个重新设计和现场试验的过程。例如柱脚，设计时是设想用螺栓与木头连接，但钻孔不便，于是想出来用钢筋焊成一圈箍在木材上的办法。再如门的做法，做了一个出来之后，觉得太过费工，而且效果不佳，于是在现场讨论了五六种做法之后，找到了一种更加美观和快速的做法。

▲柱脚做法及门的做法的尝试

建造中也得以对设计做出临时调整。计划和随机反应总是共同起作用。比如说，现场发现已有土灶和卫生间，在挪威时因为资料有误，之前的设计完全无法实现。于是立即更改厨房和卫生间的位置。到最后因为时间紧迫，厨房屋顶在建造时都没有图纸，直接延续原有柱网、现场量取尺寸进行建造。（尽管这样有些不够专业，但是在施工器械精度难以保证的情况下，现量现做却最有效。）

▲厨房屋面直接从扶手延伸出来，搭接至原有院墙上

过程中还有一次，是在挖基础时挖到了一只腐烂的猫的尸体，有学生说觉得恶心，于是教授拍板说把猫埋回去，将基础移位。这一点实际上很不尊重设计，但最后项目仍是顺利建成，效果上尽管打了折扣（因为有一品框架明显不在序列中），却不影响大局。这一点让我明白建造实际上具有一定的宽容度，设计并非精确到无可更改。这种建造过程的再设计，许多是由于缺乏经验和事先设计，包括制图中考虑不周之处，以及未深思的细部做法；同时由于缺乏自上而下的指令，效率较低。但它也十分灵活，得以即时地将原有设计进行修正，能够直接面向设计的最终效果。

▼后续及其他

工程结束及汇报之后，还有一周的旅行时间。学期结束的时候，每个人被要求提交一份报告，介绍自己在整个课程设计过程里自己的贡献。同时，两位教授专门请每个人同学面谈了一下，询问学生对课程的感受，诸如觉得设计课程的收获多少，不足在哪，以便他们在下学期对课程有所修正。等到寒假归来，项目已经或者即将在约 30 个网站或杂志上发表，而这些也是这个项目的一部分。

整个过程里，除了由教授联系甲方，进行结构计算，确定构件尺寸和决定节点做法，采购材料，以及将整个项目在媒体进行后续发表之外，从制作博客、即时发布整个设计课程的进展，到在网上众筹、四处发信并联系可能的人群筹款，到进行预算，到拆除屋顶、挖地基、现场焊接，到拍摄高清照片、制作视频、布置展览，所有这些都是由学生独立完成。

不局限于学校里埋头设计，而是进入到社会，在从预算到建造的整个链条之中，设计只是完成建造的一个手段和中介，而不会停滞于华丽的渲染图纸或是不符合现实的细部。在这个过程里，挪威学生展现出的全方位与多样性的能力，令人印象深刻。

本作品发表网站

ArchDaily
Architizer
Carnet de notes
notey
archiexpo
Designboom
Contemporist
Summa+
Homify
Catálogodiseño
Landscapevoice
Architectlover
Theneeds
Thearchitectureclub
Photo.zhulong.com
Architectnews
icmimarlikdergisi.com
Brownstudio
Sirasithta
Futurist—architecture
e-architect
Seriouslyarchitecture
Competitionline
Archinect
Divisare
Journal-du-design

EXPERIENCE
03 / 个人感受

虽然缺乏一致的设计理念，这样的设计课程不同于传统的设计训练；但因为特殊的工作方式和亲手建造，它却独具优势，能够帮助学生重新理解建筑师的责任和设计的意义。

在这里即是通过一种特殊的制度推动设计结果的生成，成果虽显大众化，但却实用、有趣。而亲手建造，也帮助学生在选择和判断时，能够更加直接和现实，而非仅仅依据视觉、个人喜好或者书本上的教条。

它或许能够告诉学生，设计仅仅是实现建造的一系列社会活动中的一环，它的实现是需要各种资源的汇聚和满足多方面的意愿才可达成的目标。

1.

教学不是通过老师灌输知识，而是通过过程本身让学生体会和反思：需要怎样的技能和知识去实现一个建筑；在这一点上，国内的教学多为纸上谈兵，很难如此。

2.

教学中许多时候是学生商量和主导，而非教授高高在上、指挥学生、发号施令；这样的言传身教、共同探讨非常能激发学生的主动性。而国内的教学许多时候学生被推着做设计，不利于培养判断力和独立性，也容易因为缺乏主动性难以培养对设计的兴趣。

3.

挪威学生在筹集资金、媒体宣传、摄影布展等一系列过程中展现出了能力的多面性，这一点也值得中国建筑教育学习，通过一系列广义上的建筑设计活动（并不仅仅是做方案和评图），学生能够走出象牙塔，更感性和全面地理解社会和设计。

4.

实地建造中，许多工作例如焊接金属、大型电锯进行木材切割、挖地基在安全性和工作量上十分具有挑战性，但学生完全凭借自己的力量完成所有工作，这对培养学生关于建筑的感性认识，以及学生的自信心都是有所助益，值得借鉴。

5.

相比较国内教学中大多强调计划性、学生按部就班完成任务的模式，此次教学里除了关键的事务由老师进行把控之外，很多事情都由学生在过程中随时遇到随时解决（虽然时常担心难以保证最终完成效果），十分具有灵活性，并且激发学生的创造力。

▲建成照片

FINAL
04 / 成果展示

▲建成照片

▲建成照片

REVIEW
05 / 学者点评

东南大学 **史永高**

博士，东南大学建筑学院副教授，硕士生导师，一级注册建筑师。宾夕法尼亚大学访问学者（2010），香港中文大学兼职副教授（2012）。2005 年以来，发表学术论文 40 余篇。

设计与建造，是分离还是整合？从社会实践层面而言，由于社会分工、分离是必然的。也是因为分离，让人非常留恋那种整合的全能型大师的时代，但是已然逝去的，绝不可能简单地回归。不过，从教育而言，答案却相对简单：它必须被整合。这种整合不是为了今后让建筑师自己去搭建，而是要建筑师能够超越狭义的设计，进入到建筑活动的全过程，不一定是深入掌握，但一定要在思维和方法上有所知晓，以此来反哺自己的专业性质，使这一技能更为坚实；进一步来说，是要体会到建筑的重量，以及它的分量，在建造过程中去体会到建造（建筑）与人，与大地，与世界的关联，而对于这些关联的感受与感悟，非通过身体性的介入不能抵达。在一个分工与工具化的时代，这一点被遗忘已久，因此也便尤显珍贵。而假如设计与建造的整合在今天还有可能，将一定是以另一种形式呈现，这种形式有待在社会实践中去摸索，但是种子应该在教育中被埋下。

哈尔滨工业大学 **白小鹏**

教授，国家一级注册建筑师。1985 年开始在哈尔滨工业大学建筑学院（前哈尔滨建工学院）任教至今。研究方向包括公共建筑设计，建筑环境心理学及行为建筑学，建筑灾害学。

这是一个学生集体协商而非教授一言九鼎的典型学习方法。学生们在整个营造过程中学会了在各种复杂合力作用下的平衡和妥协，最重要的是学生们学会在建筑设计所追求的空间环境气氛与实际营造要素之间找到平衡点，而教师的作用就是在这方面加以引导，仅仅就是引导，而不是决定。这对于建筑师思维素养的形成大有好处。同时，学生们也不只是参与一个单纯的设计，而是让学生去完成一个建造的全过程，去体验一个因地制宜的环境空间改良而非野心勃勃的重建。

同济大学 童明

TM STUDIO 建筑事务所主持建筑师，同济大学建筑与城市规划学院城市规划系教授、博士生导师。
研究方向为生态城市研究、城市住房与社区发展，城市公共政策理论与方法，建筑设计与理论。

课题要求学生直接置身于现实的建造活动中，基本上凭借现场有限的资源，在一种互动性的过程中来推进设计工作，这就意味着取消一切先有的预设，而注重于建构过程中的即时判断。这个设计课题更多接近于实际操作中的情景，的确是“从图纸到建造”过程中的重要环节，而且从图面上看，所实现的效果与场地的气质也非常吻合。但文本对于设计的描述过于苍白，差不多只是一份工作情况的简单汇报，而对于设计的决策过程几乎只字未提，令人不太明白这个设计的概念是如何产生的，最终的建造效果是如何形成的，在现实环境的重重限定中，所谓的创造性是如何达到的。

刘默琦

本科：东南大学城市规划专业
硕士：帕森斯设计学院建筑专业

工作经历：
迪梅拉·谢菲尔建筑设计公司（DiMella Shaffer）
点·设计培训中心（D.O.T Center）
帕森斯设计学院建筑设计部

帕森斯设计学院

关键词
木作，工地，纽约

浴室的诗意构造

帕森斯设计学院／设计工作室课程

“当代美国的建筑教育，往往挣扎于理论和实践之间、概念和筑造之间、审美和实用之间。毫无意外的是，大多数学术至上的学校会更倾向于理论、概念和审美。令我欣慰的是，帕森斯并不是这样。在帕森斯，这个特色设计工作室课程，在对追求知识的基础上，建筑教育的重心偏向对建筑学术理论和建筑实践中不可避免的现实问题的综合平衡与理解。”

——保罗·葛尔伯格（Paul Goldberger），纽约时报建筑评论家

施工经理：乔·斯图尔（Joel Stoehr）
施工助教：艾瑞克·福斯特（Eric Feuster），史黛芬妮·柯瑞姆（Stephanie Cramer）
学生团队：丹尼尔·波勒（Danielle Bowler），戴瑞克·布朗（Derick Brown），飞利浦·科林（Felipe Colin），杰丽莎·布鲁伯（Jelisa Blumberg），珍妮佛·音德郎（Jennifer Hindelang）乔·加斯特（Jo Garst），克里斯蒂娜·考格（Kristina Cowger）马克·卡特（Mark Kanters），刘默琦，普莉塞拉·罗马诺（Priscila Romano），塞布瑞纳·普朗姆（Sabrina Plum）
学生志愿者：伊曼尼尔·奥尼（Emmanuel Oni）

STUDIO INTRODUCTION
01 / 课程介绍

▼教师

阿尔佛雷德·佐灵格（Alfred Zollinger）是迈特建筑工作室（Matter Practice）的创始人，他的合伙人是桑德拉·维勒（Sandra Wheeler）。迈特建筑工作室是一个位于纽约市布鲁克林的建筑和展览设计工作室。他们的公共设计项目包括在美国国家建筑博物馆、库珀休伊特美国国家设计博物馆、国际摄影中心的展览设计，以及若干住宅设计。他们的工作室拥有一个原型设计定制车间，因为阿尔佛雷德最初接受过精密机械师的训练。他在罗德岛艺术学院学习了建筑，并在克兰布鲁克艺术学院完成了他的学士后专业学习。他曾在苏黎世联邦理工学院和罗德岛艺术学院教授课程，2006 年他开始在帕森斯设计学院教授硕士毕业设计和设计课程。

▼课程

1998 年，帕森斯旗下六大学院之一的建造环境学院创立了设计工作室课程（The Design Workshop）。最初的几年，课程项目以新学院内部的空间改造为主。2010 年起，帕森斯和纽约市政府的公园休闲署（New York City Department of Parks and Recreation）展开合作，对纽约市的公共游泳池进行更新改造。

▲由建筑系的学生设计和建造的工作室

纽约市的十一座公共游泳池建造于二十世纪三十年代和四十年代，是大萧条时期美国总统罗斯福新政实施的公共事业振兴署（Works Progress Administration）在纽约的项目之一，由当时的市公园委员长罗伯特·摩西斯（Robert Moses）领导设计和建造。这些公共游泳池代表了当时最先进的建造技术和设计审美，为还没有发明空调的纽约客们提供了干净卫生的避暑休闲设施。

▲ 1936 年日落公园游泳池开幕仪式

近年来随着纽约都市的复苏和社区的健康发展，纽约市政府开始着手翻新改造这些八十年前修建的游泳池。我们的项目是位于布鲁克林日落公园社区的市民活动中心（Sunset Park Recreation Center and Pool）。老建筑保持着当年的原貌，而更衣室的内部已被划分成多个功能空间，包括一个室内篮球场、健身房、计算机室和图书馆。但是每到夏天，游泳池的开放需要更衣室，部分功能设施必须暂停。为了优化功能空间，使其不受季节影响，公园休闲署希望我们可以在原建筑和泳池之间设计和建造两个更衣室。

▲谷歌地图航拍地标建筑，游泳池和我们的工地

DESIGN METHOD AND PROCESS
02 / 设计过程和方法

课程共十一个月，包括研究生二年级上学期的调研规划、下学期的建筑设计和暑假的建造施工三个部分。第一阶段的调研规划课程为选修课，有兴趣的学生都可以参加。第二和第三阶段的设计和建造课程连续七个月，参加的学生必须完成全部过程。因为帕森斯的建筑研究生人数很少，纽约的夏季湿热漫长，施工人手少工期紧十分艰苦，对完全没有施工经验的学生来说，是非常好的实践和锻炼的机会。

▼第一部分　调研规划

最初调研规划定的项目是位于布鲁克林滨水社区红钩（Red Hook）的市民活动中心公共游泳池。但是学期过半，纽约惨遭飓风桑迪，红钩社区被海水侵袭，公共设施受损严重，需要全面修复。所以后来项目被转移到日落公园（布鲁克林海拔最高的区域，受到飓风影响较小）。我没有选修这门课。

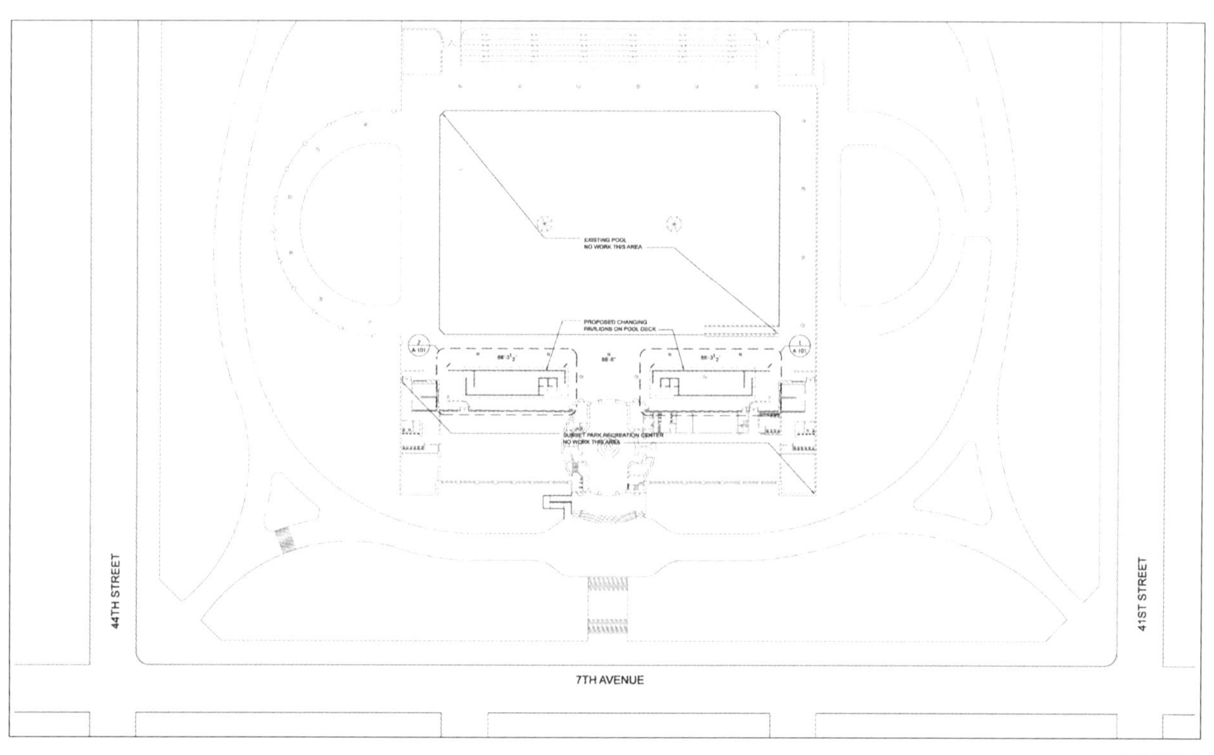

▲总平面

▼第二部分　方案设计

最初的方案设计过程与一般设计课的大组无异。我们的设计工作室一共有十名学生，每个人先做两三个设计，对比选择，通过民主投票优胜劣汰。方案进一步深化后，设计过程开始变得复杂。一方面由于是真实项目，甲方又是纽约市政府，每个月都要给公园休闲署的建筑师和领导做一次报告，根据领导的指示对方案进行修改。另一方面，现有建筑是代表装饰艺术风格的地标建筑，为此方案还要提交纽约市地标保护委员会（New York City Landmarks Preservation Commission）审查通过。第三个方面，因为这是一个公共建筑项目，需要给当地的社区代表做报告，听取群众意见。全套过程每个学生都有参与。

阿尔佛雷德教授对设计的干预很少，完全任由学生自由发挥。他认为学生在相互的沟通和磨合中，能够有机地产生属于十个人的设计方案。他主要负责与纽约市政府、公园休闲署以及地标保护委员会的沟通协调工作和报告日程安排。

学生通过方案设计，实际体验了美国建筑公司一般的工作流程：前期设计，深化设计和施工图纸绘制。学生完成了前期和深化设计两个阶段后确定了最终方案。之后进入施工图阶段，十名学生被分为屋顶、墙体、基础和结构计算四个小组，细化节点设计并绘制施工图纸。图纸在期末之前完成，递交给公园休闲署的内职建筑师审核通过，再递交给纽约市屋宇署审阅批准建筑许可。有建筑许可才可以开始施工。

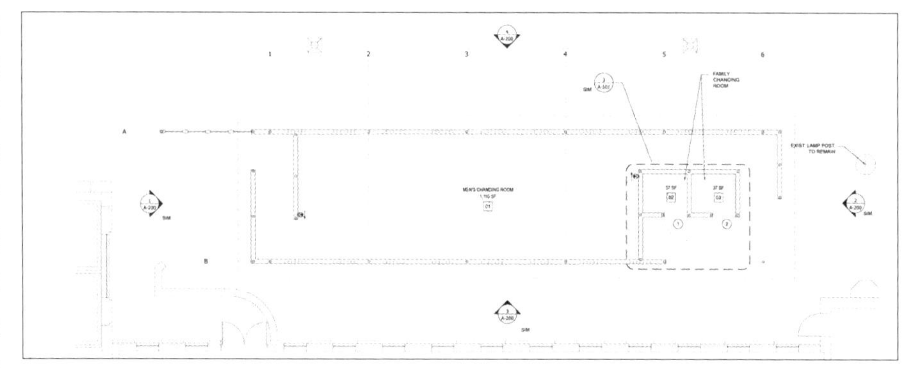

▲更衣室平面：最简洁的功能流线

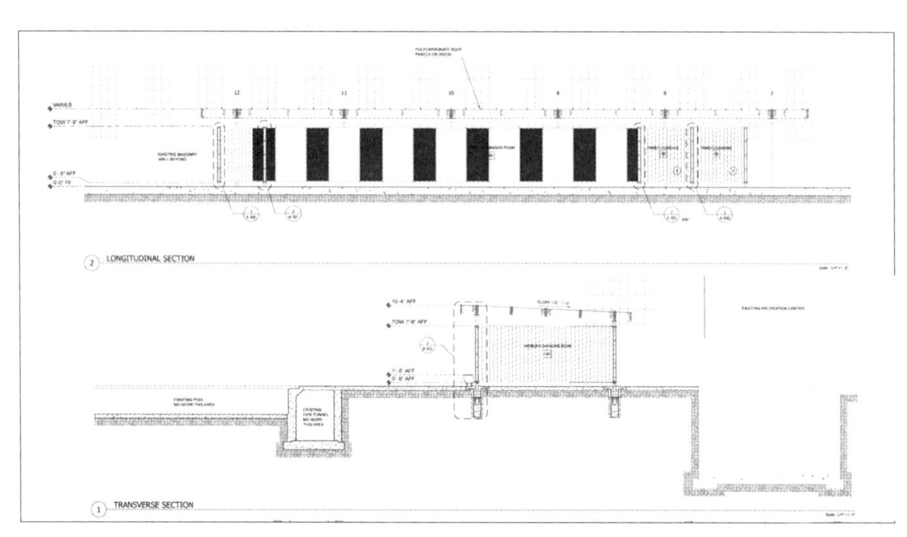

▲立面和剖面

最终的方案综合集成了最有效率的功能流线、现有地标建筑装饰艺术风格的设计元素和尺度模数、短暂的三个月工期的可操作性，以及有限的建筑材料成本和人力。

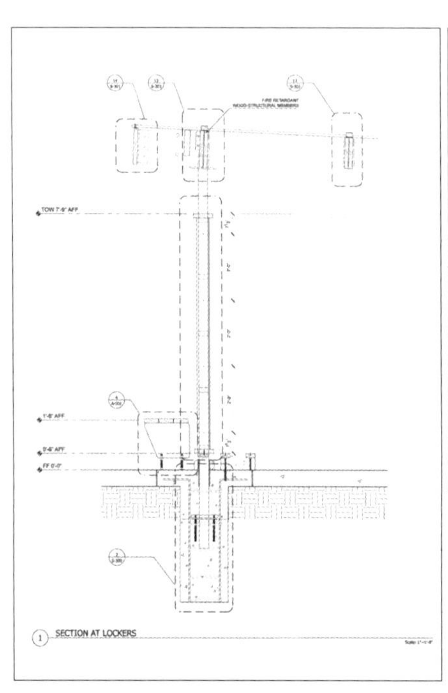

▲节点剖面

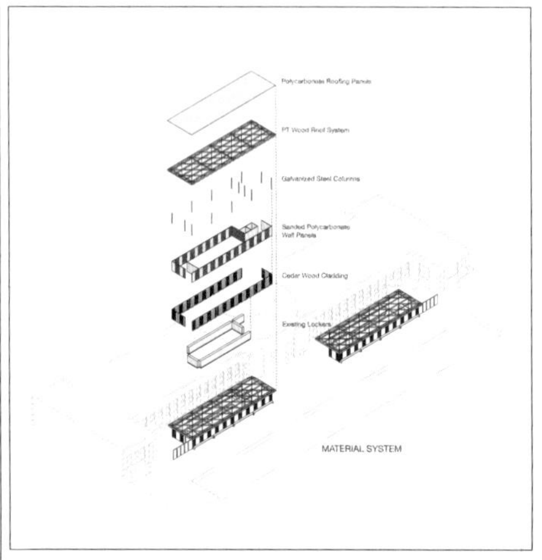

▲轴测图：建筑材料构成

我主要负责柱网和屋顶结构的设计。

屋顶木梁的网络由 2×10、2×12 和 2×14 三个尺寸的木料构成。主梁设计为夹板梁，用两片 2×14 木料夹一片 1.27cm 厚的钢板而成。次梁是两片 2×12 木料叠合而成。支撑梁用 2×10 木料。支撑梁等边直角三角形的图案是根据已有建筑里面上的花纹而来，同时将次梁推直或拉直。因为这些是高压湿法防腐处理的木料，在自然风干的过程中多多少少会弯曲变形。

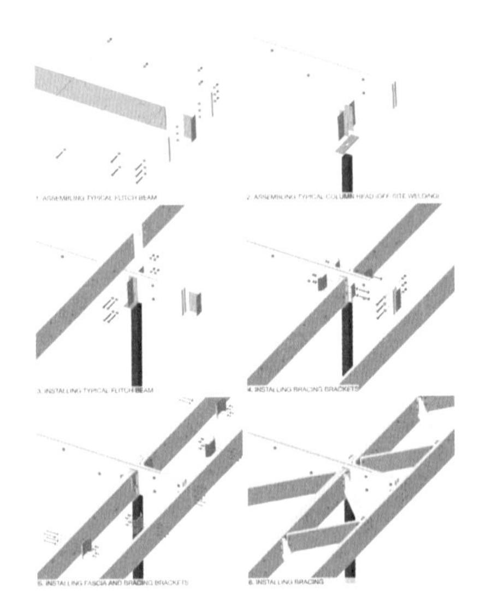

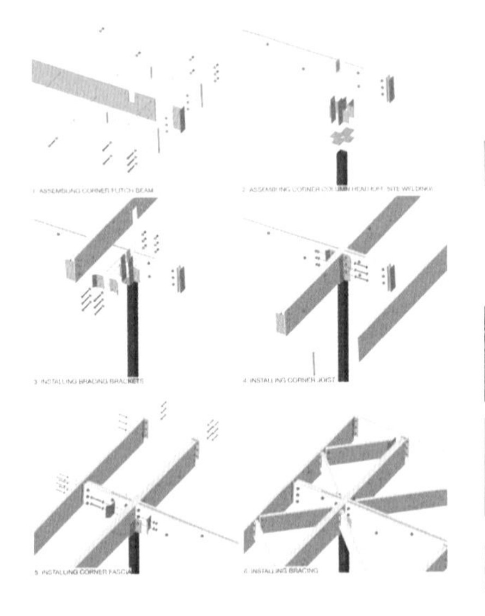

▲梁、柱和节点设计

▲主梁、次梁和支撑梁交汇节点实物

柱网用镀锌的空心碳钢方柱，因为材料价格太高而放弃使用不锈钢柱。柱头和节点利用 T 字钢的原料形状，减少需要焊接的部分。因为建筑材料成本有限：最初只有 10 万元，后来学校总共给了 20 万元。每一片木料，每一颗螺丝螺母垫片，每一块钢结构组件都要精打细算，再一一找愿意为教育事业做贡献打折的商家订购。

▲墙体细部和材质

对于大部分没有建筑背景的组员同学来说，材料种类和尺寸选择、采购，都是初体验。这些在实际建筑工作中必需的步骤，一般院校的建筑教育却很少涉及。

▼第三部分　施工建造

接下来的就是三个月民工生活了！实际工作中，完成施工图之后建筑师只做施工监理工作，但设计与建造的课程特色就在于学生参与建造。美国也有不少设计建造的公司，但一般设计组和施工队是两个团队。我们每天早上七点开始，到下午五点结束，每周五天，最后一个月赶工学生可以志愿星期六工作。

从测绘找平，到破土开挖、浇筑地基、预制木构件和钢构件、立柱、上梁、建造墙体，全部施工步骤都由学生和工头教授及两名助教亲手完成。我最喜欢的部分是使用各种专业的工程机械，开铲车还是头一回，还有小挖掘机、破土机、打洞机、水泥灌浆机、钻石锯片路面切割机、激光海拔测绘仪、液压钢锯、磁力钢钻孔机，很多专业工程机械我之前连英文的名字都没有听过，或者见都没见过，现在都有了亲手操作的机会。

▲施工现场

▲冰棒时间

EXPERIENCE
03 / 个人感受

经历了东南大学五年学院派的熏陶，加上在波士顿的建筑公司工作四年之后，我深刻地体会到参与建造施工是学习建筑最直接最有效的方式。选择帕森斯设计学院，正是因为其建造环境学院的这个特色的设计与建造课程—设计工作室，让学生在校期间，能够有机会在纽约市区设计并且建造一个实际的项目，这种难得的机会是全美国独一无二的。

1.

耐心很重要。十个学生合做一个方案不是一件容易的事情，民主投票往往是最公平的决定方式。

2.

坚持自己的设计。很多学生在多轮方案淘汰之后，感到疲惫而放弃声援自己的设计。唯有坚持到底才能在最终方案中实现自己的想法。

3.

课程的步骤与实际建筑工作的流程同步。这对于缺少实习经验的年轻学生或者跨专业学生来说非常实用。

4.

施工建造是对建筑结构和构造深入了解的最好最直接的方式。建筑材料的性质，只有在一比一的真实尺度下才能准确地体会。

5.

得知每年会有上百万的人来使用我们设计和建造的泳池小筑，再辛苦都值得。这大概是做建筑最大的回报了。

▲墙面使用杉木，富含雪松油，纯天然防腐防虫
© 阿尔伯特·维瑟卡（Albert Vecerka）/ ESTO

FINAL
04 / 成果展示

▲设计工作室 2014 年设计建造的日落公园项目，2015 年 6 月开始正式对公众开放
© 阿尔伯特 · 维瑟卡（Albert Vecerka）/ ESTO

▲聚碳酸酯屋顶为更衣室提供天然采光
© 阿尔伯特・维瑟卡（Albert Vecerka）/ ESTO

▲墙体设计借用了现有地标建筑立面的虚实关系
© 阿尔伯特・维瑟卡（Albert Vecerka）/ ESTO

▲男更衣室入口和两个家庭更衣室
© 阿尔伯特・维瑟卡（Albert Vecerka）/ ESTO

REVIEW
05 / 学者点评

东南大学 史永高

博士，东南大学建筑学院副教授，硕士生导师，一级注册建筑师。宾夕法尼亚大学访问学者（2010），香港中文大学兼职副教授（2012）。2005年以来，发表学术论文40余篇。

学院与公司的差异何在？这是一个令人越来越困惑的问题。如果学院提供的只是公司事务的预演，那何必不直接进入公司？建筑教育中实践性导向的特点非常突出，但是学院存在的意义恰恰又是与实践保持一定的距离。这些都是建筑教育中的一些核心命题，尤其当我们从广义的角度来理解建筑教育时更是如此。学院从行会中独立，一定有其历史原因，如果今天的状况下，学院依然存在，一定也有其现实意义。不过，具体到个人，问题倒也简单：教育是一个持续的过程，这种持续性既是因为要补全未知的和未曾经历的领域，也因为学科内部的知识、观念、价值不断在丰富、更新、游移之中。作为补全，选择与已经获得的教育差异化的方式最有效率，但如果这个馒头碰巧让你感到吃饱了，绝不是说之前的那么多馒头都毫无意义，哈哈。

哈尔滨工业大学 白小鹏

教授，国家一级注册建筑师。1985年开始在哈尔滨工业大学建筑学院（前哈尔滨建工学院）任教至今。研究方向包括公共建筑设计，建筑环境心理学及行为建筑学，建筑灾害学。

这是一个非同一般的建筑设计课，明显区别于一般游戏性的学生设计和建造，真实建设的综合实践环节全部包含在这里了，从项目计划，建筑设计直到适应规范和施工建造，甚至还有与业主的交流和与官方的协作，烦琐啊！然而这是建筑师的职业所要求的必备素养。有趣的是这些挑战使学生们完成的最终作品从建筑空间到材料技术都与设计目标的要求近乎完美的相契合，在环境气氛的表现方面无懈可击。这是对空泛的理论教学方式的对照和嘲弄，因为很多设计课从一开始就会只偏向对于理论的追求，这尤其表现在一些自以为高大深奥的设计院校。

华南
理工大学

孙一民

哈尔滨工业大学博士，长江学者特聘教授，国务院特殊津贴专家，中国建筑学会常务理事，国家百千万人才工程入选及“有突出贡献的中青年专家”。
“建筑设计”国家精品资源共享课的负责人、主讲教师和国家级教学团队主要负责人。曾主持多项国家大型体育建筑工程，完成奥运会、亚运会、世界大学生运动会、全运会及其他体育建筑工程 22 项。

虽然是设计课，但目的超越了完成一个有型的设计成果。完整的建造过程拓展了学生对建筑师工作的认识，即便如作者这样已经具备多年工作经验的学生，其教育效果也是明显的。

这种实实在在的建造课题，在国内并不能说完全不可能，但其难度在于，教师是否能够找到自己的位置：那种控制与放手间平衡的把握。常常我们看到的情况是，学生成为老师设计意图的绘图人与建造者。当然，真正建造决策过程能否有胸怀让学生窥知实情、工程监管体系能否放心让同学参与施工，这些就需要校园以外体系的配合了。

宾夕法尼亚大学

马宁

本科：长安大学
硕士：宾夕法尼亚大学

工作经历：
北京 MAD 建筑事务所
纽约 CetraRuddy 建筑设计事务所

关键词
展厅，参数化，建构

银色蜂巢

宾夕法尼亚大学 / 展厅设计与实践

建造是建筑设计实践必不可少的部分，也是我在建筑学科的兴趣之一。材料，结构，细部及管理都可以在建造中涉及，这是我选择 ARCH-730-001：技术、形态和费城市政厅展馆细部（Techniques，Morphology，and Detailing of Philadelphia City Hall Pavilion）这门课程的原因。

团队成员：比利·王（Billy Wang），凯瑟琳·费吉尔（Kathryn Vergeyle），凯尔·英格伯（Kyle Ingber），埃里克·里奇（Erik Leach），何塞·奥尔金（Jose Holguin），丹尼尔·费切尔（Daniel Fachier），哈里·拉姆（Harry Lam），马宁，徐劼，瑞亚·加古鲁（Rhea Gargullo），维雷德·西瓦尔（Walaid Sehwal），利比·布兰德（Libby Bland），克莱·格鲁伯（Clay Gruber），阿曼达·黄（Amanda Huang），瑞意·陈（Ruiyi Chen），萨米哈·乔希（Sameeha Joshi），姚希，雅尼克·迪瑟（Yannick Diza），于超然

STUDIO INTRODUCTION
01 / 课程介绍

▼教师

穆罕默德·阿尔·卡尔（Mohamad Al Khayer）自2000年起在宾夕法尼亚大学设计学院教授关于新兴技术的设计课程。过去的研究主题包括材料的运动，虚假的工作和计算机结构分析，包括部署结构，优化张力结构和形态发生。

▼课程

设计学院的ARCH-730-001课程是一门设计选修课，由穆罕默德老师主要带领。在宾夕法尼亚大学担任设计讲师，穆罕默德老师带领过多门关于结构和建造的课程。他的课程比如折叠结构和实验性结构都极受学生欢迎并且评分很高。穆罕默德的课程涉及大量的数字和手工模型研究和制作，中期和期末评图的结果极为壮观和丰硕。仅仅他的任意一个选修课的评图，光模型就可以占满整个展厅。也正是因为穆罕默德对于结构和建造颇具经验，学院每年会让穆罕默德来指导学生完成展厅的设计和建造。另外三位老师埃齐奥·布拉斯蒂（Ezio Blasetti），丹妮尔·威廉姆斯（Danielle Willems），安德鲁·桑德斯（Andrew Saunders）在宾夕法尼亚大学也担任课程设计的讲师，他们丰富的数字设计教学和实践经验使他们成为本课程很优秀的顾问和指导。

基于研究生课程第一学期的课程ARCH-501：宾夕法尼亚大学毕业展厅（Penn Design Graduation Pavilion）为基础，第二学期的课程ARCH-703继续发展深化获胜方案的概念，从建筑材料和建造实践出发，去探索并建造一座可移动的具有新的类型学结构的临时展厅。展厅将被放置在宾夕法尼亚大学设计学院梅尔森大厅（Meyerson Hall）的南侧，并之后移到费城的标志性建筑市政厅（City Hall）东侧展览。

DESIGN METHOD AND PROCESS
02 / 设计过程和方法

▼设计

此课程分为两部分，第一阶段，团队一部分成员将进行测试模型单元材料，模拟建造实际展厅的样板模型。同时，团队另一部分将进行形体设计和单元结构优化。第二阶段将进行实际建造。包括造价优化、购买材料、组装单元，最终完成展厅的建造。

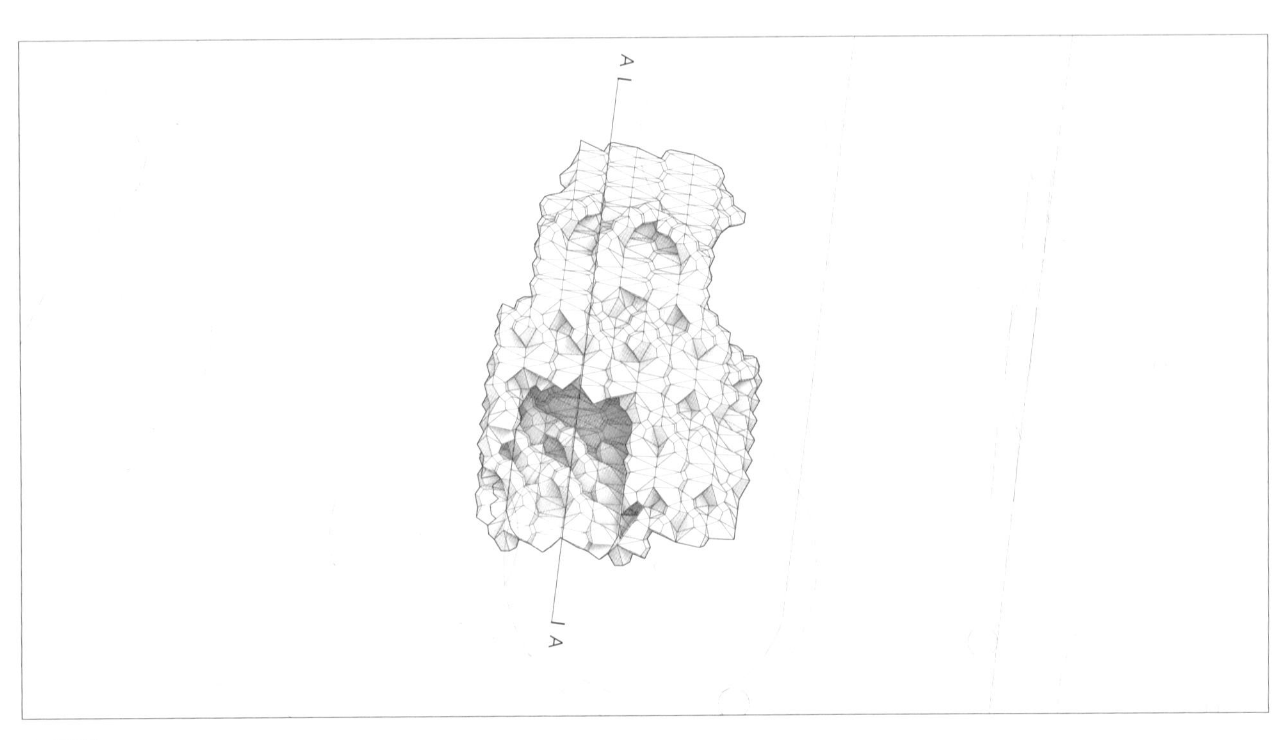

▲ 平面

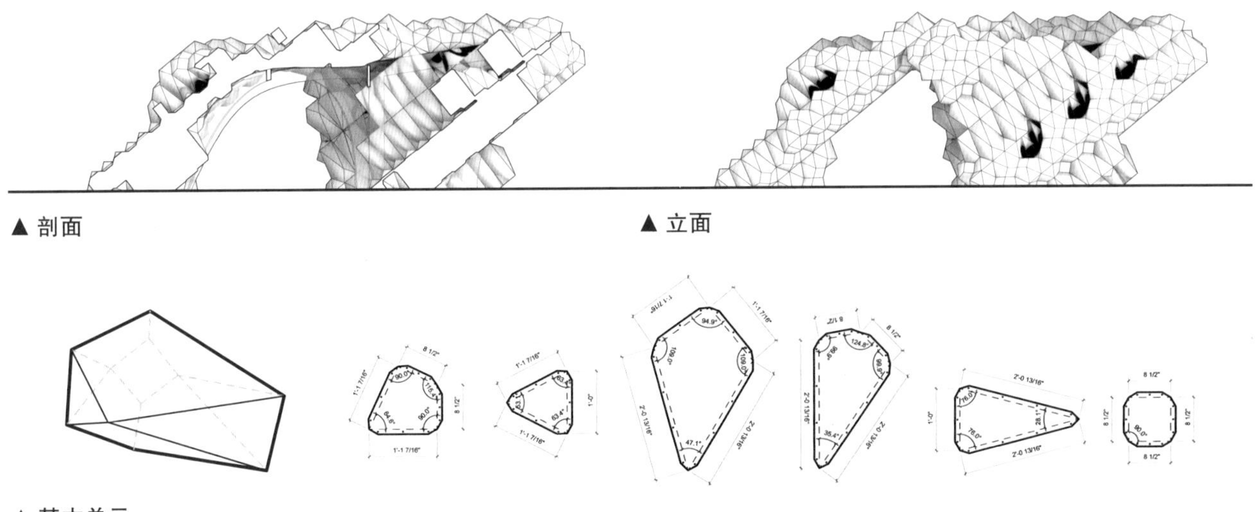

▲ 剖面

▲ 立面

▲ 基本单元

▼概念

整个展厅的概念设计从基本单元出发，通过单元的组合、排序最终形成一个特殊的展厅形体。所以课程的第一阶段以基本单元的研究开始。从形式、尺度、造价及单元之间的关联性上经过多方面考虑，最终选择了楔形单元。这种楔形单元总共十一个面，共有六种不同规格，五对相同的加一个正四边形。除两个相同的三角形外，其他的都是四边形。这样的多面单元形体，不仅考虑到复杂单元对最终展厅视觉上的影响，还考虑到其对称性可以优化生产，并且形体的多面性也让单元与单元之间的衔接更具有变化。单元之间多方向的衔接可以形成不同的三维机理。数字工具上，Grasshopper 和 Python 用以编写和优化展厅的组成形式。

▼材料

在确定了设计概念和处理手法后，最终选择了防水金属板作为单元材料。金属板两侧分别是金银色，最终会随机分配到展厅的立面上。

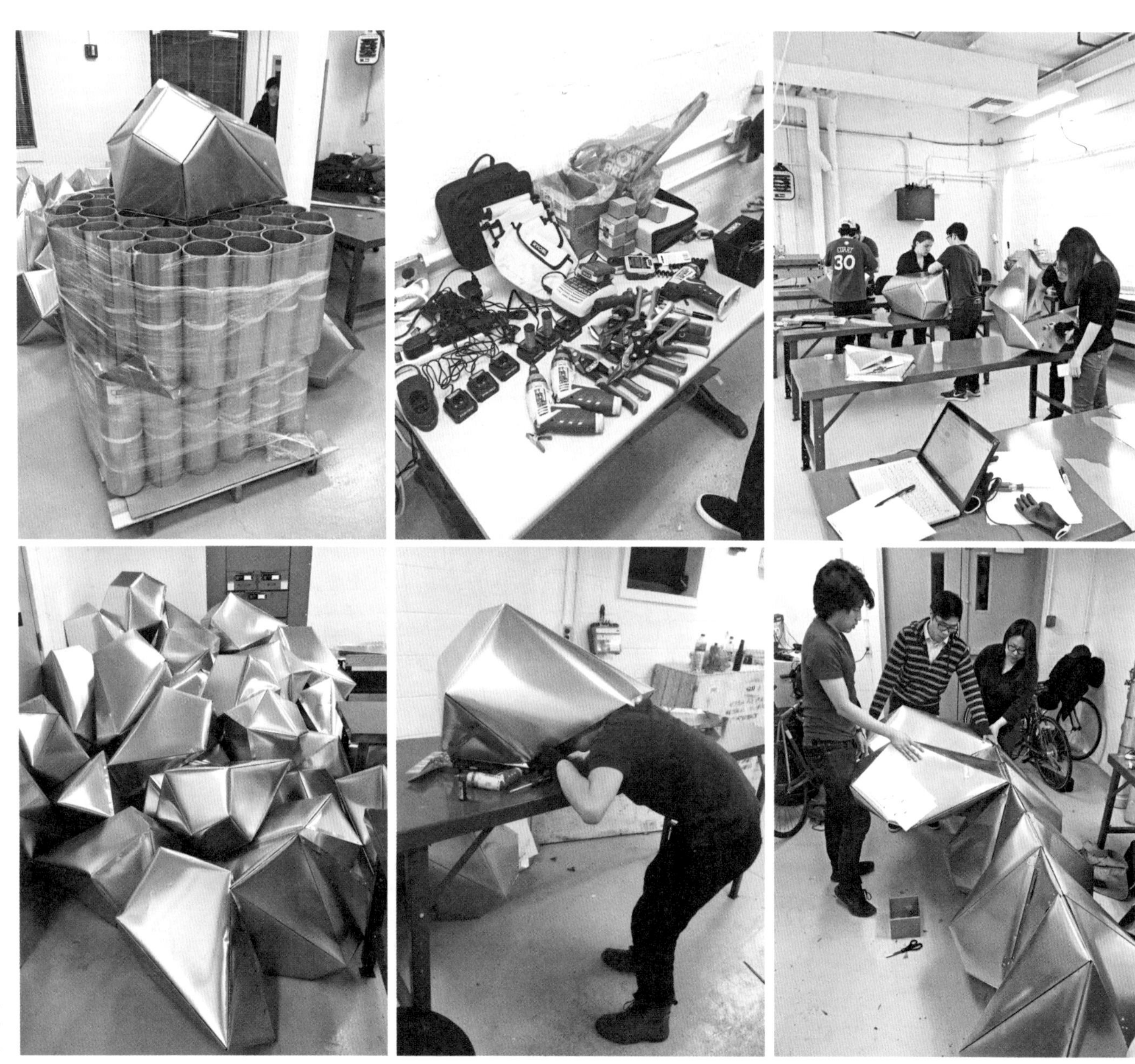

▲单元制作过程

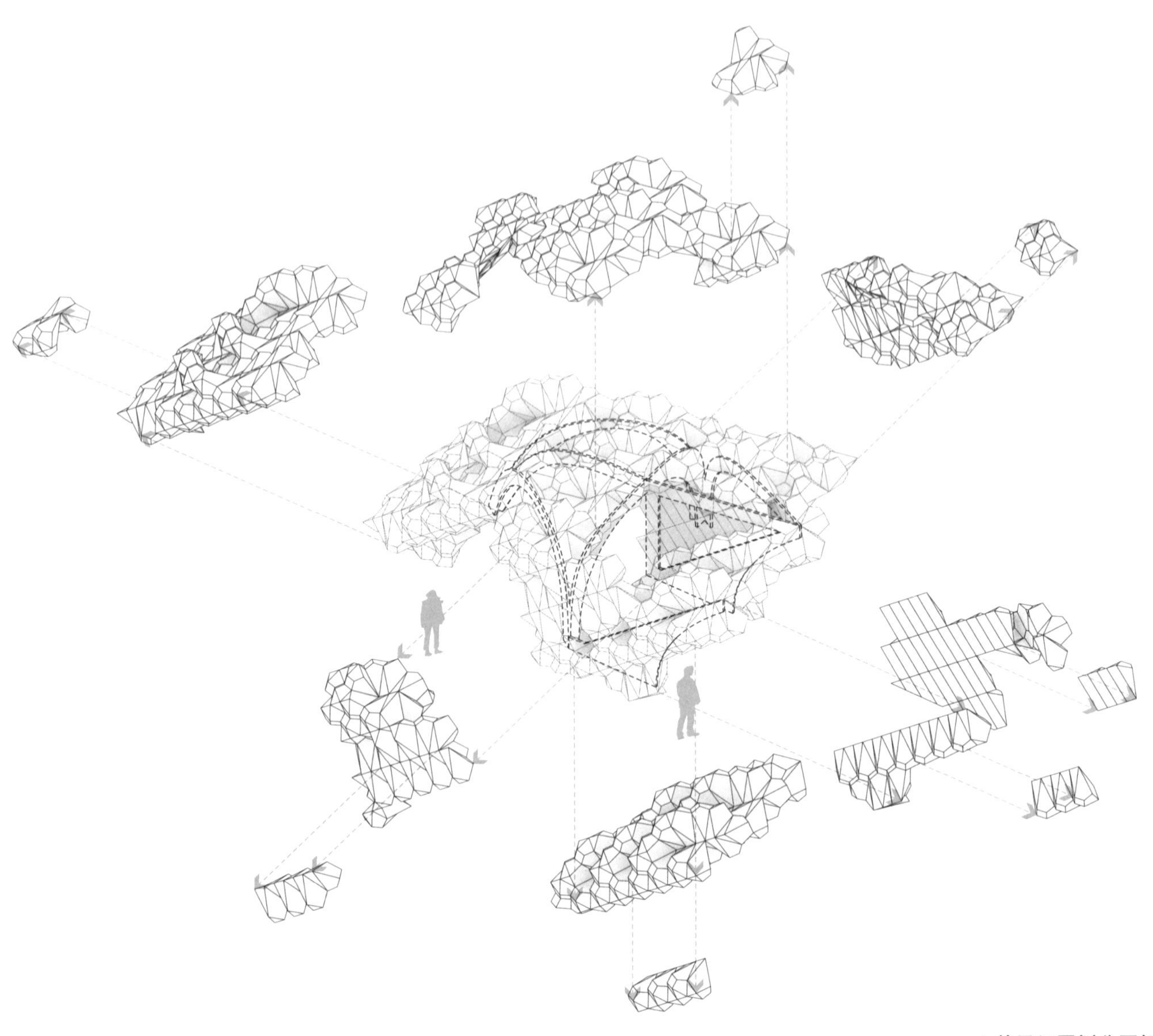

▲单元组团划分图解

▼单元安装

经过材料测试和单元拼合的研究之后，确定的节点组合方式为：单元与单元直接用合页和螺栓横纵向拼接。考虑到最终展厅的可移动性，所有的加工材料分级进行加工和组装。所有切割的金属板先进行编号，金属板安装组成单元，单元集合成组，组与用于嵌扣到拱与金属板的空间非标准单元相连组成更大的团，再将团运输到现场连接到结构上最终完成展厅的建造。

▼结构

考虑到展厅与人的互动，行人可以穿行在展厅之间，设计上在平面呈十字交叉形。由于金属板的自重，最终决定增加了十字拱支持内部空间。结构拱材料上使用了更容易制作的胶合板。先进行数控机床塑形，然后数层粘接，并在末端形成槽孔以便最终安装搭接。材料表面外喷防水涂料以防恶劣天气。悬挑部分利用拱部二次桁架支悬挑部分。整个拱结构隐藏在金属单元外侧。结构与标准楔形单元之间有异性非标准单元作填充和过度。

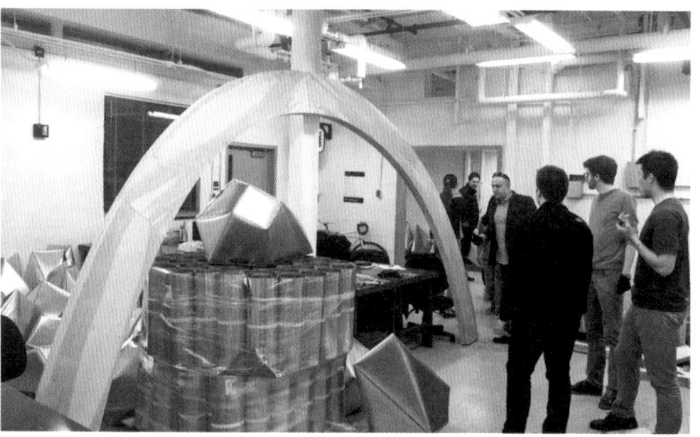

▲ 拱的加工和安装

▼生产

整个展厅总共 623 块单元，其中非标准异形单元有 247 块。尽管宾夕法尼亚大学设计学院有着先进的制造实验室，但是全部的加工将占据大量的工具和空间资源，实际上实验室也放不下这么多加工的成品和半成品材料。为此，学院专门租了一个厂房为整个项目来做生产。另外，学院也出资买了所有所需的切割、压型、钻孔等工具。

▲ 拱的现场安装

EXPERIENCE
03 / 个人感受

总体来说，这是一个关于建筑实践的课程。课程所涉及的设计、材料、优化、节点、实际加工制作以及团队合作与管理，都让我受益匪浅。

1.

由于课程所需的大量人力物力，需要团队每个人的努力和贡献。课程开始之初我们就设计好了整个课程的时间节点，整个过程基本是组织有序，所以最终能够按时建造完成。中期在预估了实验室不能满足大量工具和材料的储藏之后，系主任及时帮我们租赁了一个工厂作为临时建造基地，并出资购买了所有的所需的加工机器和组装工具。

2.

后期由于涉及大量的手工劳动，我们团队的每个人每周都要工作至少 8 个小时去切割和制作模型。最后又用了一周左右时间去建造展厅。

感谢穆罕默德老师，他平易近人，对我们的设计启发巨大。建造过程中他自己也是亲力亲为去做体力工作，带队施工。同时感谢团队的所有成员，因为仅凭一己之力是难以在短短一学期内完成如此尺度的建造项目的。正是依靠密切的团队分工与合作，才保证了整个项目从设计到建成的顺利实施。

FINAL
04 / 成果展示

REVIEW
05 / 学者点评

天津大学 张昕楠

京都大学建筑学博士，天津大学建筑学院副教授，硕士导师。

研究方向：建筑设计及其理论，建筑设计教育研究，建筑及城市空间环境行为心理量化研究，知识生产型办公建筑空间环境研究。

建筑的基本问题即是通过某种方式将材料组织起来，在形成空间的同时发挥材料的最大效率。在马宁同学的这个设计中，防水金属板通过折叠的方式形成了基本的“原型”要素，并通过其几何逻辑的空间衍生出最终的形态。稍微令人遗憾的是，内部拱的植入削弱了“原型”本身的结构意义，使其处于了一种介于表皮和结构的中间状态。

清华大学 韩孟臻

清华大学建筑学院副教授，
日本京都大学工学博士，
国家一级注册建筑师。

楔形单元体的选择无疑是本设计研究至关重要的一步。单元体策略使可移动的临时搭建转变为小型标准单元的拆装组合，另一方面楔形单元体本身连接的多可能性保证了临时展厅作为一个整体形态，能够具备引人注目的炫丽形式。而内部附加十字拱架木结构的方式，有使楔形单元体结构沦为自承重表皮之嫌。若在单元体设计与加工时更多地考虑结构安全要求，使结构、表皮达到内在统一，将成为更具说服力的作品。

V

V PRESENTATION
第五章 | 建筑和表达

英国建筑联盟学院 张彤

关键词
手绘，拼贴，非建筑

本科：华中科技大学
硕士：宾夕法尼亚大学

工作经历：
莱瑟+梅本建筑工作室(Reiser+Umemoto Architecture office)
彼得·库克建筑工作室（Peter Cook_CRAB Studio）

换个角度看建筑

英国建筑联盟学院 / 建筑绘图课程（Painting Architecture）

因为这次宾夕法尼亚大学的交流项目，我有机会进入英国建筑联盟学院（Architectural Association School of Architecture，以下简称 AA）的本科进行课程学习。建筑绘图（Painting Architecture）这门课是对针所有 AA 本科学生公开的一门媒介研究课，教授是亚力克斯·恺撒（Alex Kaiser）。因为 AA 的本科高年级有更多针对性的课程，所以像建筑绘图这一类课程更多的是针对本科一二年级的学生。由于课程本身是非正式设计课程的选修课，又是针对低年级的本科学生，所以内容并不是十分深入，再加上只有八周，时间也不长。但正是因为内容的简单和基础，我们更能从中清晰地看到 AA 的课程中潜移默化地对个人意识培养，以及对个人思考的注重。

STUDIO INTRODUCTION
01 / 课程介绍

▼教师

亚力克斯·恺撒（Alex Kaiser）是一位艺术家，曾就读于牛津布鲁克斯大学建筑学院（Oxford Brookes University，School of Architecture）和 AA，后在伦敦的罗杰斯与莫克森建筑事务所（Rogers and Moxon Architects）工作。除了在AA任教之外，他新近成立的工作室也开始研究通过绘画和图纸进行跨媒体的设计方法。

▼课程

在建筑绘图这门课中，我们采用轴测和正射投影等不同角度和方法进行线稿图的绘制。而线稿图的尺寸也从普通的 A4 大小到 3m 的长幅各异。在这样的练习中，手绘的线稿图并不是我们想要的最终成果，而是作为我们探索设计想法和建筑构造的循序渐进的过程。

就像音乐家在大街小巷采集声音样本，视觉艺术家通过剪辑拼接影片片段进行创作一样，我们的主要创作手法是将设计、建筑、玩具、发明、机械等风马牛不相及的物品有趣地拼接起来组成画面里的主体和空间。在推敲这些画面的过程中，第一批“样本”是已经存在的空间、元素和功能。为了深入了解它们的固有属性，我们会将其分解和重构，形成一系列新的建筑和景观空间。

DESIGN METHOD AND PROCESS
02 / 设计过程和方法

整个课程只有八周的时间，主要创作方法是拼贴和线稿手绘。最后需要提交一幅 3m 长的线稿图。作为一门选修课，这样的任务量一开始把我们吓了一跳。然而通过手绘和计算机编辑交替进行的方法，这八周的课非常轻松愉快地就过去了，并且最后的成果也让每个人感到非常满意。

▼起点

前两个星期，亚力克斯会教给大家基本的手绘技巧和制图的工作流程，比如把线画直的小技巧以及如何排线、光和阴影的角度如何等。同时，他会开始讲解计算机作图和 Photoshop 的使用技巧，这一部分是这个课程非常重要的技术环节，贯穿整个课程的始终。在第一次课程结束后，学生需要对自己找来的专利图纸进行编辑和拼贴。这些专利图纸和建筑空间完全不相关，但却可以通过剪裁和巧妙地拼贴形成有趣的空间。由于图面是二维的，所以我们可以通过简单地加入人和树等人们熟知的事物来辨别空间尺寸，而变化人物尺寸也可以一下子改变对空间的认识。

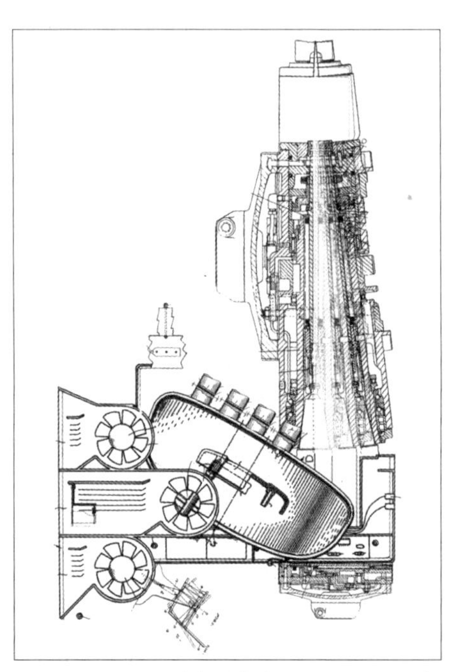

▲悬浮之塔（Floating Tower）

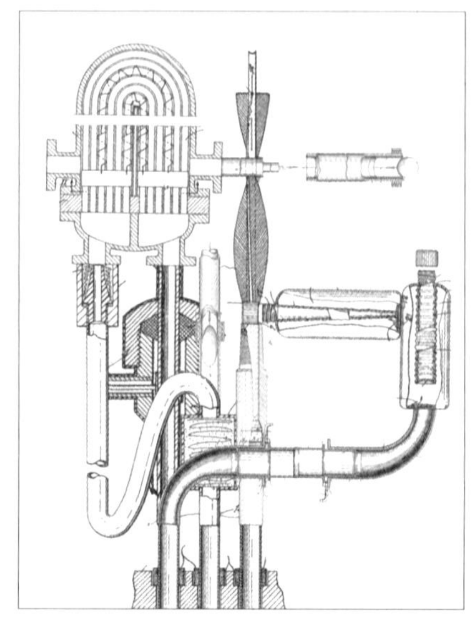

▲管道（Tube）

在对手绘和photoshop技术有了一定的了解以后，亚力克斯开始让大家学习正轴测图和正射投影的手绘。这对于大一的学生来说是很难把握的，有的同学一不小心就会画成普通的轴测图，有的同学只能先在犀牛里面建模，然后把模型推倒，打印出来再在上面描画。

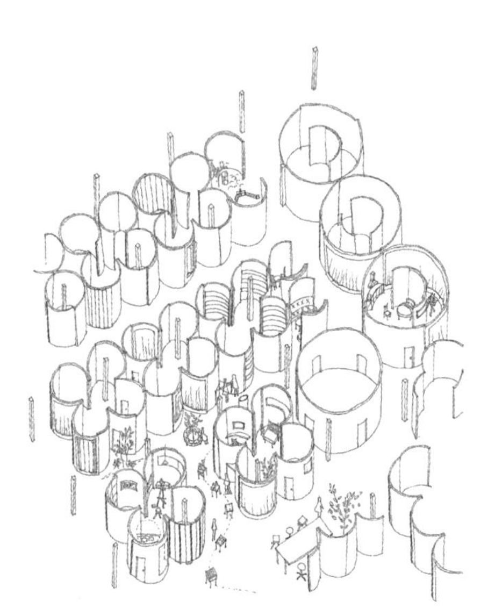

▲连体空间（whirl）

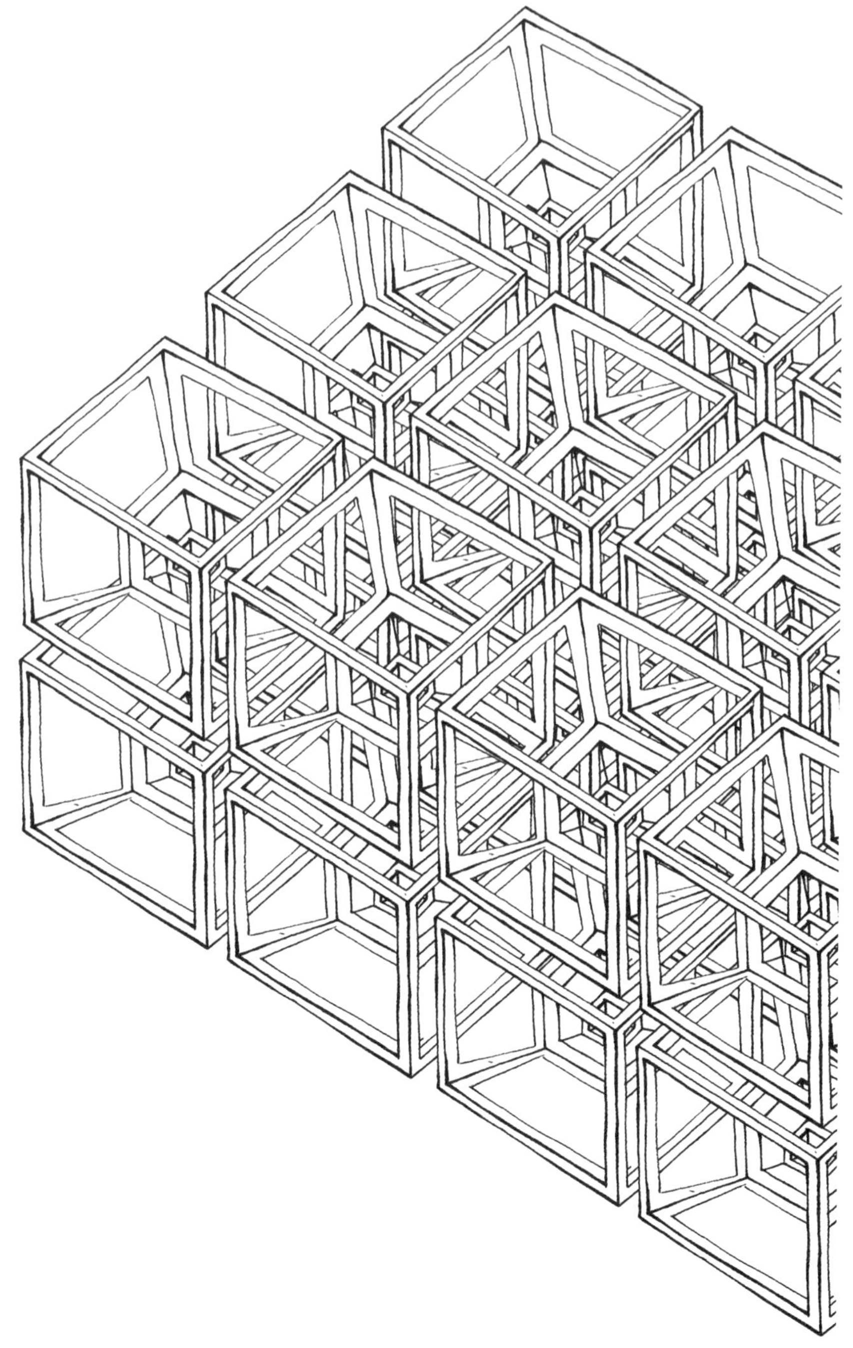

▲体块堆叠（Stacking）绘制：孟迪

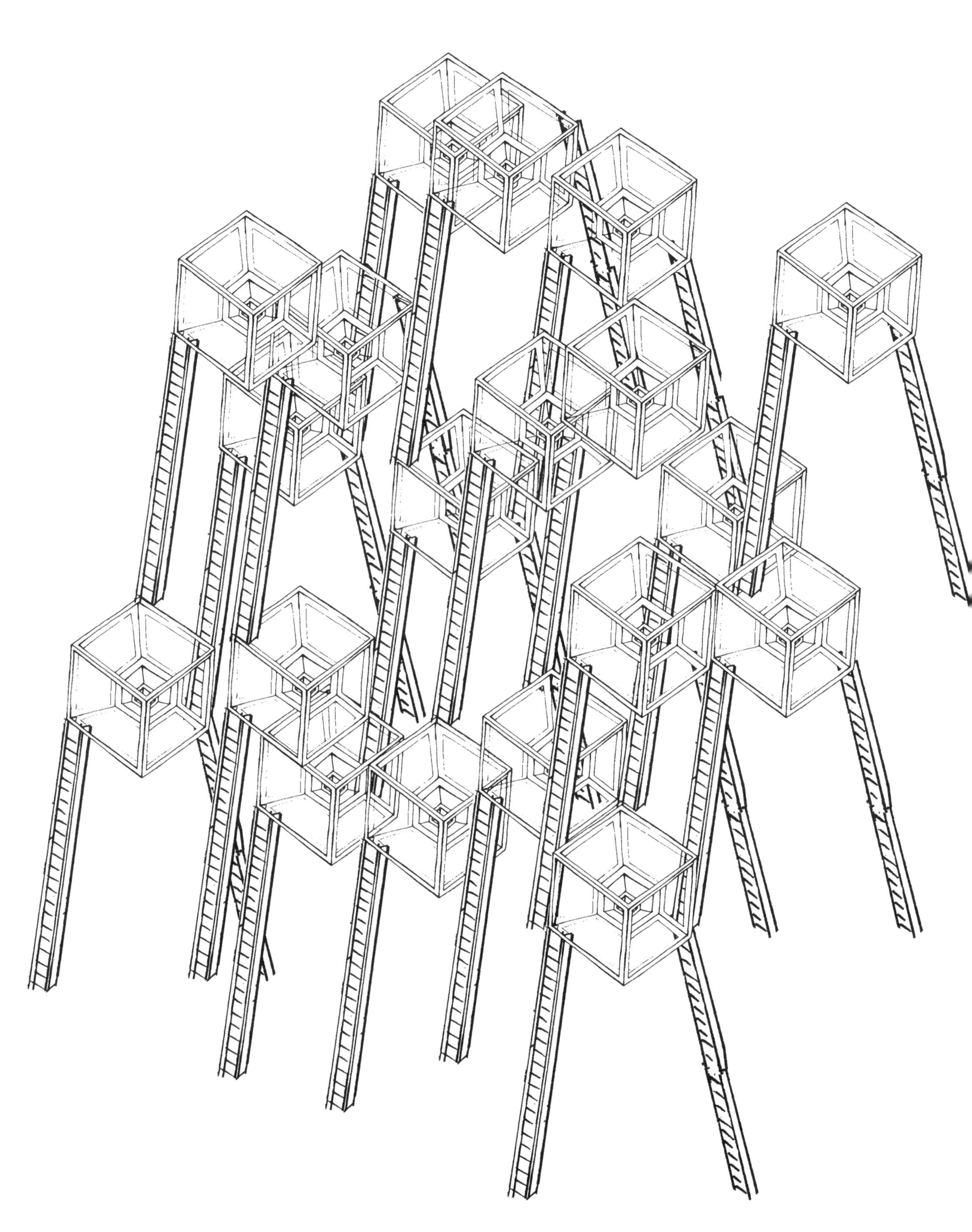

▲阶梯（Staircase），绘制：孟迪

▼故事

从第三个星期开始，亚力克斯会在每次课的最后留出三十分钟到一个小时的时间来和每个人讨论他们自己的设计思路和想要画的主题。有的人希望将自己设计课的内容和要画的东西结合起来，有的人单纯想要对画面有独立的设计和主题，比如将多重阴影相叠加并将叠加的部分以不同的方式表达等。每到讨论的这个环节，都会有人主动当唱片骑师（DJ），大家在头脑风暴结束后便可以听听音乐聊聊天，在轻松的氛围中度过了一个上午。

在轴测图的课程之后，同学们手上基本都积累了第一批正轴测图的手绘素材。我们把所有的手绘正轴测图扫描并共享，然后根据自己的想法对大家的素材进行挑选、剪裁、编辑和拼贴。由于很多人的出发点是非建筑的元素，这样非建筑和建筑空间的碰撞使我们的拼贴变得非常有趣。根据之前的发展和讨论，每个人都有自己不同的故事，比如，有的人希望以“我的世界（Minecraft）”这个游戏作为主题，有的是以“建筑视窗（archizoom）”为主题，有的希望以“堆砌”作为主题，尝试不同元素以不同的尺度和方法堆叠在一起会产生怎样不同的效果。在一些小尺度的尝试以后，我们开始进行最终3m图纸的设计。在这个过程中，我们先是手绘，然后再扫描到计算机里进行图像编辑，当发现遇到缺少素材的时候，就马上手绘，再扫描到计算机里，这样的过程大大地提高了我们编辑的速度，让我们有更多的空间来展示我们的故事。最后，我们还尝试了将水彩、水粉、蜡笔、铅笔等不同方式和原本的线稿结合。

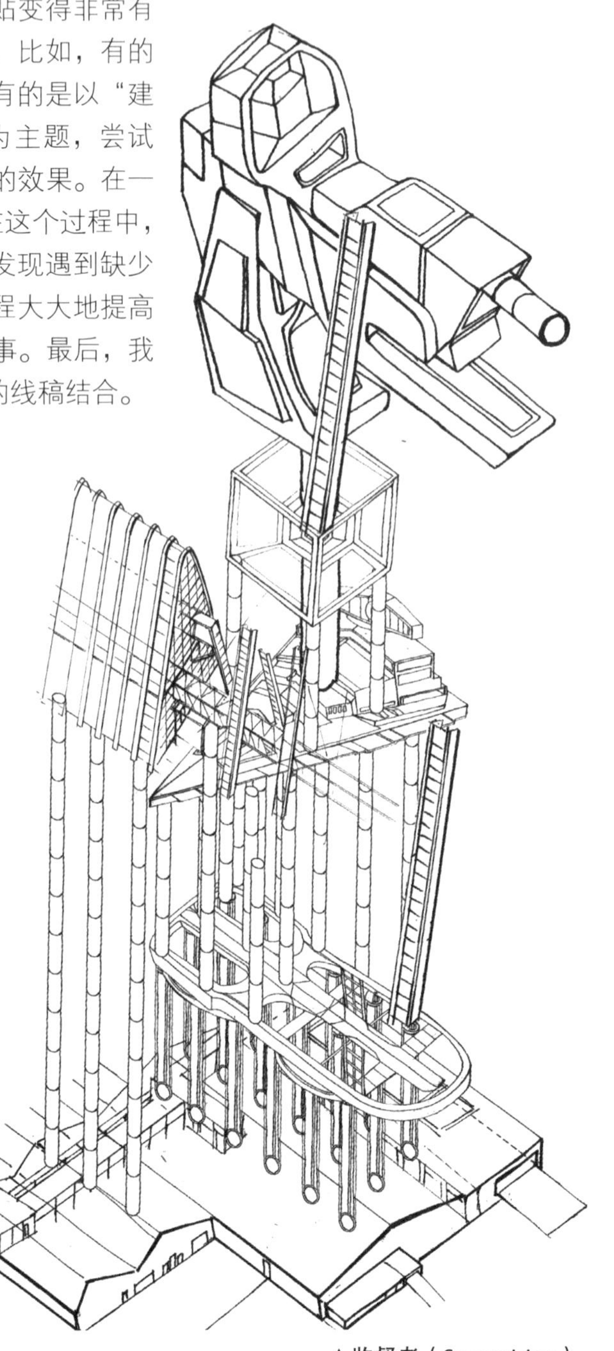

▲监督者（Supervision）

▼结束

AA 的习俗是在整个媒介课程的最后一天，所有的课程都会一起在 AA 的报告厅进行展览。它不是一个正式的最终答辩，因为整个的过程不是学生先做展示，然后老师评价，最后学生做出回答的套路，而是学生和学生之间的讨论，气氛非常轻松。

一开始，所有的媒介课程都会做一个五分钟左右的简短介绍，让所有人对每门课程的流程和最终的成果都有一个认识。接下来每两门课程将组成一组互相进行展示和讨论。其中老师也会提出和回答一部分问题，但大多数进行交流的都是学生自己。在过程中你需要给其他课程的同学提出问题，并且回答其他人对你作品的问题。在评价别人和被评价的过程中，学生可以开始构建自己的建筑审美和体系，开始进行独立的思考。

▲评图过程

EXPERIENCE
03 / 个人感受

在经历过国内的建筑大学本科教育以后，作为一个研究生，因为这次交流的机会，我有机会进入 AA 的本科课程进行学习。虽然经历尚浅，但六年的建筑学习经验已经让我可以和大一新生站在不同的角度来思考这个课程。

与简单的临摹建筑手绘学习不同，建筑绘图这门课程并没有把手绘技巧作为最重要的内容，而是希望学生通过手绘和拼贴这种方式更快地表达想法，甚至通过这种方法来辅助生成设计。

1.

通过对专利图纸等非建筑图纸的编辑来生成建筑空间，加入了机械、玩具甚至生活用品的元素，在二维的环境下进行设计，使学生可以随意发挥想象力。

2.

在线稿图中开始形成对尺度的思考，比如人的尺度和空间比例，或是当物体失去比例或比例，极度脱离真实时产生的有趣现象。

3.

图中一定要有你自己的想法和故事，不要把自己局限在了绘画手法和简单的建筑空间里。这对于刚刚进入大学学习建筑的学生有很大的启发性。

4.

提早的在大学一年级接触 photoshop 等计算机编辑工具，通过手绘扫描进入计算机编辑再手绘的方式打破传统的单一模式。

5.

在鼓励学生对想法和故事性的表达同时，也教会了学生一些必不可少的技能，比如手绘的笔触，对透视图、轴测图、正轴测图等的生成和认识。

这几点是我在这八周的学习中感受尤为深刻的。一个简简单单的手绘课程，却能使刚刚进入建筑大门的初学者对建筑、软件应用建立一个基本的认识。建筑不只是这些钢筋混凝土的点线面。一个发动机、一把椅子甚至一只鞋子都可以变成有趣的空间。所以当我们思考设计的时候，不应仅仅停留于人们先入为主的对建筑的定义，更应从我们自己观察世界的角度出发，创造出人们还未体验过的空间。

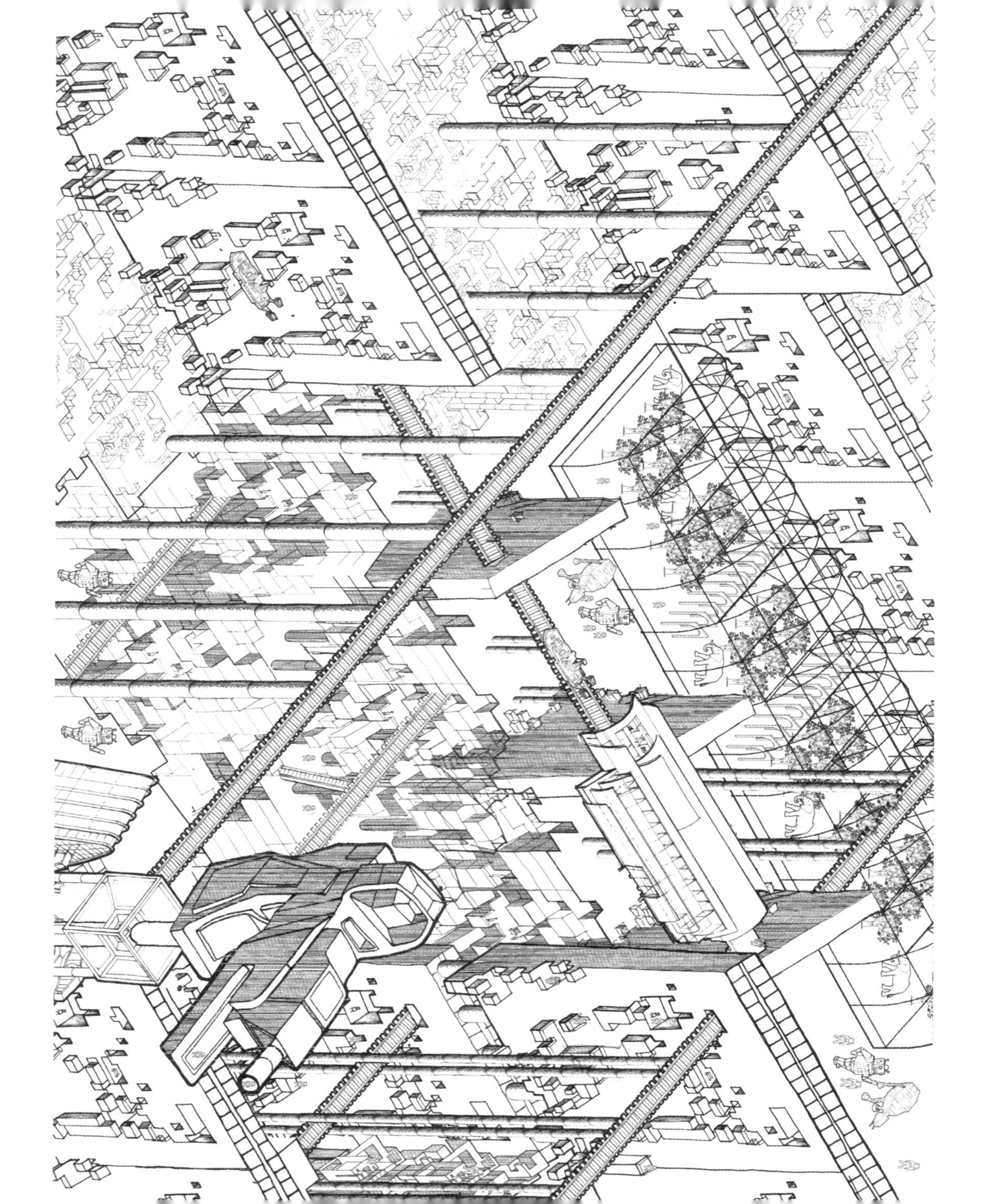

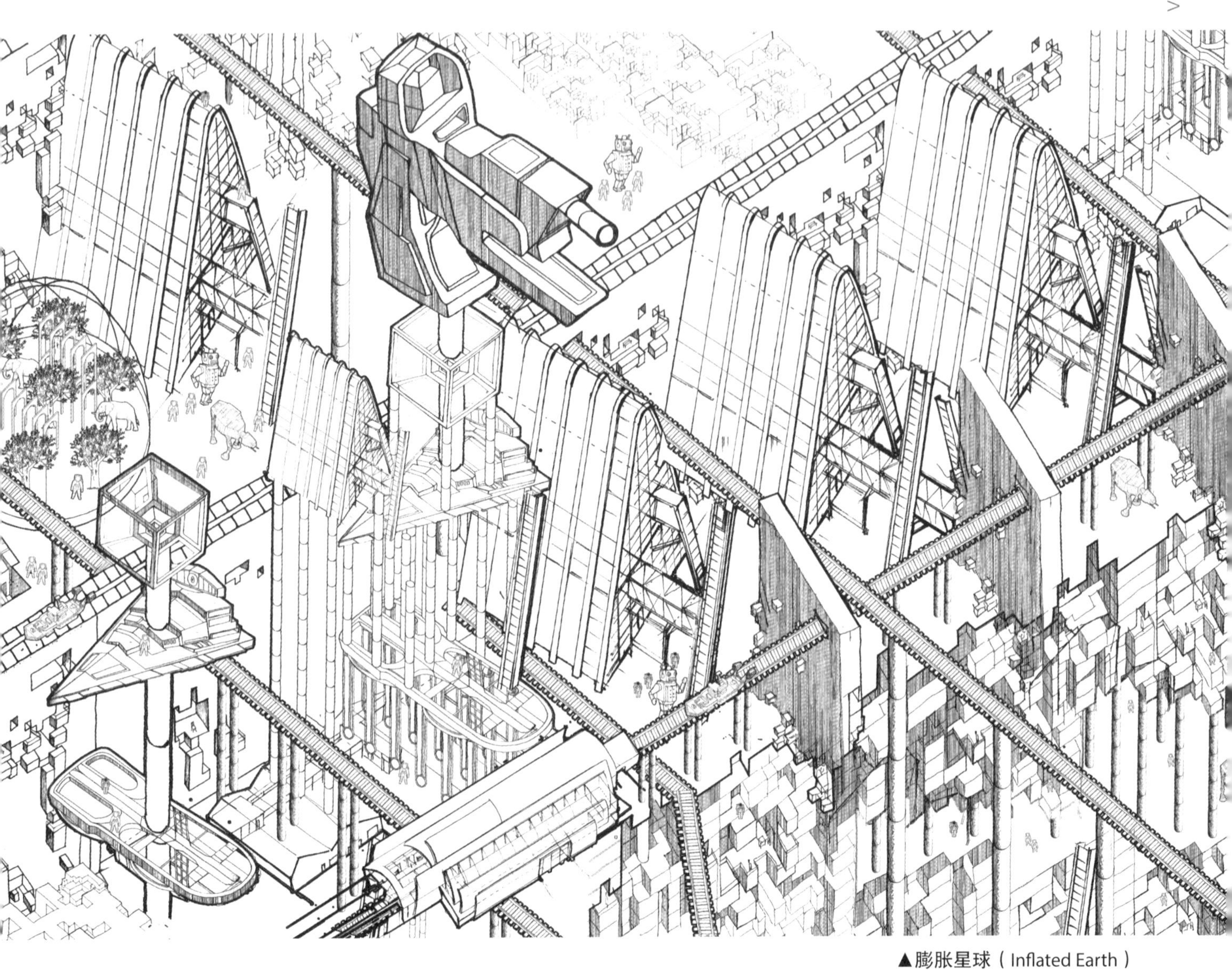

▲膨胀星球（Inflated Earth）

FINAL
04 / 成果展示

我的最终作品的主题是膨胀星球，故事是假定未来的城市由于过度的发展和建造，水平向的扩张已经不能够满足需求，人们开始把欲望伸向空中。城市没有了既定的地面，建筑成为化石，取而代之的是层层叠加在一起的新的大地，建筑建在另一个建筑上面，留下一个个大洞一样的天井。底层大多完全是人工采光，有的因为太过黑暗而被废弃，有的变成底层人民的居所，条件稍好一点的变成现在城市中心的功能比如办公、交通等。地面成了华丽的高级住宅，公园和娱乐设施。有点立体的乡绅化的意味。而土壤成了像石油一样珍贵的资源，需要到很深的底层开采。

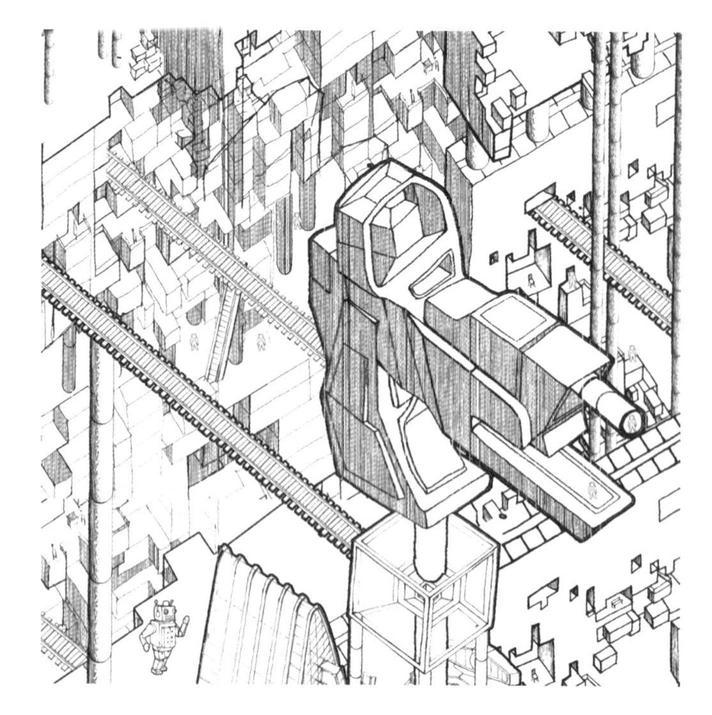

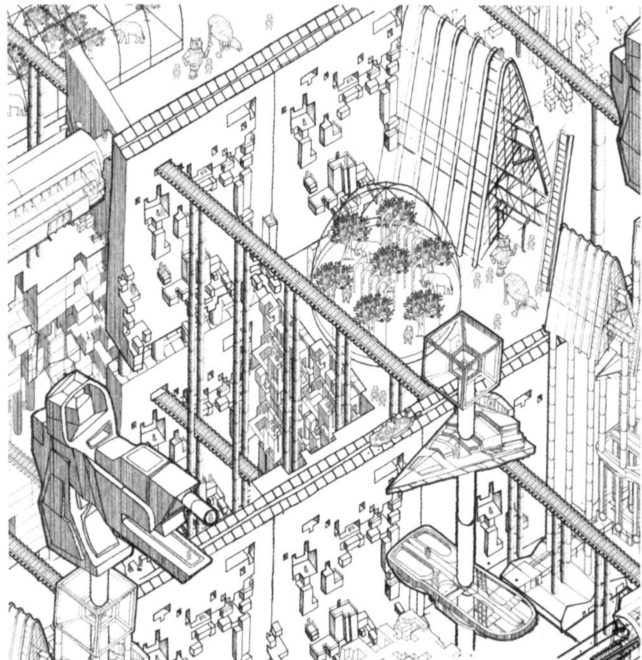

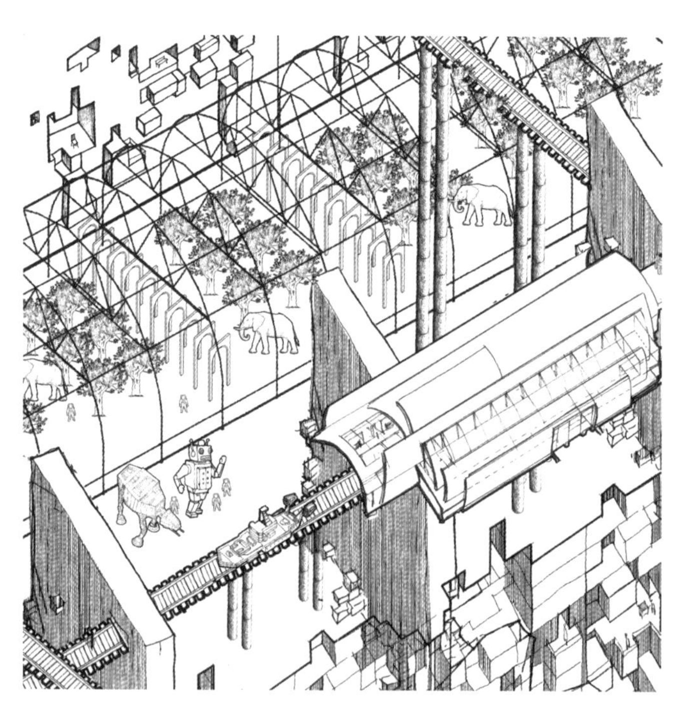

▲膨胀星球 图纸细节（Inflated Earth Detail）

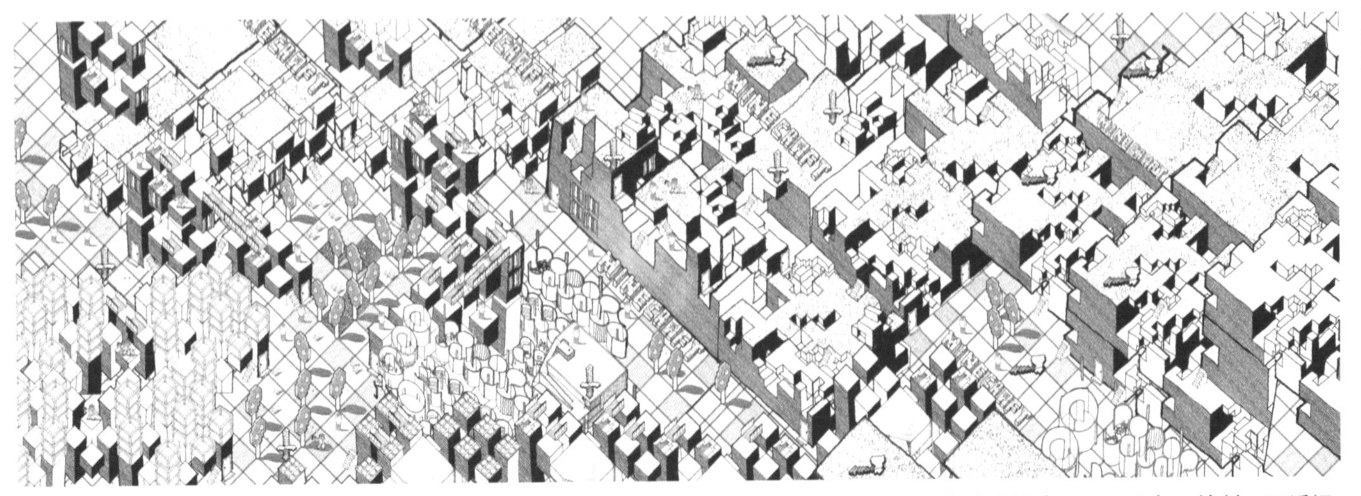

▲我的世界（Minecraft），绘制：王适远

▲堆叠（Stacking），绘制：孟迪

▲城市迷宫（Urban Maze），绘制：章驰

西安建筑科技大学

叶飞

国家一级注册建筑师，
西安建筑科技大学建筑学院教师，
Teemu Studio 合伙人。

这门课程很有意思的地方在于将枯燥的基本功训练融入到了有趣的一系列内容组合中，又设置一个看起来有难度的大尺幅成果要求，但是学生通过技巧和努力能够达成从而带来成功感。课程不仅是基本绘图训练，还加入了人的尺度变换、绘图故事性、软件配合等内容，让一个基本功训练具备了开始独立思考和培养审美意识的意义。

本份主题为“膨胀星球”的作业故事性很好，很有未来感，像是来自“星球大战”的作业成果，各种图面元素铺陈很有整体性和图面张力。相信在展览现场，3m 尺幅的原作，一定很有视觉震撼力。

这是一门值得国内院校借鉴的课程。在基本功的训练中客服枯燥感，增进趣味性，发挥学生想象力，融入适当的专业技能和专业内容。

同济大学

王凯

同济大学建筑城规学院副教授，麻省理工学院建筑历史、理论与评论（HTC）部门访问学者（2015—2016），主要从事建筑历史理论、建筑设计以及建筑评论方面的实验教学，教学研究兴趣在于思考建筑理论历史与建筑设计教学的连接和交叉点。

最大的感受是，这是一个高度整合进整个 AA 建筑教学体系的绘图教学课程，散发出鲜明的 AA 特点。正如作者所说，建筑、玩具、发明专利图纸、机械设计等多种不同的图纸组合变换，综合运用手绘、计算机、拼贴组合等多种技巧完成大幅课程作业，从最终的作业展览来看，同学们在已经非常娴熟地掌握了一整套综合表达手段的同时，还融入了基本的建筑尺度变换、空间叙事以及未来城市畅想的练习，真是一个高度整合的成功教学设计。

我并没有直接去过 AA，只是从书上了解到 AA 的教学特点，大胆肆意的想象力和美轮美奂的视觉表达给我留下了最深刻的印象。从张同学的经历来看，这种能力的培养和训练是自始至终贯穿各种相关配套课程之中的。

东南大学 ▌鲍莉

东南大学建筑工程学院副教授、博士、硕士生导师。为“建筑设计”国家级精品课程和国家级教学团队主要成员。获得瑞士联邦高等工业大学博士学位，瑞士苏黎世高等工业学院博士学位。致力于城镇系统研究、绿色住宅区研究与实践、既有建筑绿色改造的设计与技术的研究。

AA 的建筑绘图课应是 AA 本科课程体系中与工程技术、历史理论相平行的媒介课程系列的基础部分，其课程英文名称叫作“Painting Architecture”而不是“Architecture Painting”就足以说明其课程的定位和背后的教学理念。众所周知，AA 的建筑教育以实验性教育著称，正如其校长布雷特·斯蒂尔（Brett Steele）所言，在 AA，建筑永远关注的是想象的未来。这一宗旨在这门课程中也得到充分体现。

课程训练包括工具学习与运用、主题设定与表达及成果交流讨论三部分组成。令人惊叹的不只是画面的复杂与精美，更是用各种二维的绘画工具与技巧来表达自我想法以及探索创造性的可能。人不可为物所役，工具应为目的所用，用自己的眼和心去观察和思考世界，创造出从未体验的空间，最终找到一种属于个人的表达，而在这个过程中自然主动地学习掌握甚至探索工具的使用技巧。而学生针对成果的交流讨论，则在阐述、质疑与评价中进一步相互激发，通过独立思考，逐步构建自己的建筑审美。而国内目前的建筑学美术课程的目标及评价标准依然大多停留在绘画工具与技艺的掌握上，与创造性设计训练与批判性思维训练目标相脱节，相信 AA 的这一课程可以带给我们很多启发。

哥伦比亚大学 张智文

关键词
城市，运动，贯通

本科：西安建筑科技大学
硕士：哥伦比亚大学建筑系
先进建筑专业硕士
（Advanced Architecture Design）

拳击运动中的建筑形式

哥伦比亚大学 / 伯纳德·屈米设计课程（Bernard Tschumi Studio）

不夸张地说，哥伦比亚大学囊括了当今建筑的所有风格，在盲选选择工作室时就有15个以上的工作室可供选择，有斯蒂芬·霍尔（Steven Holl），胡安·埃雷罗斯（Juan Herreros）这种实践建筑大师的工作室，也有伯纳德·屈米，恩里克·沃克（Enrique Walker）这种理论很强的工作室。在选修课方面也是五花八门，许多哥伦比亚大学旧时期的参数化风气基本都被视觉研究和技术课程保留了下来，理论课更是有着凯尼斯·弗兰普敦（Kenneth Frampton），马克·维格利（Mark Wigley），伯纳德·屈米，也呼达·萨夫朗（Yehuda Safran）等“活化石”的言传身教。总体而言给我的感觉是一个理论与实践结合得很紧密的建筑环境，设计项目在需要一个有力的论据的同时，又要满足现在时代发展与人文主义的需求。在工作室方面，工作室拥挤的环境像极了曼哈顿拥挤的都市面貌，既作为了一个不可避免的黑点，同时又带来了无限可能的碰撞与学习的机会。我主要分享我在2015年秋季在伯纳德·屈米工作室的一段学习历程。当时很幸运在“60进12”的竞选中选中了他的工作室，他是我来美国前就很熟悉的哥伦比亚大学教授。不仅仅是因为他的名气很大，而且很喜欢他推进项目的手法与独特的建筑视角。

STUDIO INTRODUCTION
01 / 课程介绍

▼教师

伯纳德·屈米，世界著名建筑评论家、设计师。他出生于瑞士，具有法国、瑞士以及美国国籍，在美法两国之间工作与居住，拥有美国与法国建筑师的执照，长期担任哥伦比亚大学建筑学院院长。他在纽约和巴黎都设有事务所，经常参加各国设计竞赛并多次获奖，其新鲜的设计理念给世界各地带来强大冲击。屈米还有很多理论著作、评论，并举办过多次展览。他鲜明独特的建筑理念对新一代的建筑师产生了极大影响。

▼课程

在我看来，伯纳德·屈米和我的预想有些出入，本以为理论建筑大师会很传统并坚持着自己的套路进行教育，但是他在工作室中却表现出前所未有的包容与开放，这给予了我很大的自由与空间去建立一个自己想要得到的论据。很不同于国内的建筑学教育，我觉得这种自由是我间接获得设计灵感的一种重要途径。

这次的项目主题其实是往年几次的一个延续，选址都在一个标准的曼哈顿街区中进行，所有工作室的六个小组各自拥有一个街区并最终连成一片形成一片街区。屈米一直以来的风格很强调概念和论证， 他本人在上课时最常提到的一句话就是“建筑是一种实现你自己观念的方法（Architecture is a way to materialize your own concept）。”

DESIGN METHOD AND PROCESS
02 / 设计过程和方法

为了帮助我们建立论据与概念，在正式的建筑设计之前屈米专门安排了一个热身设计练习。这就是我想主要介绍的第一个设计，这个项目其实是关于他自己用来建立概念的一套理论，如何利用对于日常体育运动（如篮球、拳击、滑冰等）的运动轨迹的分析去转变成为一种空间的可能性。

▲伦敦动物园里企鹅的游泳池

项目的选址在曼哈顿密斯（Mies）的皇冠楼（Crown Hall），一个被定义为长方形盒子的建筑空间。屈米解释说规矩且有一定边界的空间内可以把空间运动的个性发挥到极致。其中不乏有很多有趣的例子都可以体现出运动轨迹对于建筑的塑造与影响。比如贝特洛·莱伯金（Berthold Lubetkin）设计的在伦敦动物园里的企鹅的游泳池（penguin pool in london zoo），他通过对于“企鹅”这一客户运动习惯的学习，简单而幽默地适应了企鹅迈不开步的这一特性，同时将这种运动转换成一种建筑语言展示，整个空间是连续性的且动态性的。同样的例子还有柯布晚年在哈佛设计的卡朋特艺术中心（Carpenter Center for the Visual Arts）。

▲卡朋特艺术中心

▼工作室

这个设计的本身要从运动出发，我的题目是“拳击(Boxing)”，这是一个很有趣但是却又是其中挑战性最大的一个题目，其实我之前并没有很熟悉这项运动，不像篮球或者足球这种熟悉的运动，我无法立马联想到一种基本的运动概念与之相对应，同时这也避免了我陷入一种既有的且危险的思维定式中去。我可以一帧帧地观察一整套拳击运动的过程并用一种空间的角度去观察思考并记录。但是如何从基本的运动演化成空间形体呢？于是我通过对于导师屈米的曼哈顿成绩单（The Manhattan Transcripts）方法论的学习与演变进行了一些尝试。

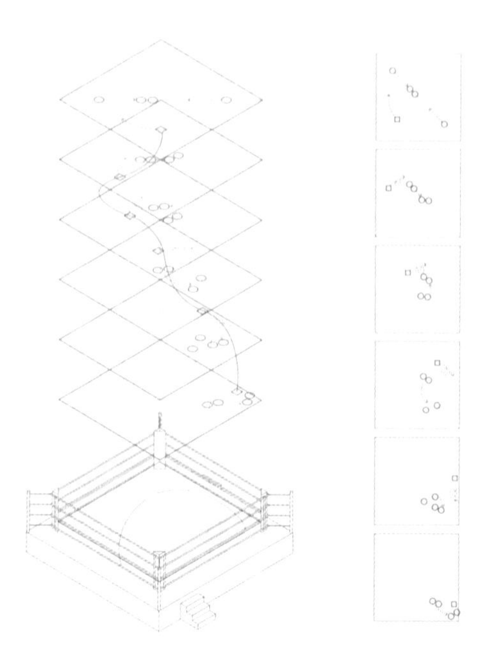

▲拳击台分析图

我们发现在拳击运动进行的过程中，参与的不仅是两位运动员，同样还有裁判。这种参与不同于有裁判在场的其他团体运动（如篮球、足球等），裁判在拳击中是直接且频繁地参与到运动员之间的。而且起到了一个调解、分开的作用，我们觉得这是拳击运动独立于其他类型运动的内核，裁判和拳击手之间的运动关系处在一种名义上的相互矛盾（裁判与运动员角色关系上的），同时又处在一种实际上的相互协作的关系，裁判的运动轨迹基本围绕着拳击选手在做不规则的向心运动（没有裁判或者拳击手其中任何一方比赛均无法继进行）。这种关系让我联想到了建筑中不同空间形式上的矛盾但是功能的相互依赖，如同两种形式语言之间的相互撞击与彼此协调。所以为了表达出拳击运动中的这种空间关系，我们引入了符号性很强的空间语言去诠释这种运动的概念。

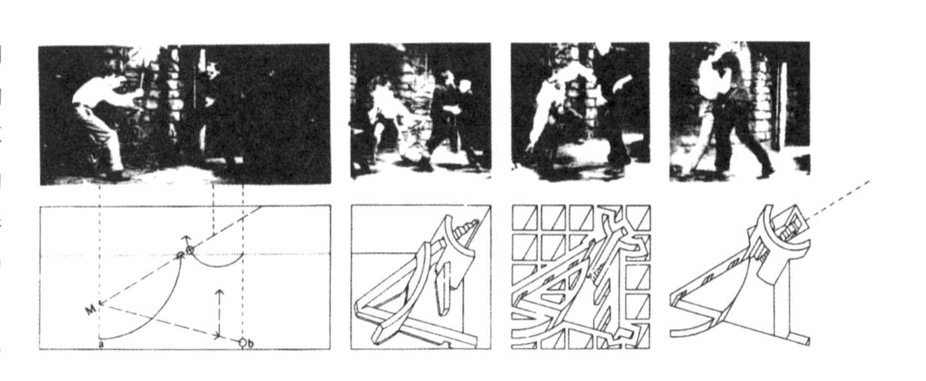

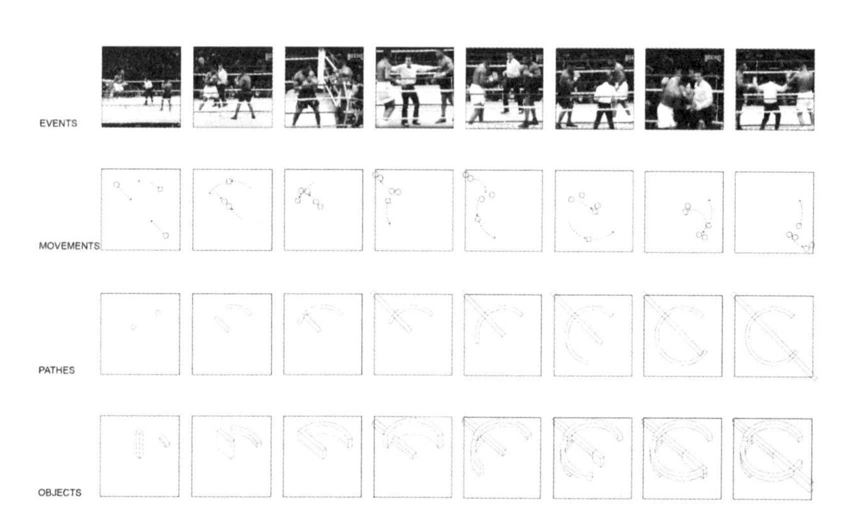

▲运动轨迹分析图

▼设计

当我把这种运动空间化后，第二个问题就是如何将它与皇冠楼（Crown Hall）这个场地结合在一起？然而我们通过对这种模式之间的互相叠加与拓扑之后的结果并不是很乐观，屈米评图认为我们关于运动轨迹的研究与转译的方法是正确的，空间化与物质化的手法也得到了认可，但是最后建筑化的过程却并不是很成功，原因在于运动空间的转译过于表面，他更希望看到一种概念主导下的建筑形体与场地之间的对话。所以我们开始重新思考这个过程，希望能找到这种运动中更深的概念与内涵。

然后我们把运动轨迹细分成了回合到回合，希望不仅可以直观地反映拳击运动移动特点，而且可以把运动的时间特性表达出来。思考运动本身如何在一个限定的范围内（拳击台）和一段限定的时间内（一个回合）去回应不同角色之间的关系以及拳击手之间的空间关系。并进而将其中裁判与拳击手既冲突又必须互相协作的运动特点转译成一种空间形态。

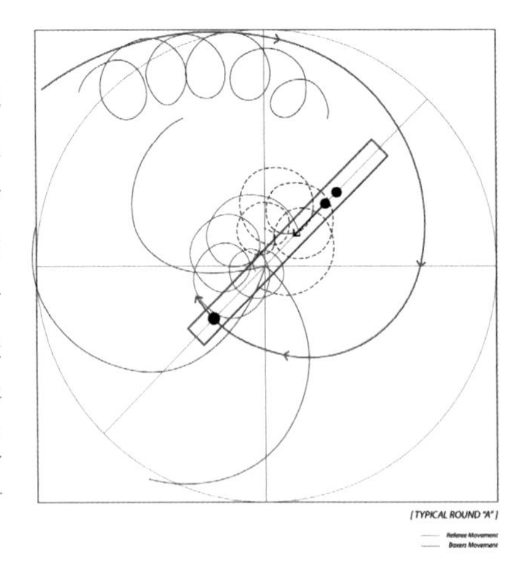

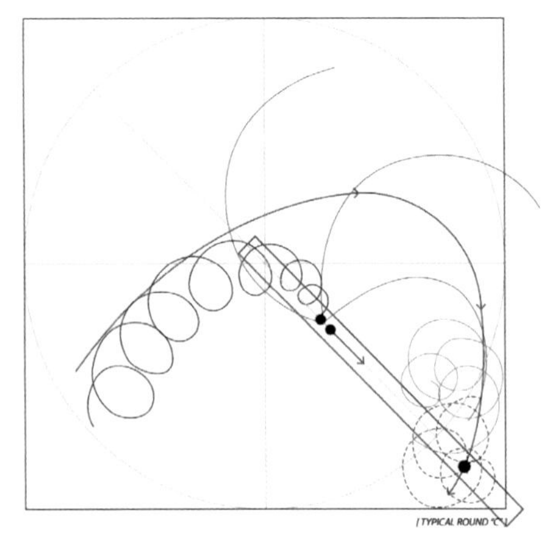

▲运动轨迹分析图

所以最终这种运动给予了皇冠楼一种新的姿态，原先流动性很强的空间中插入了拳击的运动形式，直线与曲线之间的冲突体现在外在的形式，但是人们必须同时利用二者才可以进出这座建筑，这也是被屈米认为是最有魅力的地方，通过单一的曲线抑或是直线都无法串联起整个空间，这种冲突中的协调感完美地表达出了拳击的运动内核精神。

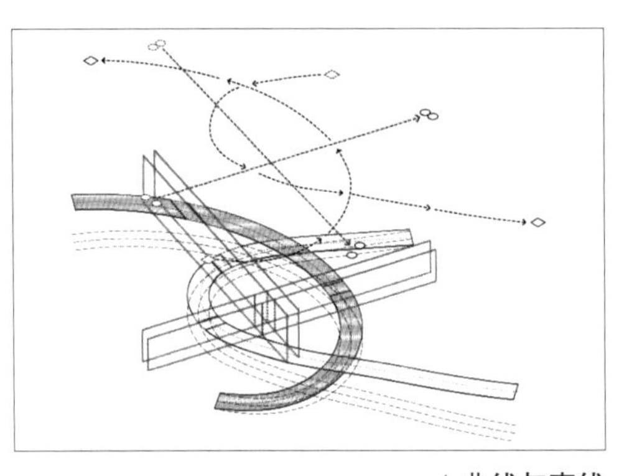

▲曲线与直线

这里附上一张平面和剖面，形式的冲突与协调不仅表现在二维平面的空间中，同样延伸至了空间维度。屈米当时在平面和剖面中来回看了很久，他发现了一个其实我们都没注意到的点，空间上的曲线和直线戛然而止的尽端（我们设置的“死路”）犹如一个拳击手挥出的拳头定格在了空中一样，他认为这点很重要，因为和我们之前对于运动属性分析的时间概念很紧密地联系在了一起。

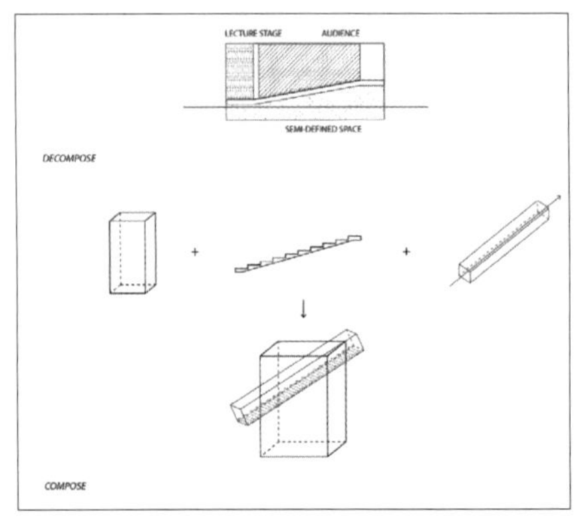

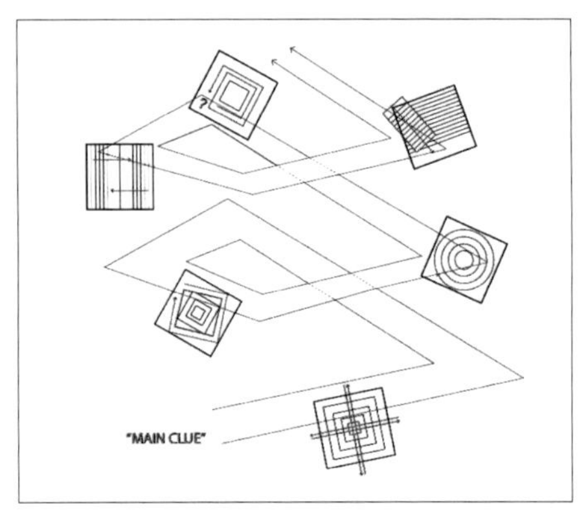

▲平面和剖面

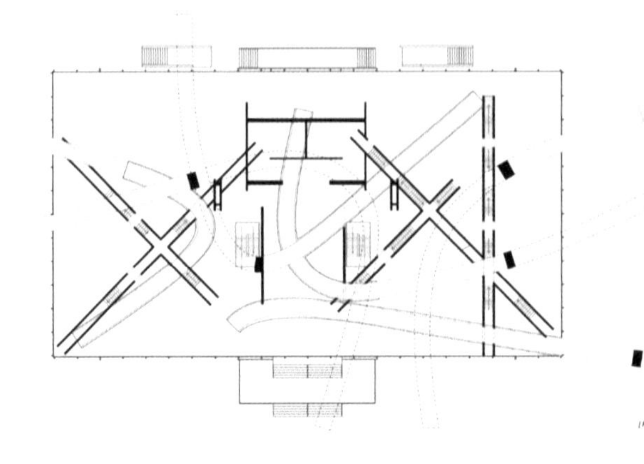

▲平面 - 克朗楼

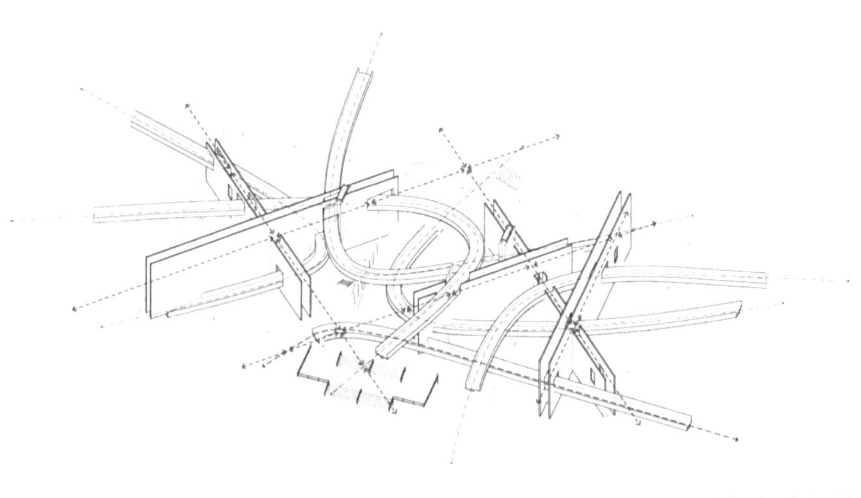

▲轴测 - 克朗楼

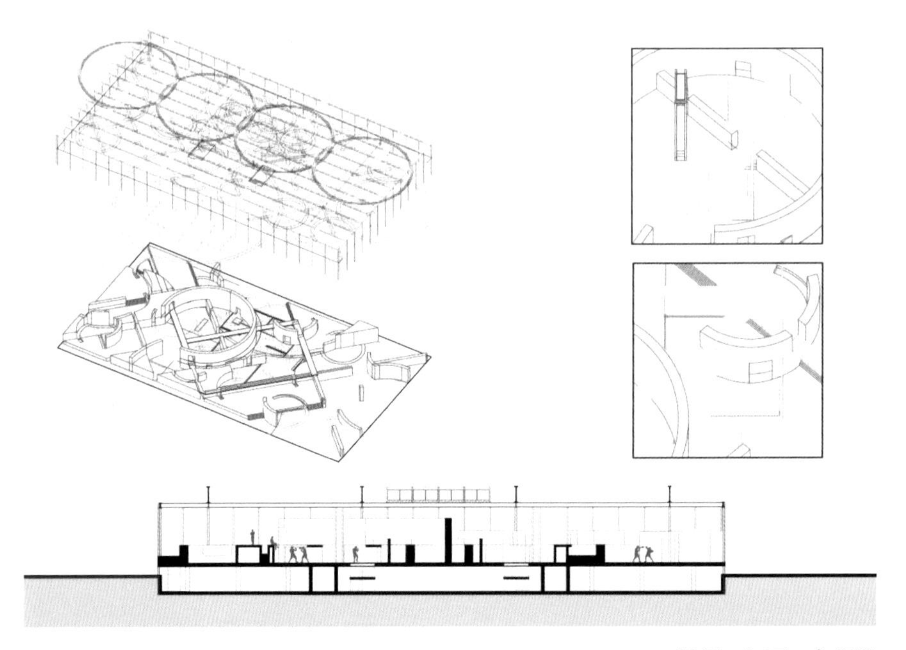

▲轴测 / 切面 - 克朗楼

我们有六个大礼堂，如果我们可以分解每个大礼堂为观演空间与被观演空间，并且将二者剥离后重新用一个循环系统组织起来，人在这个循环系统中运动，可以选择去看他们希望去看的表演，或者可以选择去看一个片段，人与活动项目之间的连接就会变得不确定且有趣起来。就如同用一根环子串联了整个事件并重新表达。

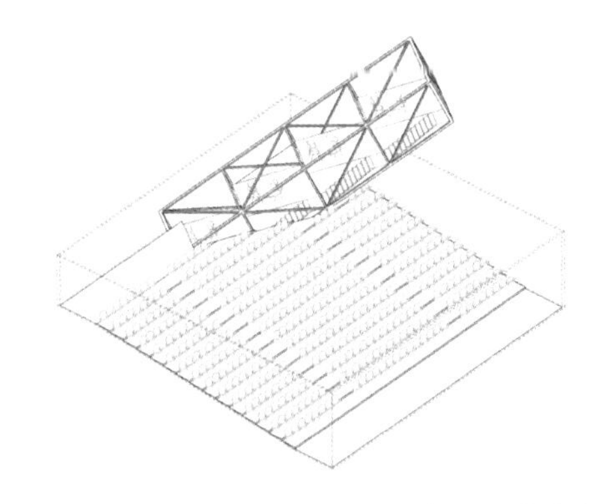

▲交通空间和功能空间 1

在完成了这个练习后，我们利用从中学到的怎么样用概念物质性的一些手法来重新审视我们的建筑基地——一个典型的曼哈顿街区，我们要求在其中创造出一种高度互动的空间，我们被规定了特定的项目（我的是大礼堂）并基于这种功能与城市之间的关系来创造出这种功能面向未来可能的模型。

我们认为在传统剧场空间里"剧场"就像是一个大盒子包括并组织了很多相关的功能，例如休息室、幕后、交通、演讲台、工作室等，如果要打破这种既有的联系我们就要尝试去解构传统的剧场空间。怎么将这些功能重新设计并且有机地结合穿插在一起是激活这种活动的关键，所以我们进行了二者空间联系上的尝试。

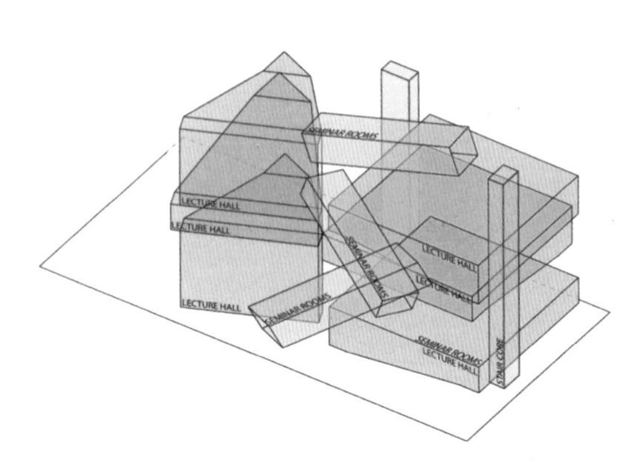

▲交通空间和功能空间 2

屈米认为这是一个很有力的想法而且他相信这会彻底地改变传统大礼堂的用法以及体验。但是怎么去把这两种空间合理地组织串联在一起是项目发展的关键，这种组织不仅仅是空间上的，更可以是功能性的，也可以是结构性的等。我们同样找到了批评这种现代走廊串联空间模式的历史资料，在曾经没有走廊模式的时候人们需要从一间房子走进另一间，这种模式有他的优缺点，但是当我们将这种空间发展到当代建筑中去的时候，不可避免地会极大地增加功能与功能、空间与空间以及人与人之间的互动，所以我们以此出发并重新整理了我们的论据思路。

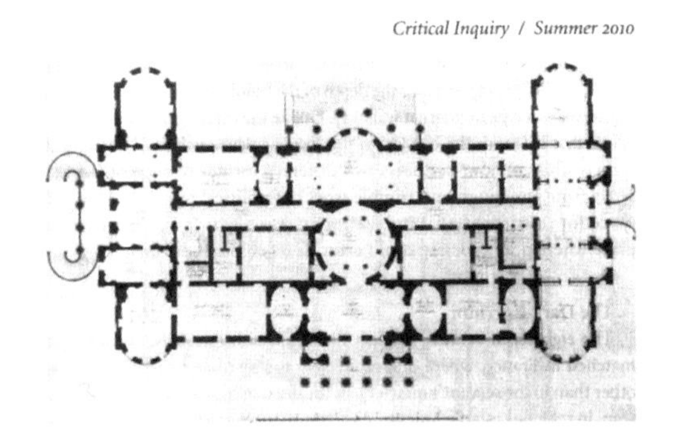

▲"圣乔治宫（St. George's Hall），哈维·隆斯代尔·艾尔姆斯（Harvey Lonsdale Elmes）利物浦（1841-54）。
14 世纪时，在西班牙和意大利的文化中，"Corridor"（走廊）的意思仅限于是"Courier"（导游），在拉丁语中意思是可以跑得快的空间。走廊更多满足功能性的要求，比如政府间的传信，穿越敌人的战线，金钱运输的通道等。走廊同样被用于战斗中长官和士兵之间的传信通道。这个现象直到 17 世纪的法国才得到改变。圣乔治宫就是走廊变革的一个例子。

这种串联在满足观众对于叙事要求的同时还要承担起所有大礼堂的辅助功能，而这给了我们一种可能去设计一种程序式的串联。

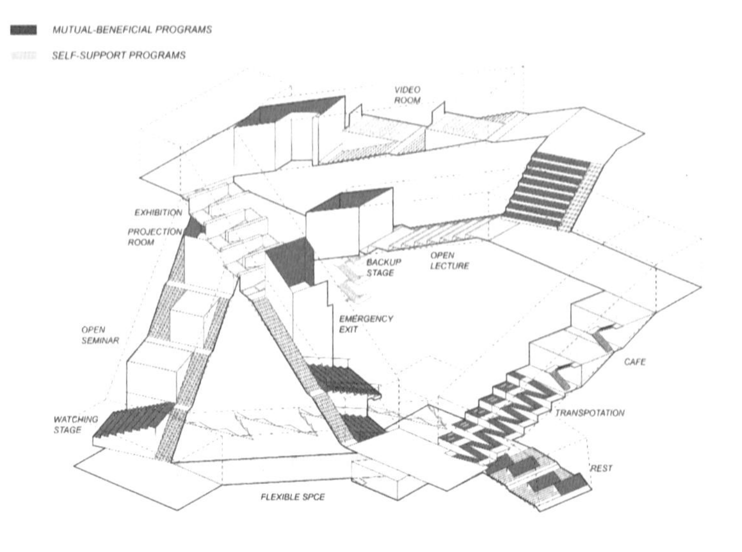

▲功能空间串联 1（ Programmatic Loop 1 ）

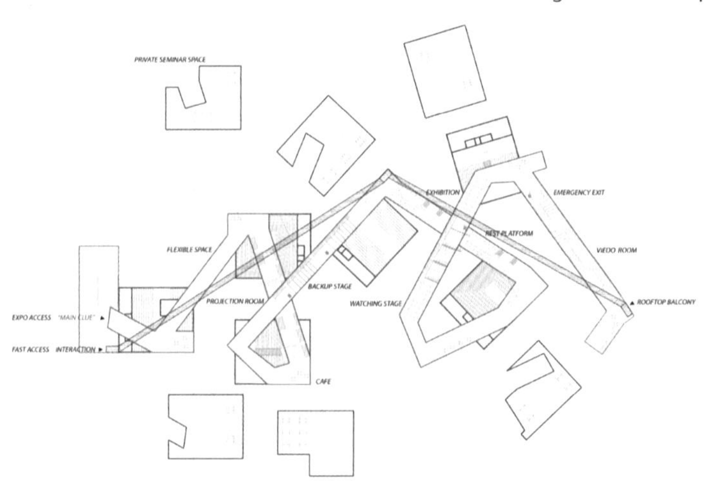

▲功能空间串联 2（Programmatic Loop 2 ）

对于串联内项目的模型的考虑以及串联与礼堂空间以及功能上的联系，我们也进行了深入探讨。

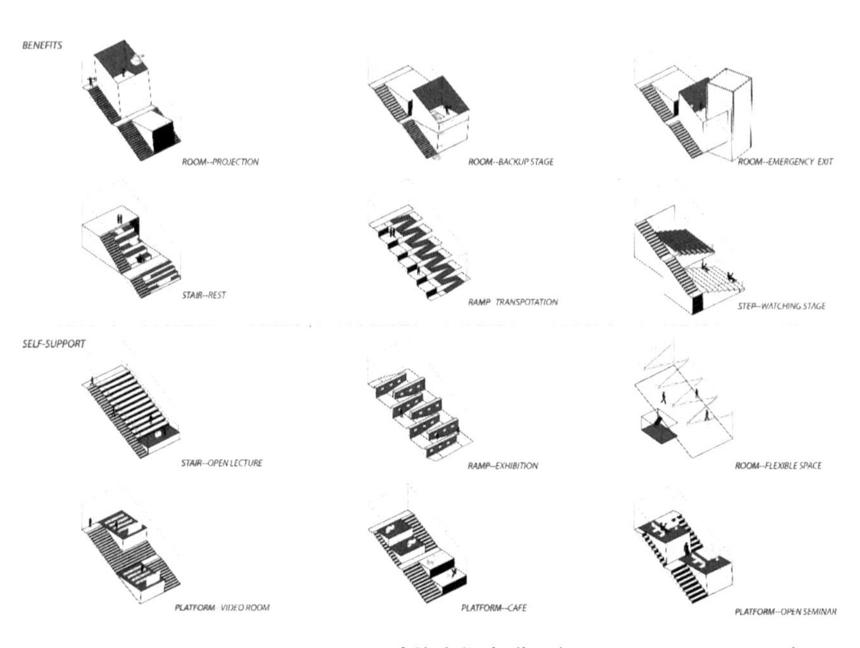

▲功能空间串联 3（Programmatic Loop 3 ）

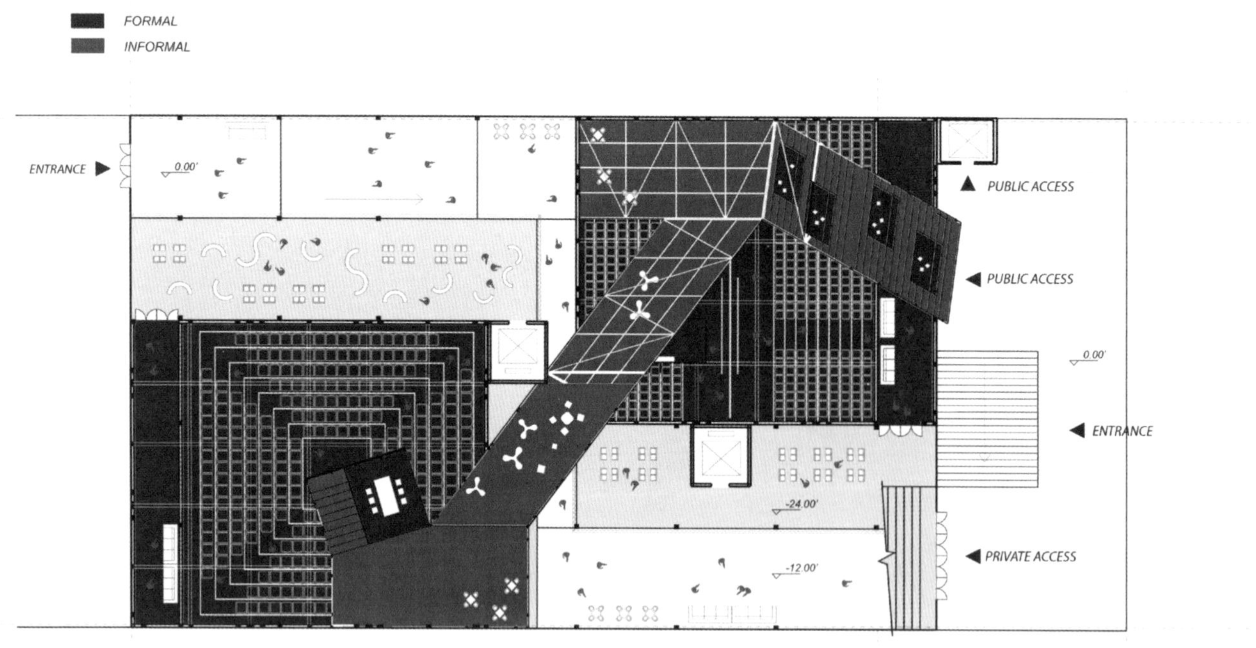

▲**最终平面图**（Final Floor Plan）

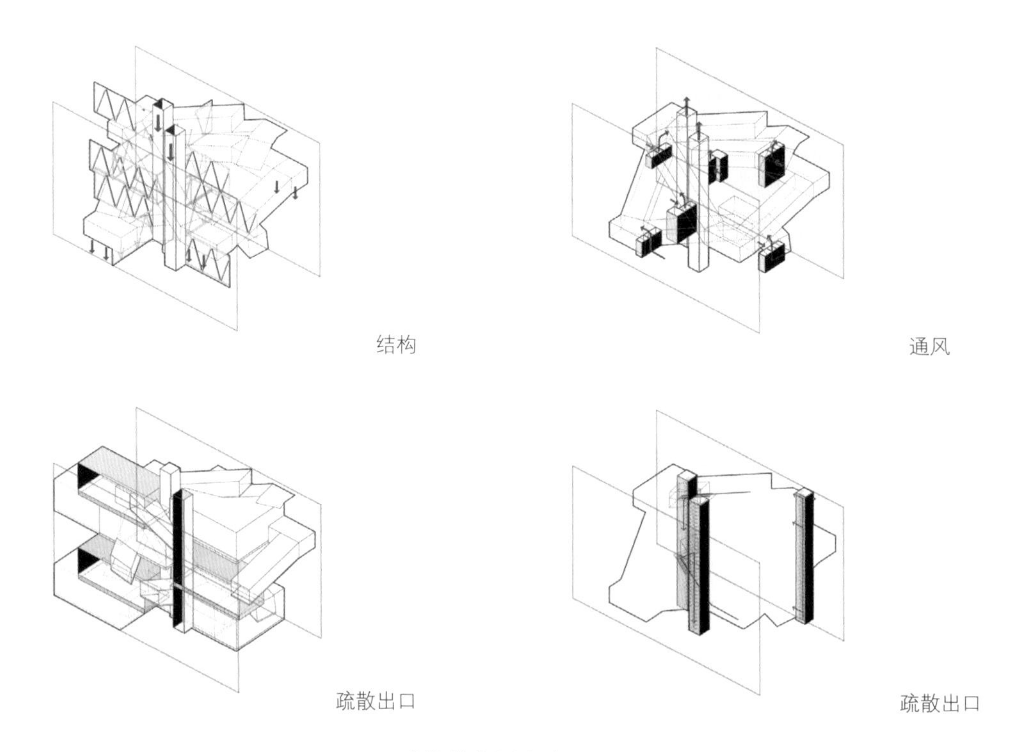

▲**建筑技术要素**（Architecture Technical Consequences）

除此之外还有礼堂本身与循环之间技术上的关联。这种技术的结果超越了传统空间上的意义，但是却又使得建筑本身的功能之间相辅相成，相互支持。

EXPERIENCE
03 / 个人感受

1.

最终我们跳出建筑，从城市的角度出发，因为我们的场地是一个曼哈顿的街区，如何回应城市的需求以及如何与城市之间相互对话也是互动可能体现的一种角度。我们希望这种串联不仅成为剧场的功能，更会成为一种新的社交媒介与平台，如果礼堂内部的空间都是私人的话，那么这条循环系统可以很激进地作为一个公共的空间提供给纽约市民们平等的机会去感受歌剧的魅力。

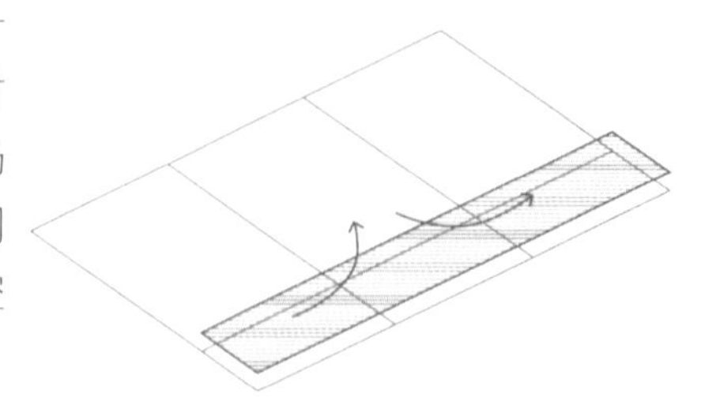

▲正式互动空间（Formal Interaction Space）

2.

屈米在期终评图中说这个礼堂使他回想起了 20 年前的经历，他说他曾去过一个剧场两次看同一部歌剧，第一次是睁着眼睛闭着耳朵（with eyes open but ears closed）， 第二次是带着耳朵但是眼睛闭上了（with ears open but eyes closed）。他认为之前是人为创造出的一种不同的功能体验，如今我们的作品可以把这种有趣的体验建筑化，空间化，并演变成了一种新的礼堂的类型，在这一方面这个项目是成功的。

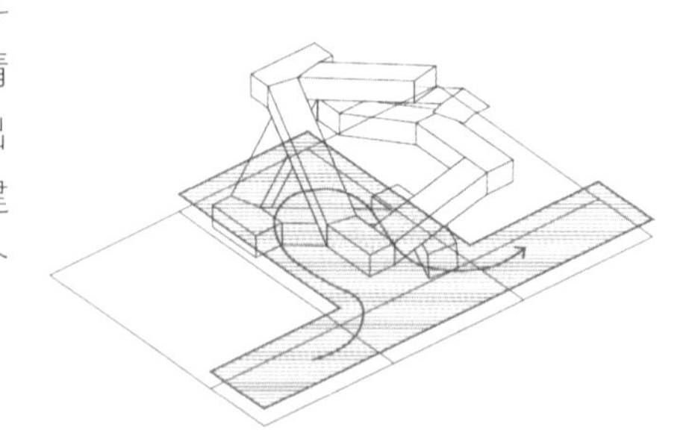

▲非正式互动空间（Informal Interaction Space）

3.

最后特别感谢我亲爱的合作伙伴艾米莉以及所有秋季 2016 屈米工作室一起走来的小伙伴们，一起熬夜吃零食交谈的日子眨眼就过去了，哥伦比亚大学的魅力就在于你周围都是一些有趣且很有独立思想的人，我们共创了一个共有街区联系我们各自功能并面向城市的互动广场。无数次的交流就代表着无数次思维的碰撞，他们会注定成为你设计路上的良师益友。

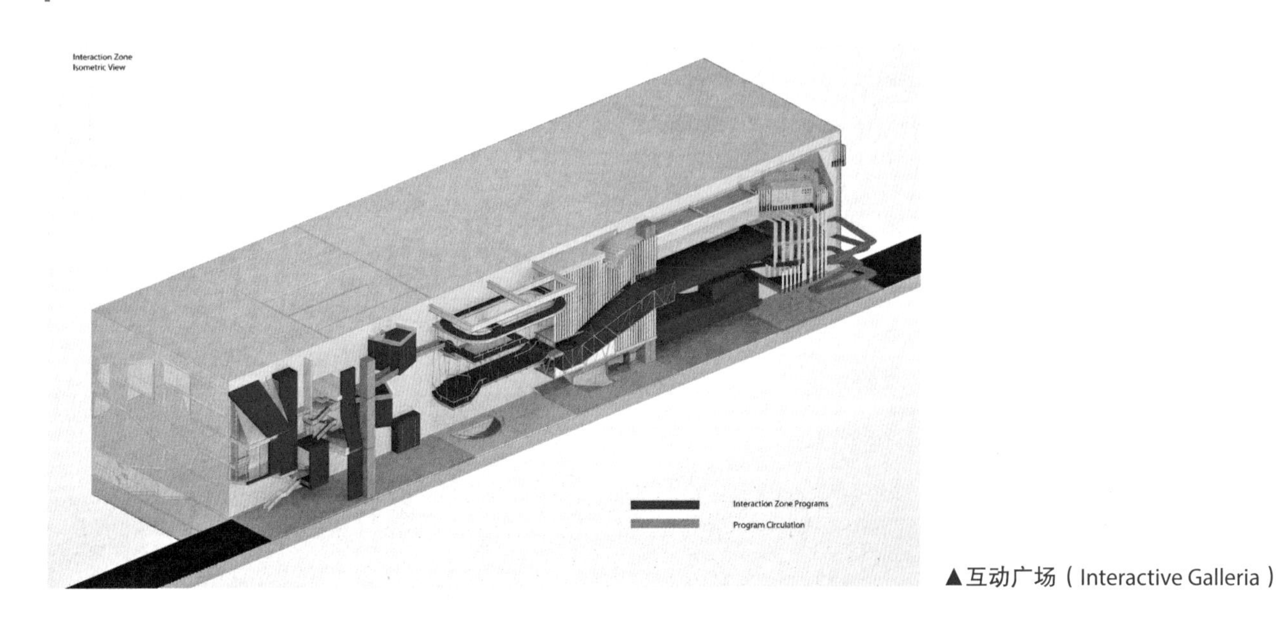

▲互动广场（Interactive Galleria）

FINAL
04 / 成果展示

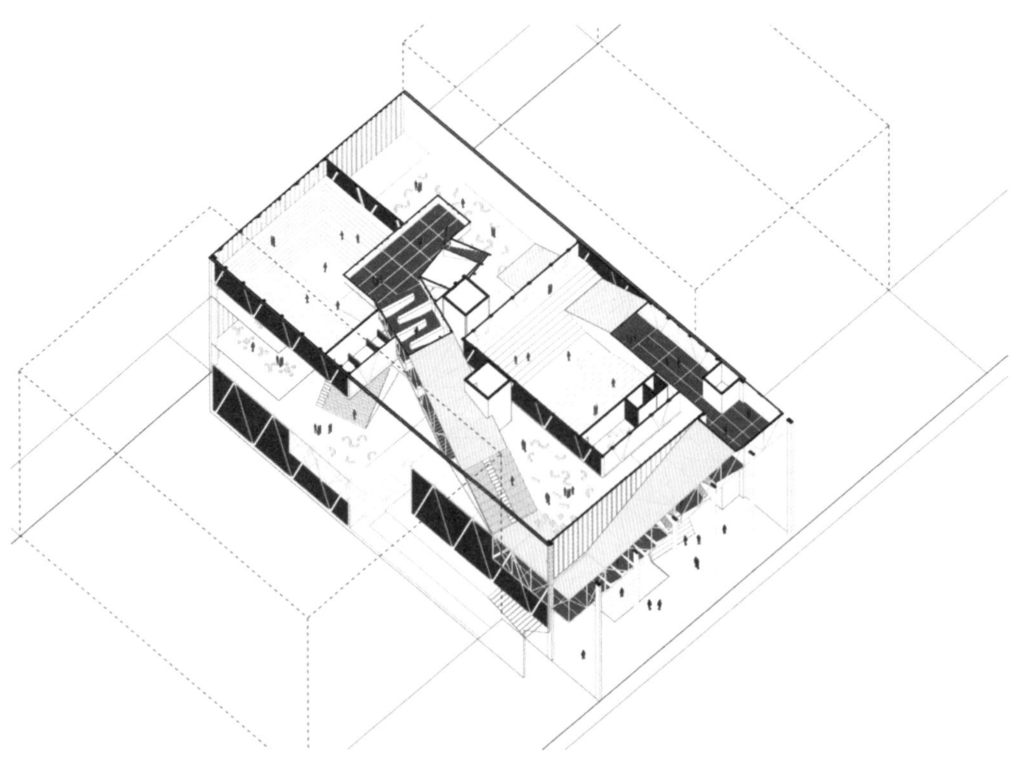

▲轴测图

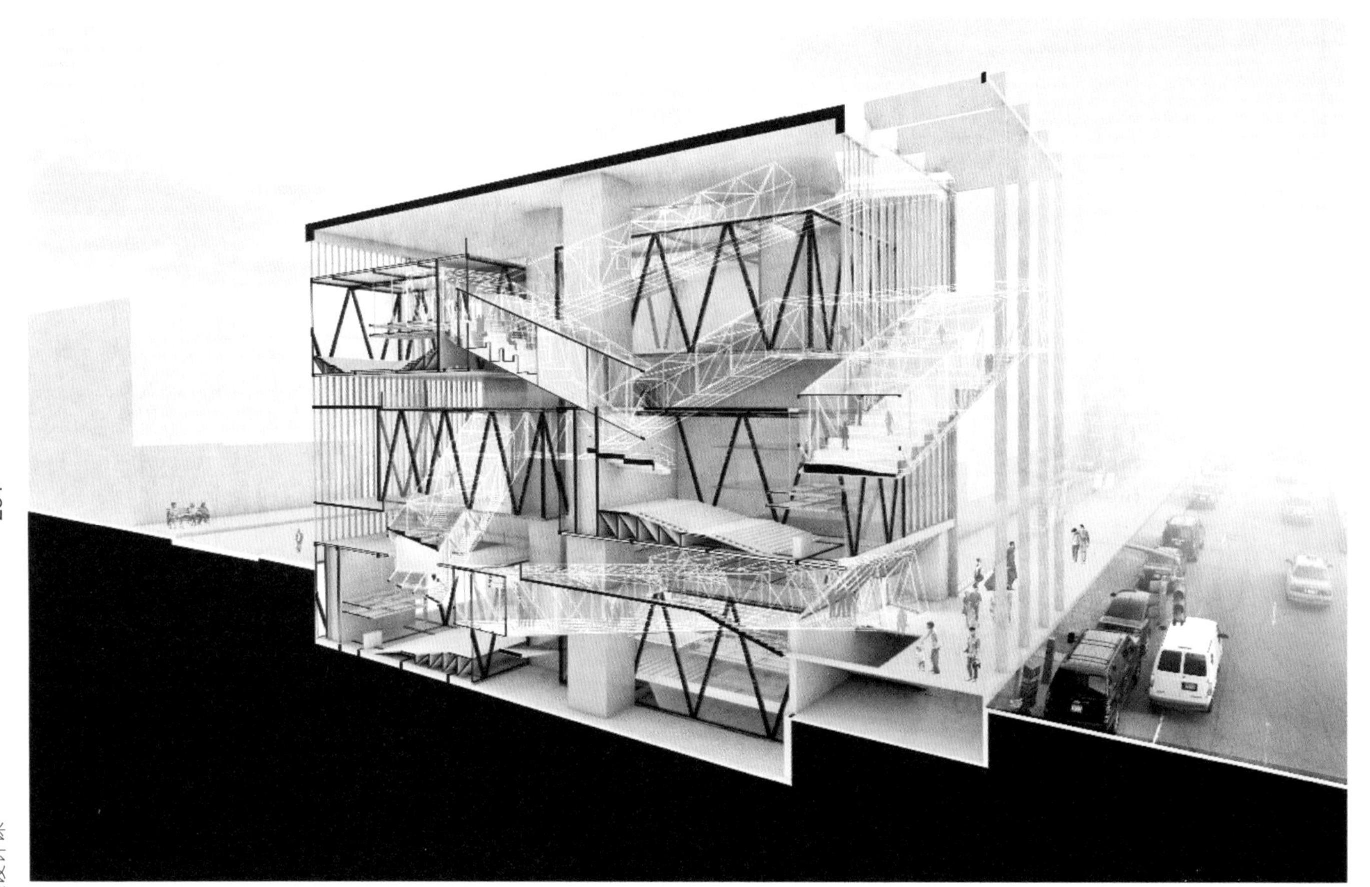

▲剖透视

▲室内透视 1

▲室内透视 2

同济大学 王方戟

同济大学建筑与城市规划学院教授，上海博风建筑设计咨询有限公司主持建筑师。
主要参与本科三年级建筑设计教学，研究生城市与建筑设计联合教学。

这个作业分成前后两个部分。前一部分是一个小练习，后面是一个大设计。前一个作业试图通过将事件及运动空间化的方法，为那些被认为已经成为定式的建筑学空间僵局找到一条新的出路。但是就空间论空间，无论怎么突破最终也还是进行了一种不同形式的空间形态表达操作，并没有看到预计的实质性突破。相比之下，后一个作业从建筑功能性的内在要求出发破空间形态的局，反而让建筑在几个基本的方面都达到了几近平衡的状态。这个设计虽然在建筑技术性上没有进行细致地落实，但是空间、结构、流线、形态这几点都有所考虑，不失为一份很好的设计成果。从教学训练的角度看，这个课程的设置及教学辅导都是非常成功的。虽然教学设置中没有强调建筑的完成度，但是让学生对建筑核心问题进行思考强度是足够的。这样的训练对于学生看待建筑，理解建筑，主动思考的能力都有直接的帮助。很感谢张智文同学对作业过程的清晰展示，让我们对这个优秀的课程有了真切地了解。

东南大学 鲍莉

东南大学建筑工程学院副教授、博士、硕士生导师。为“建筑设计”国家级精品课程和国家级教学团队主要成员。获得瑞士联邦高等工业大学博士学位，瑞士苏黎世高等工业学院博士学位。致力于城镇系统研究、绿色住宅区研究与实践、既有建筑绿色改造的设计与技术的研究。

非常赞同屈米设计课强调概念和论证的风格，以及他的“建筑是一种实现你自己观念的方法”的阐述，更重要的是他还建立了一套可以操作的训练程序并给予学生充分的自由与包容。

从小练习热身入手，将运动轨迹分析转化为空间可能，之后运用学到的概念物化的手法审视建筑与城市的关联，建立自我的可能的建筑类型。这是一个由内而外的设计，培养学生先提出概念和论点，并进一步论证调试解决矛盾，训练的是理论思维与个人意识，与此同时，对历史的回溯与经典案例的学习仍然是重要的基础和参照。这些都是基于教授强大的理论指导与方法引导，已不仅仅是设计能力的训练，而更重要的是理论学习与设计探索的完美结合，应该成为建筑学设计教学的方向。

同济大学 童明

TM STUDIO 建筑事务所主持建筑师，同济大学建筑与城市规划学院城市规划系教授、博士生导师。
研究方向为生态城市研究，城市住房与社区发展，城市公共政策理论与方法，建筑设计与理论。

不太同意建筑空间只是作为针对某种运动痕迹的客观记录，因为这在逻辑中解释不通，也太简单了，因为所谓的运动存在着无穷的偶然性，而作为固定静止的建筑物体，又如何来得及对此进行捕捉记录，随意性太大了，尽管最终形成的设计方案非常丰富。我对此的理解不如在于，那种规矩且带有边界的空间更应当成为一种背景性的舞台，用来捕获并展示运动所表达出来的那种流动性。屈米所谓的“建筑是一种实现你自己观念的方法”，实际上更重要的是观念本身，以及物化手段；如果建筑只是作为一种被动性的痕迹记录仪，那么也就削弱了观念，主动性的物化也就无从提及了。

哈佛大学

李益

本科：重庆大学建筑学
硕士：哈佛大学建筑 March II 专业

工作经历：
中国建筑研究院本土设计研究中心

关键词
边界，地域，帕拉迪奥

底特律的过去与未来

哈佛大学 / 建筑设计 AWC 设计课程

这学期我选择了 KGDVS 事务所的设计课程：建筑无内容 - 新帕拉迪奥（Architecture without Content - Neon Palladian，下文简称 AWC），可以说是对我的设计观以及设计思想有一次重大提升的设计课程，虽然说最后的成果可能不尽如人意，但还是得到了很多从成果中体现不出来的收获。

STUDIO INTRODUCTION
01 / 课程介绍

▼教师

KGDVS 事务所是一个年轻的事务所，由克斯滕·吉尔斯（Kersten Geers ）和大卫·梵·泽韦伦（David Van Severen）在 2002 年创办，他们均在根特大学（University of Ghent ）取得本科学位，在马德里建筑学院（the Esquela Tecnica Superior de Arquitectura in Madrid） 取得硕士学位，其中克斯滕目前为根特大学的教授，门德里西奥建筑学院的客座教授。

▼课程

AWC 是 KGDVS 事务所在全世界先后各大建筑院校，包括哈佛大学建筑学院、哥伦比亚大学、格拉茨技术大学、门德里西奥建筑学院、洛桑联邦理工学院等开展的一系列实验性设计课程，每次都有不一样的主题，最后学生的作业会集结成册出版。

而在这学期的 AWC 的课程介绍中，AWC 的研究方向有几个关键词：边界（perimeter），地域（territory）和帕拉迪奥（palladio），这几个关键词在我们讨论设计时反复出现。

可见，对于 AWC 的定义可以说是一个延伸拓展的关系，对于边界和地域的关注以及对于历史的探索成了 AWC - 新帕拉迪奥的一个主要方向，但是具体路线以及指向却是不明确的，这也是设计课程的实验性教学的意义所在。

▼新帕拉地奥样式，食物生产（Neon Palladian，Food Production）

在 AWC 中，之前研究的两条线索被融合了起来，一个是关于历史的探索，一个是关于边界、地域的对话，而这一切在美国，帕拉迪奥这一语境下发生了融汇。托马斯·杰弗逊（Thomas Jefferson）将帕拉迪奥样式从欧洲带到了美国，而在一个新生的国家，缺乏建筑历史的美国，帕拉迪奥样式几乎成了早期美国建筑的一个定义。采用帕拉迪奥样式的庄园存在于广袤的地域之中，成了这次对话的一个参照以及动力。这次设计课程的主题是关于美国的食物生产。在课程介绍中，具体关于主题的描述为：

在美国广袤的土地上，食物生产的量级向来是巨大的。但与此同时，食物生产却从来没有获得过与它最重要的起源相符的建筑样式。

如今，食物生产与运输处于一个更加复杂的相互关系中。现今的观点要求在几乎城市化的环境中进行密集种植（零英里食物[⊖]），以及将食物的发放控制在一个合适的区域内。两者同样重要，都是如今美国快速发展的食品生产链中重要的环节。两者都需要建筑（再一次）。

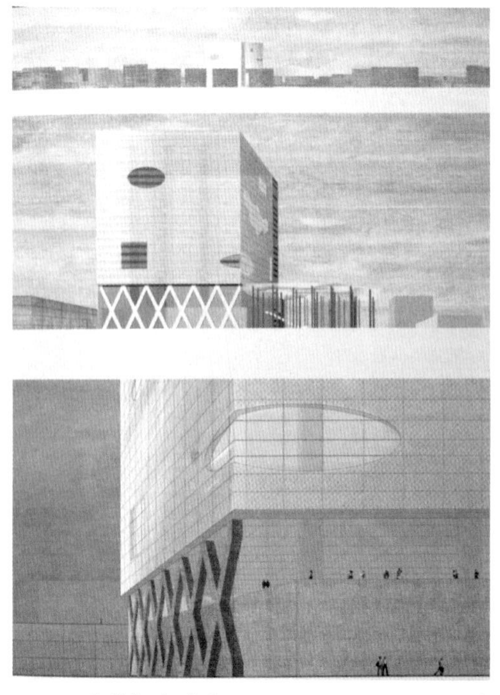

▲当代纪念碑（Contemporary Monument）
门德里西奥建筑学院（Mendrisio）书影

⊖零英里食物是食物从生产出来后到消费者手中之间产生的运输距离。——编者注

DESIGN METHOD AND PROCESS
02 / 设计过程和方法

与国内建筑教育有一点很大的不同是，AWC 以一种纯粹图像的方式来工作，每一次设计课的讨论以及讲评都不会使用三维的模型，而是就二维图像来进行讨论。学生们一直被要求制作八张 A1 大小的图纸，于每一次讨论时使用，分别为 10000m，1000m，100m，10m 视点的透视，1/10000，1/1000，1/100，1/10 比例的技术图纸（包括平面，剖面，立面），这八张图纸成了整个设计课程的一个基本框架，学生被要求小心翼翼选择自己需要呈现的信息，在八张图纸之内完成自己需要的叙事，使自己的项目成立。整个设计课程没有也不允许制作任何分析图来辅助陈述，这在哈佛设计学院与其他设计课程十分不一样，可以说 AWC 在设计学院也是一个十分特殊的存在。

▲设计课程终期汇报

设计课程两周一次面对面讨论，为周四周五两天，多数是以周四汇报，周五讲评的形式，不过也不绝对，也有周四周五两天都是汇报的情况，学生会在短短一晚上对自己的方案做出修改并在第二天重新汇报来解释新的修改。不见面的一周一般以邮件汇报工作进度，也有设计课聚到一起使用 Skype 与老师远程交流的情况。

此外，教授对于图像的要求也十分特定，他们多强调使用拼贴的方式来完成图像的制作，对于过于真实的渲染呈现出抗拒的状态，称其剥夺了想象的空间。最后设计课程完成的图像大多呈现出单色主导，艺术风格多与波普艺术接近。

▲医疗大麻农场，绘制：米娅 · 贝克（Mia Peck）

▼过程

设计课程“4+4”呈现形式不可避免地使项目呈现出了片段化的倾向，我们被要求在每一张图纸里叙述一个关于项目的片段，同时最后这些片段串联起来应该是一个连续的整体。在这一个层面上，“4+4”的这个图像呈现项目方式上本身就是一个拼贴，不过不是在图像上，而是在抽象叙事上的拼贴。同时，片段化也似乎是西方近现代建筑的一个主题，对古典样式进行肢解重构，把片段再集成反复出现。而帕拉迪奥在某一程度上也是使用古罗马希腊建筑要素进行拼贴作为创作手段。

▲监狱组画（The Dark Prison），绘制：皮拉内西（G・B Piranesi）

在专业课上，历史系的艾瑞克（Erika Naginski）给我们介绍了皮拉内西，对于他的研究一定程度影响了我的设计。

在塔夫里的《先锋派的历史性：皮拉内西和爱森斯坦》一文中，我们可以看到爱森斯坦对于片段化的一个尝试，并以皮拉内西的两个时期的作品《黑监狱》与《监狱组画》做论证，通过一种他称为“曝光”的手法，把静态图像（《黑监狱》）分裂成一系列连续的镜头（《监狱组画》）。相同于爱森斯坦的曝光操作，我尝试把项目分解为四个不同视点，用推进的连续镜头来陈述项目。但对于图像表达上的动态的效果最后还是不太满意。

具体到项目，项目关注点与落脚点是底特律的都市农业。底特律的都市农业是美国目前范围最广大的，部分得益于底特律低廉的地价。但都市农业在美国还是很难盈利，大部分还在受政府的补贴。项目谋求利用底特律的废旧厂房空间作为都市农业的基础设施，利用简易的木结构占领原来属于工业的建筑物，利用聚集效应降低成本，为都市农民提供农作必需的化肥，干燥，运输，仓储等，以及附加产业饮食，本地农业市场等，希望利用都市农业来复兴底特律。

项目主要选取有可进入面的厂房（向街道的门窗）进行添加，通过添加木结构形成新的街道立面。原建筑的形式不再重要，边界成为考虑时候的唯一标准。这与帕拉迪奥的第府邸（Palazzo）加建项目：帕拉迪奥巴西利卡（Basilica Palladiana）的回廊加建有几分相似。

项目的最终成果，通过并置木构和红砖厂房结构，农业和工业，步行主导和车行主导，手工和机械这些单调二元对立的要素，利用并置产生新的语意，叙述了一个混合的城市景观，它述说了底特律的过去、现在，以及可能的未来。

▲监狱组画（The Dark Prison），
绘制：皮拉内西（G · B Piranesi ）

EXPERIENCE
03 / 个人感受

1.

AWC 对于关于西方建筑历史的了解的要求是比较高的，但最终成果要求使用现代建筑语言，这对我来说是大有裨益。

2.

纯图像的工作方式和思维对于习惯在 3D 模型上思考工作的我也是一次巨大的挑战，这导致了方案的反复修改，讨论，推翻，再讨论这样的过程。

3.

“4+4”的汇报可以统领整个设计课程并方便相互的比较，但是这有可能过度沉溺于关于图像的讨论，反而绕开了真实的项目。

FINAL
04 / 成果展示

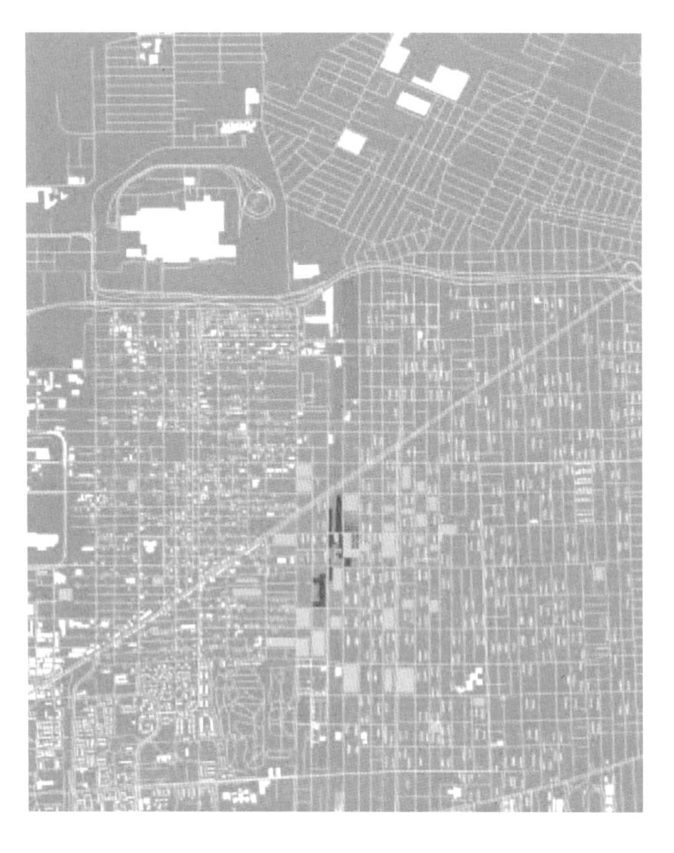

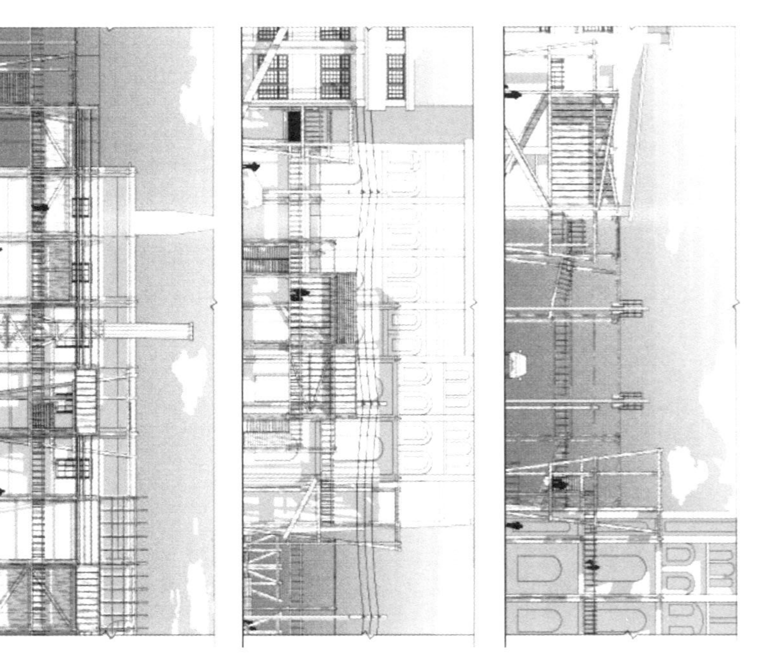

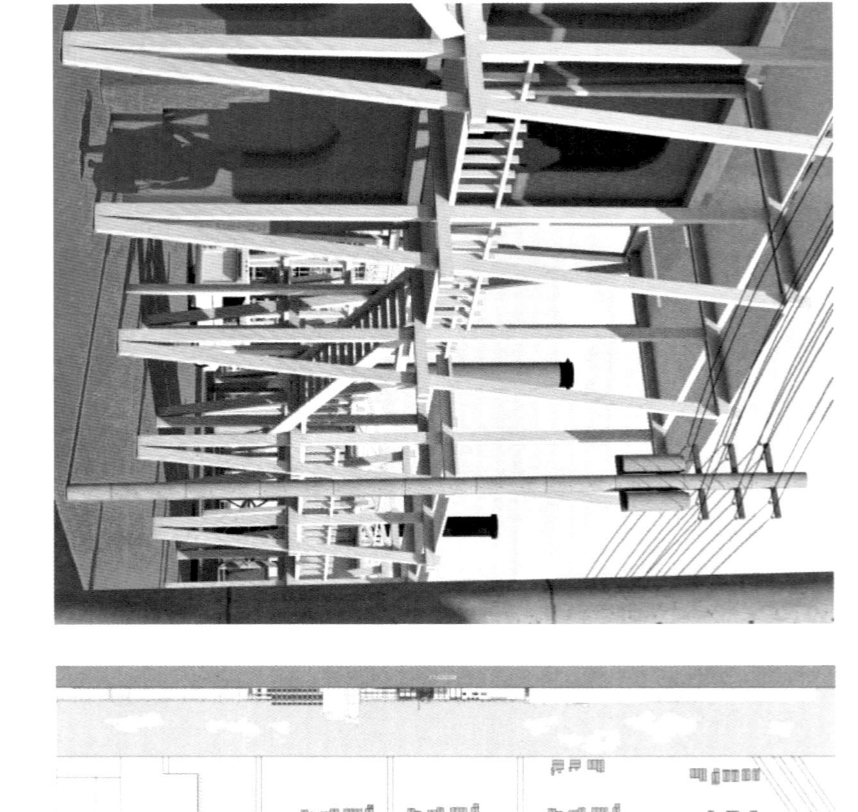

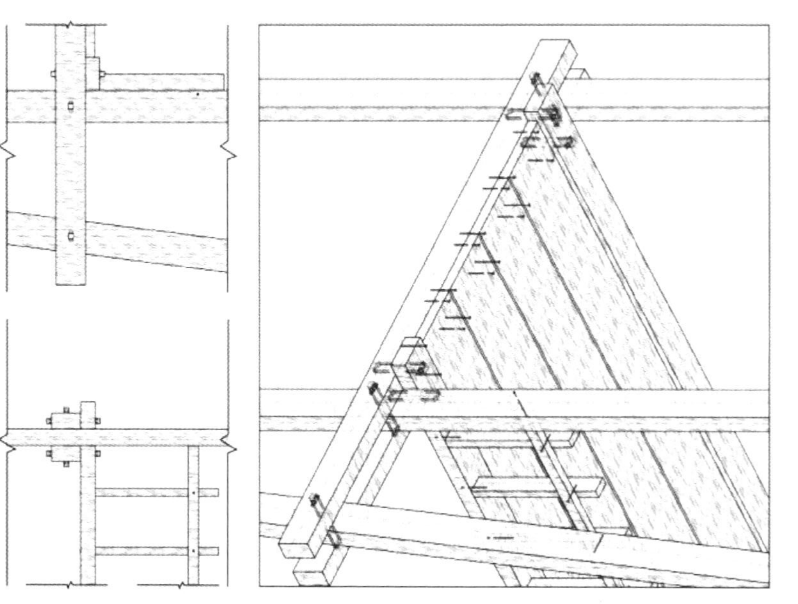

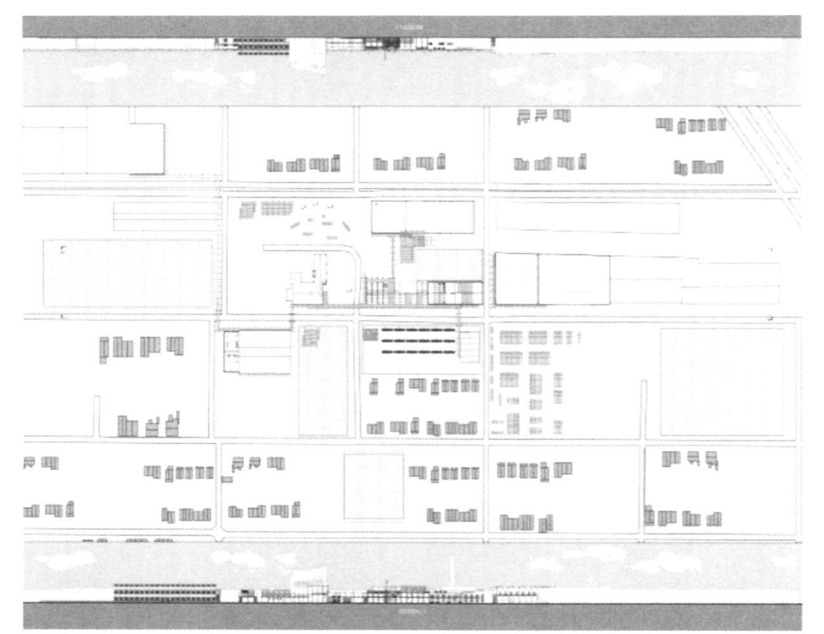

REVIEW
05 / 学者点评

北方工业大学 李婧

天津大学建筑学院博士，北方工业大学建筑与艺术学院教师，参加过天津大学与德国亚琛科技大学、美国南佛罗里达大学的交流和互访。在各类期刊发表论文数十篇。专业方向为城市设计。

这八张图纸讲述的故事很有趣。回想曾经在哈佛大学旁听的那一节历史课，似乎对这样的教学过程和效果有了更深刻的理解。建筑不可避免会被打上时代的烙印，不同视角、不同年龄、不同背景的人对同一建筑的理解一定是不同的，而这也许是建筑设计最吸引人的地方。这个课程从独特的建筑历史角度出发，结合都市农业这样的特色产业，辅以旧建筑改造的主题，让整个设计充满了趣味。也许需要深度思考的是，如何借鉴这个思路，如何寻找建筑在地域文化、历史特色、产业特性，甚至传统营造手法上的结合点。

同济大学 王凯

同济大学建筑城规学院副教授，麻省理工学院建筑历史、理论与评论（HTC）部门访问学者（2015~2016），主要从事建筑历史理论、建筑设计以及建筑评论方面的实验教学，教学研究兴趣在于思考建筑理论历史与建筑设计教学的连接和交叉点。

这个课题让我感兴趣的有两点，首先是如何回到原点去重新思考“美国的”建筑问题，其次是独特的图像化的表达方式对设计的推进作用。我不知道这是不是老师教学设置的初衷，但对我个人来说是撬动思考的两个基点。

课题的关键词虽然是新帕拉迪奥，但实际上的先例研究对象是托马斯·杰弗逊的蒙蒂塞洛农庄设计，这是所谓新帕拉蒂奥主义引入美国的开始，也可以算作欧洲的建筑学传统引入并美国化的起点。因此，课题中农场、底特律、帕拉蒂奥这几个看起来似乎毫不相关的话题在这里交汇了，而当代的都市农场也从这里找到了历史的渊源脉络。那么，杰弗逊理想中那种恬静美好的南方农场模式，是否就是题目暗含的某种气质？

基本上，我们在课程的图纸表达方式中看到了这种明显的倾向，所有我们看到的作业图纸中，平面化的图纸呈现一派安详的田园气氛，即使是表达建造和细部的1/10图纸，也是平面化的。只是，在把握和控制建筑气质方面优势尽显的图像表达方式，是如何在教学过程中支撑并控制其他层面设计的推进的呢？可惜，李同学的文章中并未谈及太多这方面的细节。我想，这也是这个教学设计的难点吧。

北京
交通大学

盛强

北京交通大学建筑与艺术学院副教授、硕士生导师，
荷兰代尔夫特理工大学城市学博士，
环境行为学会委员。

研究方向：数据化设计，空间句法基础实证研究、商业建筑及城市设计、网络开放数据的研究与设计应用、轨道交通站点周边建筑及城市设计研究。

没有理论的指导，技术的发展会丧失方向。在王澍和张永和作为非主流建筑师被少数学生欣赏崇拜的时代，作为一个建筑学学生，不了解建筑和艺术发展的历史，不读几本建筑理论甚至是哲学的书籍，是不好意思谈方案和设计概念的。遗憾的是，理论和技术作为建筑教学的两翼在近些年的教学实践中往往严重失衡。伴随着各种辅助设计软件工具的普及和各种技术指标体系的要求，技术类课程嵌入设计课程要容易得多。正是在这样一个大背景下，本课题的价值才显得格外突出。建筑的去功能化反而导向了学生对空间类型和建造的强调，而对图纸的苛求更是摒除了当代技术手段为一切“玩概念”提供的可能性，代之以对建筑在不同尺度上存在感和核心价值的关注。其回归建筑本体的题目设定方式和教学控制方法非常值得当下的设计课教学深入研究和反思。

哈佛大学 **聂玄翊**

本科：惠灵顿维多利亚大学
硕士：哈佛大学

工作经历：
康沛甫建筑设计公司（KPF Associates）
纽约市城市规划局
隈研吾建筑设计事务所

关键词
概念，抽象，氛围

影像传递建筑的情感

哈佛大学 / 马克·斯科金设计课程（Mack Scogin Studio）

我对建筑的认识一直是理性的，在哈佛大学设计研究生院（Harvard GSD，以下简称 GSD）建筑硕士项目（ MArch I ）四个核心课程设计的训练下更是让这种态度根深蒂固。几何、流线和图解成了我思考建筑不可或缺的方式。然而感知建筑空间是一个极端感性的经历，记忆和感触也就成为建筑至关重要的一部分。为了重新认识自己感性的一面，我在 2014 年的春季学期选择了马克·斯科金（Mack Scogin）的、一直被认为是 GSD 最“玄乎”的课程设计。

STUDIO INTRODUCTION
01 / 课程介绍

▼教师

马克·斯科金是GSD建筑系1990~1995任的系主任，同时也拥有自己的事务所马克斯·科金和美利兰·爱拉姆建筑师事务所（Mack Scogin Merrill Elam Architects），并且在美国有很多的建成项目，最著名的便是坐落于卫斯理学院（Wellesley College）的校园中心（Lulu Chow Wang Campus Center）。其不受拘束的内部流线和洒脱的建筑形态从侧面反映了教授不拘一格的性格。生活中的马克也像是一位老顽童，毫不遮掩地与学生们开玩笑继而打成一片。同时他在课程设计中对学生的想法多是持鼓励的态度，脑洞越大越好，想法越难以捉摸越好，这样在讨论的过程中马克本人仿佛也在激烈的思辨中酣畅淋漓了一把。这点是我所十分欣赏并且敬佩的。

▲卫斯理校园中心 © 蒂姆希·赫斯利

▼课程

在这个课程设计中，他最感兴趣的不是建筑本身，而是建筑之后的叙事和建筑师对于建筑所赋予的情感。一个有效、规整的房屋在他眼里未必算得上是建筑。如果人们在精神层面上无法阅读甚至解析这个房屋，那么建筑师便是失败的。反之，如果建筑师的产物，无论是房屋、装置艺术甚至是电影，能对读者产生移情的效果，那么建筑师便是成功的。所以在他的眼中，建筑的界限是模糊的，因为人的内核就是模糊的。而电影是移情最佳的载体，因为它是纯粹的艺术，承载着制作者的思想；时间在帧下分解，在屏幕上重组。所以电影是这个课程设计非常重要的元素。

DESIGN METHOD AND PROCESS
02 / 设计过程和方法

我觉得马克的课程设计是GSD自由度最大的课程之一，我们都笑称其为小毕业设计。这个课程设计分为三个阶段，第一个阶段是自省，用抽象的方式表达空间记忆，并且马克会通过学生呈现的材料帮助学生理解自己的思路。其方法是让学生即兴描述“你的第一个空间记忆”。接着用抽象的文字方式将这个记忆再次描述。格式可以是诗、散文，甚至是简单的拟声词。但是前提是一定要有代入感，让文字充分表达出空间。

这里拿我写的做例：我描述的是进入一个冷却塔（Cooling Tower）的经历（节选），先描述，再用诗体现。

叙述：

“光是面纱的另一层，用了更密更精细的面料，轻柔地下降。它让球体的边缘变得平滑，使得它成为一个光环。后来它融入雾，雾又融入光。我不能说出在那里是空还是实。光有形式吗？雾有形式吗？围绕我周围的是一个多大的体量？我被吓到了。

于是我沿着圆周走去。

但是我走得越多我越感到不安全。没有迹象表明不断变化的光色和云雾之间有任何距离，而我在这个封闭的混凝土剧场看着它。我继续往前走，不停地听到我的脚踩着钢，打破了冷灰色的光芒。我试图穿过球体但那里什么也没有。然后，从我进入的地方，我看到了门。关上门的那一刻，机器撞击声和水溅声，所有的声音都消失了。但我确实想打开门，这样我就可以再次看到光球和雾。”

重构：

“愉悦的烛光，
却闪烁在寒冷灰暗的夜晚，
荒凉又孤独，
所以，忘了这些在高不可及书架上的旧书。

我听到蝴蝶的窃窃私语，
我问她一直藏在哪里，
她问我一直在哪里找。
我转过身，
但她走了，
走去了无边遥远的恒星。”

“Light was another layer of veil，made out of denser and finer fabric，gently descending. It smoothed out the edge of the sphere，made it into a halo. Latterly it merged into the mist，and the mistmerged into the light. I wasn’t able to tell was there void or matter. Didlight have a form? Did the mist have a form? And how big exactly is the volume around me? I was scared.

So I walked along the circumference.

But the more I walked，the more unsafe I felt. There is no signfor distance apart from the ever-changing dance of light and mist，and I amwatching it in this enclosed concrete theater. I kept walking，and kept hearing my feet stepping on steel and breaking the cold grey light. I tried to lookthrough the sphere but there was nothing out there. Then I saw the door，fromwhere I entered. The moment I shut it，the sound of machines pounding and watersplashing all vanished. But I did want to open the door，just so I could seethe light sphere and mist once again.”

“Pleasure of candle light，
but in a cold grey night，
Desolate and lone，
So forget about the old books，
shelved upon this unreachable height.

I heard the whispers，
of a butterfly，
I ask her where she' s been hiding，
she asks me where I' ve been looking，
I turned around，
but she is gone，
into the patient void，
of distant stars.”

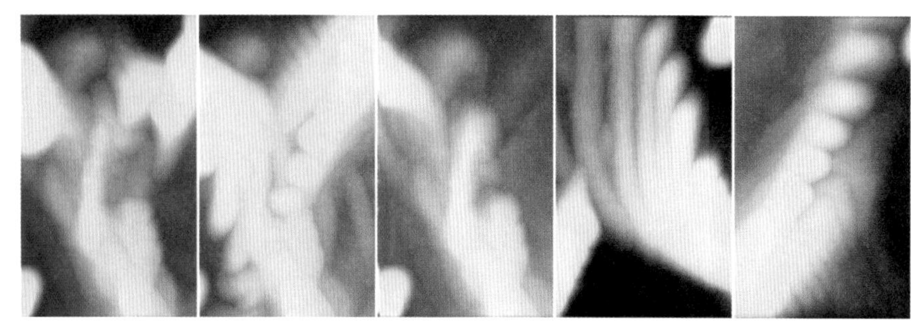

▲ 光影迷雾和人对于不确定性的执着以及恐惧

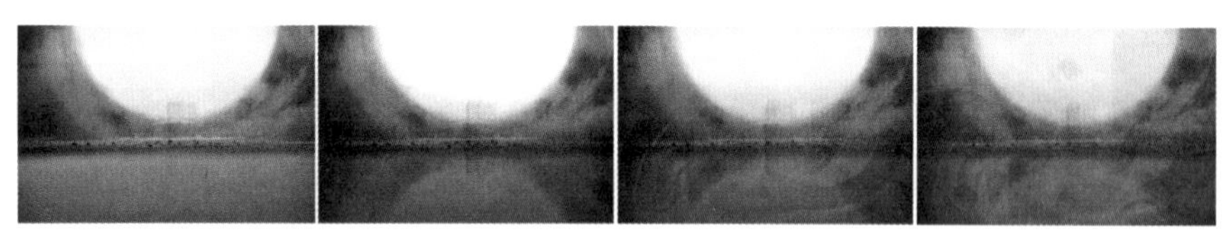

▲ 高尔夫球场、会所和寺庙三者图形上的重叠以及尺度上的互通

▲ 三象交融在空旷和虚无的地平线里

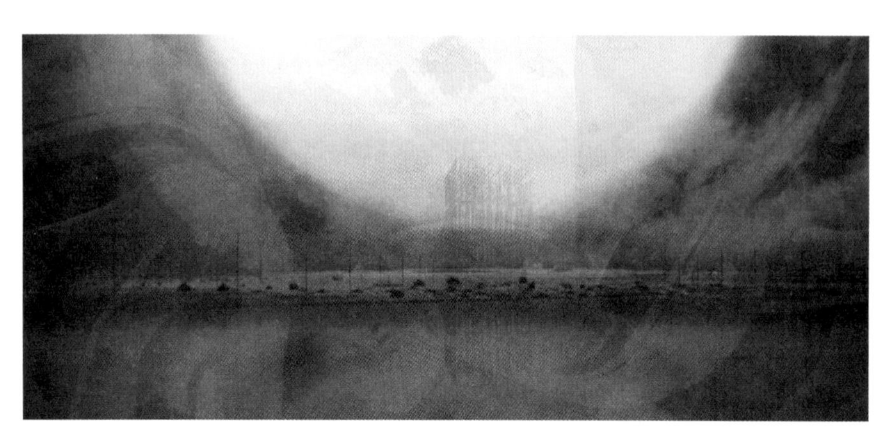

▲ 宗教的力量和消费主义的力量之间是互通的，并且虚实相接

之后便是选择基地。但是基地的选择也是没有要求的，所以有的人选择火星，有的人选择了鸡蛋的内部。人总是向往广袤空间，但是当人真正处在这样的空间里时却会产生内在恐惧。出于对这个对立现象的兴趣，我选择了内华达州的核试验基地。

紧接着便是这个课程设计最玄乎的部分——做视频。第一个视频献给之前的诗，用图像媒体的方式重现空间记忆；第二个视频是做功能。马克会根据每个人的文字和之前深入内心的探讨给每个人选择不同的功能，并且所有人在做好视频前不能向任何人透露。至于视频那更是脑洞大开，什么样的都可以被接受。据说之前有个同学直接就上台拿把吉他演奏，也都被接受了。

但是在这个看似欢乐的过程中参杂着无边的心里挣扎，因为马克给出的功能要求是匪夷所思的。有弗兰西斯・培根（Francis Bacon）的度假小屋，有伍迪・艾伦（Woody Allen）的篮球体育馆，而我的是职业高尔夫球场、会所以及佛寺。我们的任务是在这些看似无关的关键词中找到联系并且用视频表现出来。左边是我视频的一些截图，作为对这三个功能之间尺度和图形上的重叠性，以及三点交融时产生的非虚非实的场景的探索。

“ 正是从这个意义上讲，我们可以说，是一个女人的美丽扼杀了人们对她的渴望……渴望她，我们必须忘掉她的美丽，因为欲望是发自内心的渴望，充满了未知与荒谬。

——想象 ”

“ It is in this sense that we may say that great beauty in a woman kills the desire for her…To desire her we must forget she is beautiful，because desire is a plunge into the heart of existence，into what is most contingent and absurd.

——The Imaginary ”

保罗 · 萨特（Paul Sartre）在这本书中提到了源自于模糊的可望不可即的美感。而三象交接的地平线正是这种美感的隐喻表现手法——宗教和资本的无形力量在地平线里交融，在朦胧和模糊中寻找宿体。

同时，空间体验是由记忆的碎片组成，而人类的感情又促生了记忆的诞生。感情是抽象无形的，是虚无短暂且模糊的；但她同时却富有力量，因为她能影响人对于世界的认知。情感独一无二的地方就是她的模糊性，似是而非，难以追寻。而天际线也是一样的。她在幻想和现实之间，在她之内是非实非虚的臆想，似在身边却又遥不可及。她标记着地上和地下，天空和大地，远和近，你与我。建筑空间在功能的对立性中诞生，在不同活动的对撞中升华，然后又在地平线里逝去。

佛寺，绝对却又缥渺 – 不朽而透明 – 体块和空洞

职业高尔夫球场和俱乐部 – 大至无形却一眼而知 – 舞步场景

▲ 佛像与俱乐部之间的臆想空间

▲ 通透性的空间使用光线可以营造气氛

▲ 场地总平面

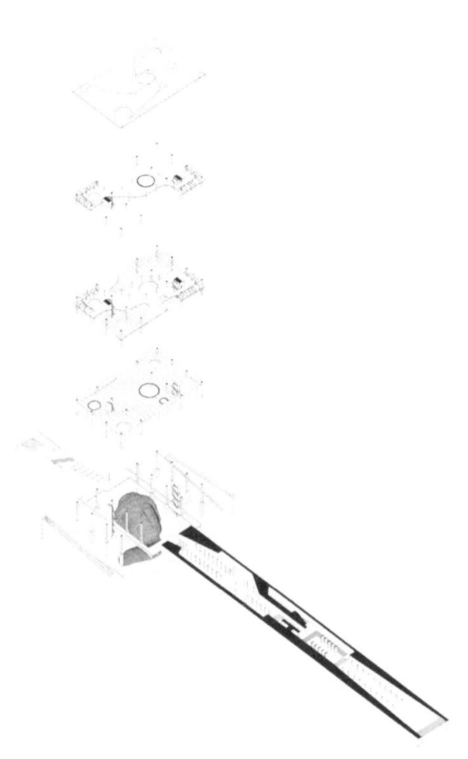

▲ 佛寺中心由仪式性的地下通道和地上连接，人们在通道中完成冥想的蜕变

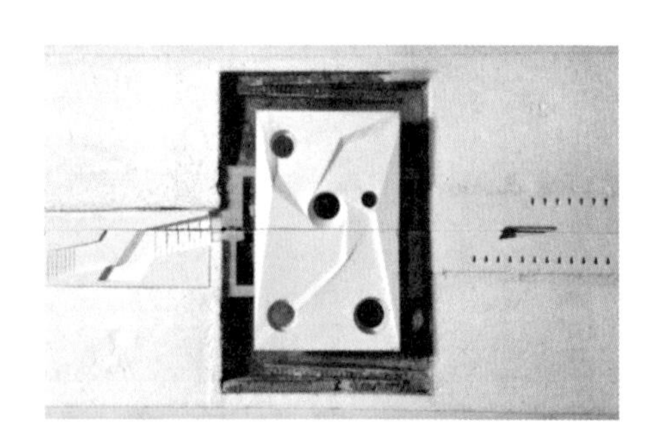

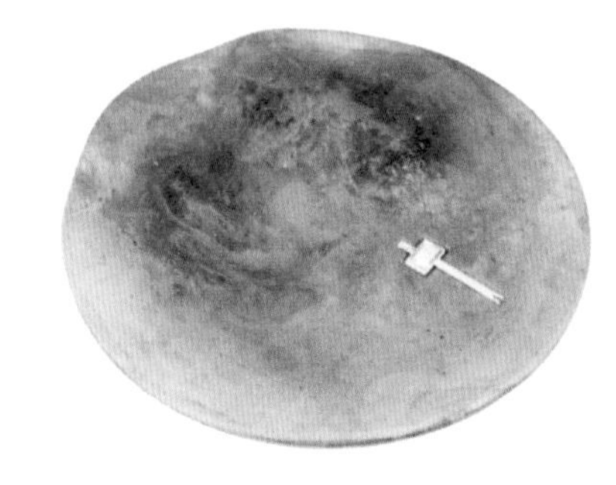

▲ 在全球（Global）的尺度上是高尔夫球场，在当地（Local）的尺度上是佛寺

地平线的上下是天与地。地是现实，是不朽，是难以察觉的无日不见的森罗万象。天是幻想，是透明的，是一眼便知的存在却又是难以捉摸的虚空。天空里是电影场景般却没有参照的空间陈设和碎片，他们唤醒了回忆还有情感。康德所说的先验情感在移步造景中被唤醒，萨特所说的遥不可及的美感，在宣泄而出的情感和崩溃边缘的理性之中诞生。现代主义衷于对具象物的归类和为形态寻找参照。这个体系对人们的审美产生了难以清除的锈迹，也抹去了人们对于空间最基本，最本能的认识能力。在漂浮小岛（Floating Island）的体系中，建筑应该拂去锈迹，让人们重新找回与空间和形态最原始但最纯净的关系。

EXPERIENCE
03 / 个人感受

尝试用解释性的符号文字去表述纯粹的感性认知本身便是困难的。在资本运行的社会中建筑师竭尽全力为自己争取声音，想要解决种种社会问题的同时又要附庸当下。于是建筑慢慢被物体化，被当作一个解决问题的工具。它的有关于纯粹空间时间美感的精神内核正在慢慢消失。当然，趋势无法阻挡，顺流而行总是明智之举。可能上了这个课程设计就是想要提醒自己内心的追求是什么，这在 GSD 也是一个极其难得的机会。这个课程设计总结起来可以有三点：

1.
奇特性

马克最喜欢说的是：“这个很奇怪，但是很好。”在多年的建筑训练下我们难免会受到外界的影响，对于建筑设计的好坏有先入为主的意见。但是建筑的灵魂只有在空间和人共鸣的瞬间才能被体现，而共鸣的瞬间并不是能通过好或者坏所简单表达的。奇怪仅仅是一个非参照的状态，有时候甚至只有奇怪的东西才能让人细细解读品味，柳暗花明。

2.
由内而外的表达方式

如果说传统的 GSD 课程设计的方法是设计研究（Design Research），从场地或者社会文化层面去寻找设计界限，马克反之则强调对于一个概念最主观的表达，撇开包括物理法则在内的界限，从一个最原始纯粹的点向外扩散。而得到的结果也是一个抽象概念的纯粹表达。在这点上我做得还不足。组里有的同学用木偶剧视频表达了木偶学院的主题，也有同学模仿培根的画风表达了自己的设计。在我看来这些都是非常纯粹的表达方式。我还没能完全解放我自己。

3.
疑惑性

从课程设置，到给出的功能要求，整个课程设计充斥着疑惑。马克有时候也会故作高深，不给出一个明确的提示。这种长期的疑惑很累心，但是却能帮助一个人更好地认识自己。从我个人经验出发，我的疑惑来源于我对具象建筑形体和抽象的功能以及其叙事性之间的冲突。

▲ 地面的球场，地下的佛寺以及架起的俱乐部在坡面上的关系

FINAL
04 / 成果展示

佛寺的入口隐藏于广袤的高尔夫球场上，在地标的正前方向地下敞开。悠长的地下通道增强了场地的仪式感，在缓慢的过程中完成离开现实步入幻想的仪式。与此同时，为了将佛寺和球场的层级关系平衡，佛像不再是具体的雕塑，而是由地形生出。这么做是为了颠覆对于佛寺和佛像的具象参照。地形的模糊性增强了康德说的先验的恐惧感，在恐惧中放弃了对现实的留念，用精神去感受地平线里的似是而非，若即若离。会所的底层和佛像形成了一个模糊空间，这是一个放弃幻想，放下现实，纯粹于精神存在的空间。这是地平线的里面，它不属于任何地方，也不属于任何人。

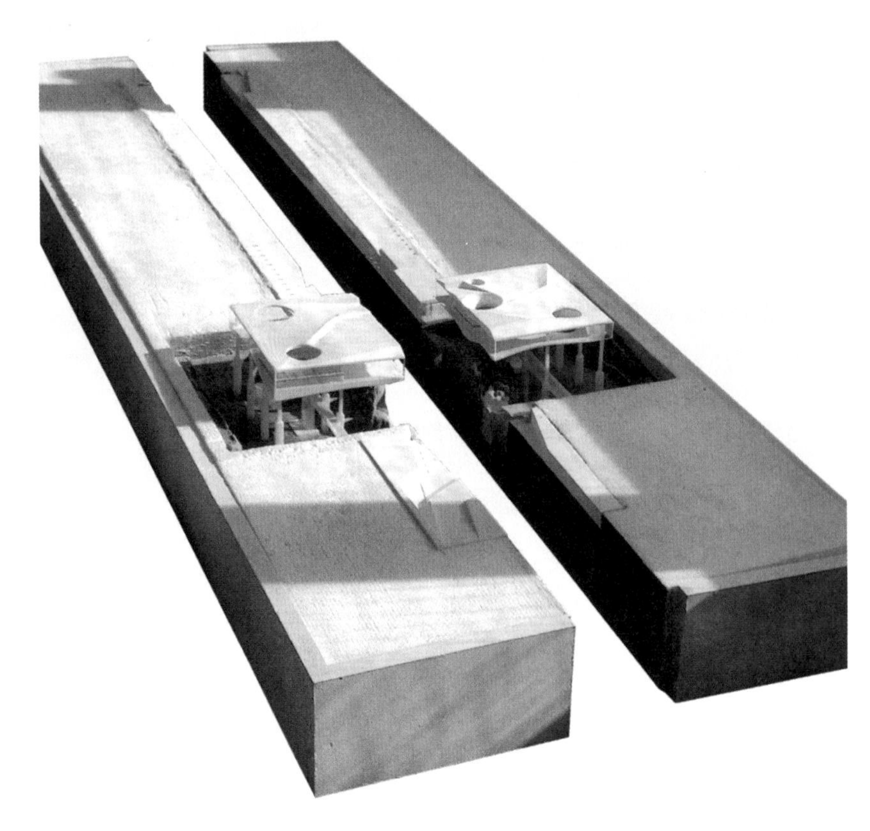

▲ 实物模型

▲ 佛寺平面

▲漂浮小岛在场地上孤独的身影

▲ 由地下进入仪式性空间

▲ 佛寺内部的冥想空间

REVIEW
05 / 学者点评

东南大学 ▌史永高

博士，东南大学建筑学院副教授，硕士生导师，一级注册建筑师。宾夕法尼亚大学访问学者（2010），香港中文大学兼职副教授（2012）。2005 年以来，发表学术论文 40 余篇。

如果我们把建筑首先看作一个建造的实体的话，距离建筑最远的恐怕就是文学性了。然而，建造与材料本身远远不能作为建筑的根本目的，建筑必须指向其他一些什么，身体，抑或大地。文学性在这个意义上应该是可以进入的，并且必须进入，以此来赋予建筑以温度、情境、想象、诗性、生命。但是，由文学性到建筑之间隔着一座很长的桥，需要仔细搭建方能够跨越，否则便只能隔岸观景，虽然，这样也并非什么坏事。电影与文字，所有这些手段，都可以帮助我们构想、阅读、反思建筑，但是它们不能代替建筑。起点可以有很多，但终点只能是一个，那就是好的建筑。

同济大学 ▌王凯

同济大学建筑城规学院副教授，麻省理工学院建筑历史、理论与评论（HTC）部门访问学者（2015-2016），主要从事建筑历史理论、建筑设计以及建筑评论方面的实验教学，教学研究兴趣在于思考建筑理论历史与建筑设计教学的连接和交叉点。

根据我的有限观察，马克・斯科金教授的设计课程和 GSD 其他大部分设计课程有很大的不同，就是他更加注重通过多种再现手段思考和讨论建筑中诗意和叙事性的表达。正如作者所说，他的教学就像一个个的小毕业设计，没有固定的统一的任务书，而是教师根据学生的不同兴趣和想法，在反复的师生对话过程中加以不同的引导，让其自主发展，因此，这个设计课的作品展现出了惊人的多样性，而且我在当时参观评图过程中看到的几位学生的作业，都达到了相当的思考深度和作品完成度，这不能不让人对斯科金教授的教学造诣心生敬佩。

从聂同学的这份作业可以清晰地看到教学所涉及问题的跨度，高尔夫球场、会所、佛寺三种截然不同功能的重叠，建立了这个题目思考的几个维度，在纯粹的诗意和空间感知之外，社会性思考的介入，构成了思维层面的戏剧性冲突，由此产生了独特的空间和形式特征。这大概就是斯科金教授这种教学的独特之处吧。

南京大学 鲁安东

南京大学建筑与城市规划学院教授、博导；
南京大学 - 剑桥大学建筑与城市研究中心主任；
剑桥大学博士，沃夫森学院院士，牛顿基金学者；
教授概念设计、城市设计、设计基础和电影建筑学等课程。研究领域为建筑设计及其理论。

本文全面地呈现了一个细腻而富有启发性的设计课程。诗意来源于个体真挚的情感，而常规的建筑设计方法和再现媒介封闭了个人情感与建筑表达之间的窗口。本课程练习的核心在于诗意从经验到建筑的转译，文学、影像、建筑构成了这一转译的几个连锁的步骤，也是一个从抽象到具体、从情感到物质的过程。设计成果有力地呈现了一个荒诞而真实的建筑意象，漂浮的建筑体被作为天空与大地之间的触媒，而不是试图对抗或者融化于自然。设计将一种清晰的态度用冷静的建筑图纸进行了表达。

哥伦比亚大学 刘松恺

本科：扬州大学建筑学院 建筑学士
硕士：哥伦比亚大学建筑系
先进建筑专业硕士
（Advanced Architecture Design）

关键词
感官，尺度，空间

寻找建筑空间的“决定性瞬间”

哥伦比亚大学／“胖”设计课（FAT Studio）

纽约是稀松平常还是荒谬怪诞，是幻想的土地还是创新的天堂，每个生活在这里的人都有自己的理解与期待。它能给你你想要的一切，亦能瞬间摧毁你的幻想，这都取决于你生活的态度。在纽约，在这里，我们到底能获得什么?

对于很多人来说建筑设计是一项十分理性而构造性十足的神秘活动。而我只是抱着一颗孩子般爱幻想的心，单纯地迷恋着那些神奇美妙的空间。感性的理解与对于所爱事物的冲动让我多了一份执着，酷炫的建筑外观也许并不能引起我的关注，而室内的某一个富有感情的瞬间却能够让我驻足很久。

STUDIO INTRODUCTION
01 / 课程介绍

▼教授

克里斯托弗·里昂（Christopher Leong）和多米尼克·里昂（Dominic Leong）创办的 LLA（Leong Leong Architects，以下简称 LLA）是美国新一代的建筑事务所之一。作为上学期工作室老师们中的高颜值代表，他们在同学们的印象中也只剩下帅一个词了。他们的事务所更加关注的是展览空间的环境营造，强调多文化领域与建筑的交流，以及为城市提供更多空间的可能性，这些理念应该说在上学期深深地影响着我们工作室的设计。

LLA 作为一个关注空间质量的事务所，虽然自己的地盘只是蜗居在曼岛中国城（China Town）的一个小型合作中心中，但是他们的设计却充满了年轻活力，第十四威尼斯建筑双年展的美国馆（The U.S. Pavilion for the 14th Venice Architecture Biennale）便是他们近年来一个设计典型，纯净的内部空间与多重材质的结合，塑造了一个经典与现代的结合体。

▼课程

“胖”工作室（FAT Studio），看到“胖”工作室的当初就在心里默想这个工作室一定在做着一些奇奇怪怪的建筑，加上在工作室盲选介绍的时候克里斯托弗和多米尼克在 ppt 上展示了一堆肉类图片，让我升起一种要做厨师工作室的感官冲动。然而事实并不是这样。

在设计的一开始两位老师便提出了菲利普·约翰逊（Phillip Johnson）的“建筑是一种浪费空间的艺术（Architecture is the art of wasting space）”的观点，“胖”并不是表面意义上大家所理解的“肥胖”，建筑师对于建筑空间高效与多余的理解与操控要比建筑表达本身更加高深。冗余空间可能成为建筑中的某一个瞬间，给人带来驻足的节点；亦可能成为建筑中一个对于某一个活动项目于来说多余的点，却成了另一个活动项目的核心，从而产生了空间上的交叉以及引导人们产生行为上的交互。

“胖”这个词，你可以认为它是给你带来肥胖的弊病，也可以认为它是给你在寒冷冬夜带来温暖的一层脂肪，怎么判断都是由你的论据来决定。整个工作室通过探讨特定的建筑师以及他们的建筑，来研究空间上、结构上、经济影响上以及人们的行为上对于建筑的“胖”的干预。进入设计过程后，通过不同设计思路来尝试得出自己的“胖”定理（FAT Theory），从而影响自己建筑的生成。

DESIGN METHOD AND PROCESS
02 / 设计过程和方法

从工作室的工作方法上来说，整个过程更像是一个实验，设计过程分为三段，在形成自己论据的过程中，通过将其应用到小型住宅、Wework㊀和 Airbnb㊁型办公住宅空间以及大型展览空间三个不尺寸的空间中去，来测试自己的论据能不能立足。里昂不断重复的是，人们应当在你的空间中获得新的体验，有不同才有感受上的冲击力。

▼概念

“‘大’（Bigness）不仅仅不能建立其与传统城市的关系，它最多只是一种共存状态。但它提供的大体量与复杂度，却是一种更为‘城市’的集合形态。‘大’的概念不再需要‘城市’，它与‘城市’相互竞争；试图夺取‘城市’的地位；甚至，从某种程度上来看，它已经成为了‘城市’。如果城市化探索出了一种容纳潜能而建筑将这种力量据为己有，‘大’就赢得了建筑尺度上的城市宽容度。‘大’= 城市化 + 建筑。

——库哈斯”

与库哈斯对于“大（Bigness）”的理解不同，“胖（Fatness）”并不是一个处于城市或是环境对立面的存在。我们通过设计过程来理解为什么“胖”作为一个建筑的必需品，能够帮助建筑克服与城市、与环境的不兼容。我们不知道“胖”对于建筑来说是一种什么样的概念，于是我们试图用一些与“大”的对比来定义它：

“‘胖’是生产的过度，而‘大’是一个关于尺度的概念；
‘胖’与城市相互作用，而‘大’与城市相互竞争；
‘胖’是存在建筑的城市，而‘大’是去建筑化的城市；
‘胖’是依赖于城市的，而‘大’是独立于城市的。”

虽说这样抽象的概念并不能够表达出完整的想法，但是通过这种定义我们能够对它的概念有一个粗略的认识。

㊀ WeWork 是一种商业模式，租下各类办公空间，再以工位为单位分租给小型企业和创业者，并提供运营服务，它更鼓励租客在开放空间中进行尽可能多的交流。——编者注
㊁ AirBnb 的模式是利用网络平台联系租客和有空置房屋房主。——编者注

▼课程架构

从分析旧金山的文化状况开始，逐步深入到与文化相关的社交团体之间的差异性与共通性，从而分析人们对于集体生活 和社区的新的定义。对于旧金山的新城市文化所能带来的直观体验怎样与建筑融合，怎样把文化的差异性通过建筑形式来化解。通过不同尺寸的设计来尝试文化对于建筑的影响力，以及建筑对于这种文化力度的回应。

▼设计

1. 关于旧金山文化以及现有社会建筑回应形式的探讨

在具有丰富设计资源、初创公司众多的三藩市，文化的不同形式以及不同学科领域之间的碰撞几乎每天都在发生。同时，无论是极端的社会群体，还是日益发展的民间团体，他们都在占据着城市的空间，形成了对于三藩市地图的区域状划分。不同的社会意识，不同的文化认知，都造成了一定程度的“社区分裂”。然而我们希望去创造一个更加和谐的城市共享空间。这种共享不仅仅是空间意味上的，更是文化层面的。在信息化程度已经非常高的今天，随着物联网逐步的引入，Airbnb、Wework 等共享建筑空间已经慢慢步入人们的生活。它们强调的是人们基于空间的交互性，基于人们对于社交的原始需求性，从而带来这种共享住宿体验，集合的工作体验。这样的方式带来的是文化的相对融合，同样自我认知的人们的聚集，以及跨文化之间的交流，这样的方式是我们愿意看到的，是我们想要去营造的空间环境。

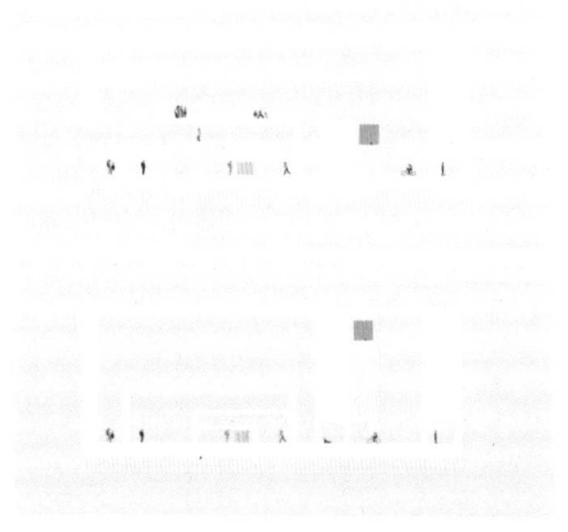

▲空间层级分析

2. 建筑设计层面的交流性

基于给出的场地，我们从谷歌地图（Google Map）上开始分析场地建筑的尺度与交互性，我们试图通过建筑的体量形式来组织整个建筑与城市的融合性。无论是与周围建筑相交合，还是可以去营造与周边的接口，结果都不尽如人意。作为一个共享化层次比周边建筑高很多的公共空间，场地带来的文化力度与空间力度都足以让它形成一个十分主导的地位。于是我们想，何不将这么大的一个体量独立开来，如同三藩市的众多“文化团体”一样，形成自己的“小社区”，把这个地段作为一个层层引入的集合空间呢？于是我们开始了对于建筑层面共享程度层级的分类与组合，慢慢把人们的需求转化成为建筑层面的空间。

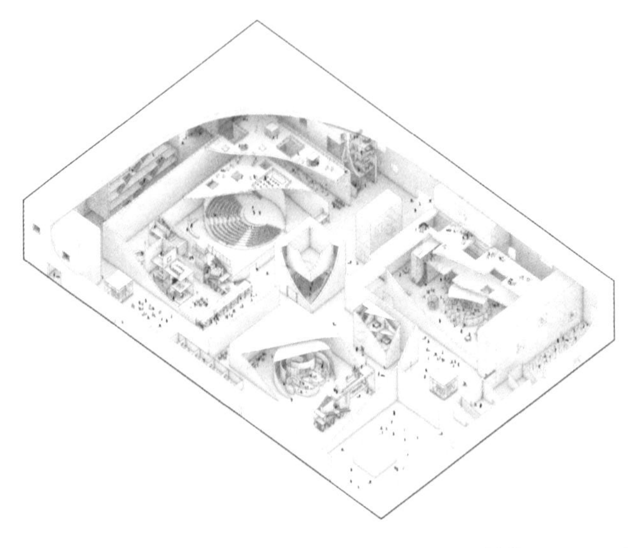

▲整体空间剖透视

▲整体空间剖面

▲场景拼贴

3. 城市中的城市

将一个街区作为一个小城市来放到城市中去是一件非常令人兴奋的事，而会议中心作为一个与城市公共空间如此平行相同的空间，一直保持着一种建筑层面以及文化层面的“公平性”，它不会去干涉谁在使用它，它是为了集合与交互而存在的。

我们希望这是一个纯净的空间，是一个能够融合各种活动及功能的“小城市”。谷歌的新产品发布会可以与汽车的展览会同时在这里出现；电影首映礼与游戏的对战比赛同时可以在这里进行；在艺术展览会的时候穿过了正在游行的大军……这些都是这个建筑潜在的可能性，我们希望带来的是文化上的平等，文化穿越建筑而交织在一起，从而得到的空间节点与空间层次。在建筑中你可以决定你的体验，它是连续，是破碎，是纯净空间，是多样文化。

EXPERIENCE
03 / 个人感受

1.

克里斯和多米尼克的方案都集中在精致布展空间的设计，我们自然在一定程度上受到了他们的影响。对于建筑中空间质量的追求与对于人在建筑中的感官刺激是我们想要获得的最直接的体验。

2.

而在设计伊始，习惯性地去刻意追求所谓建筑中的“决定性瞬间”已经成了习惯，甚至有时候执着地为了一个空间去放弃某些其他的部分。不知道这样是好是坏，恐怕这也是在寻找路上的一种尝试吧。

3.

对于空间的体验不是在设计中形成的，更多的是在生活中。身处纽约这样一个天然的充满设计的地方，每时每刻你都能发现给你惊喜的空间，而感受是全方位的，你去看、去听、去触摸，你用多大的力度去感受它，用多大的力度去拥抱这样的空间，你在设计的时候就能获得多大的设计力。

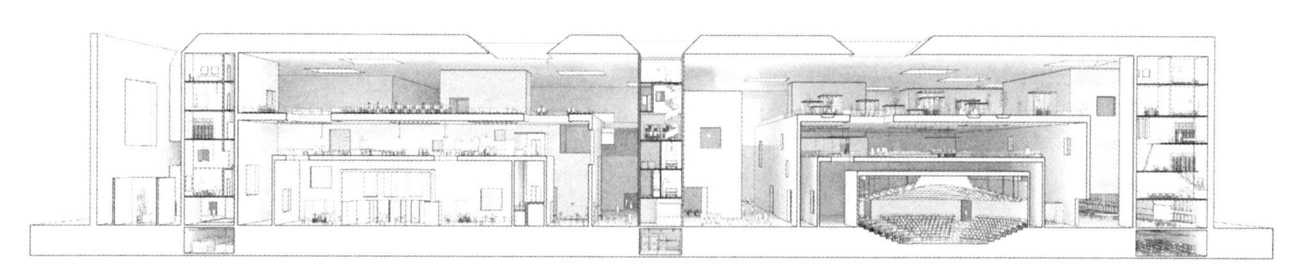

▲空间剖透视

FINAL
04 / 成果展示

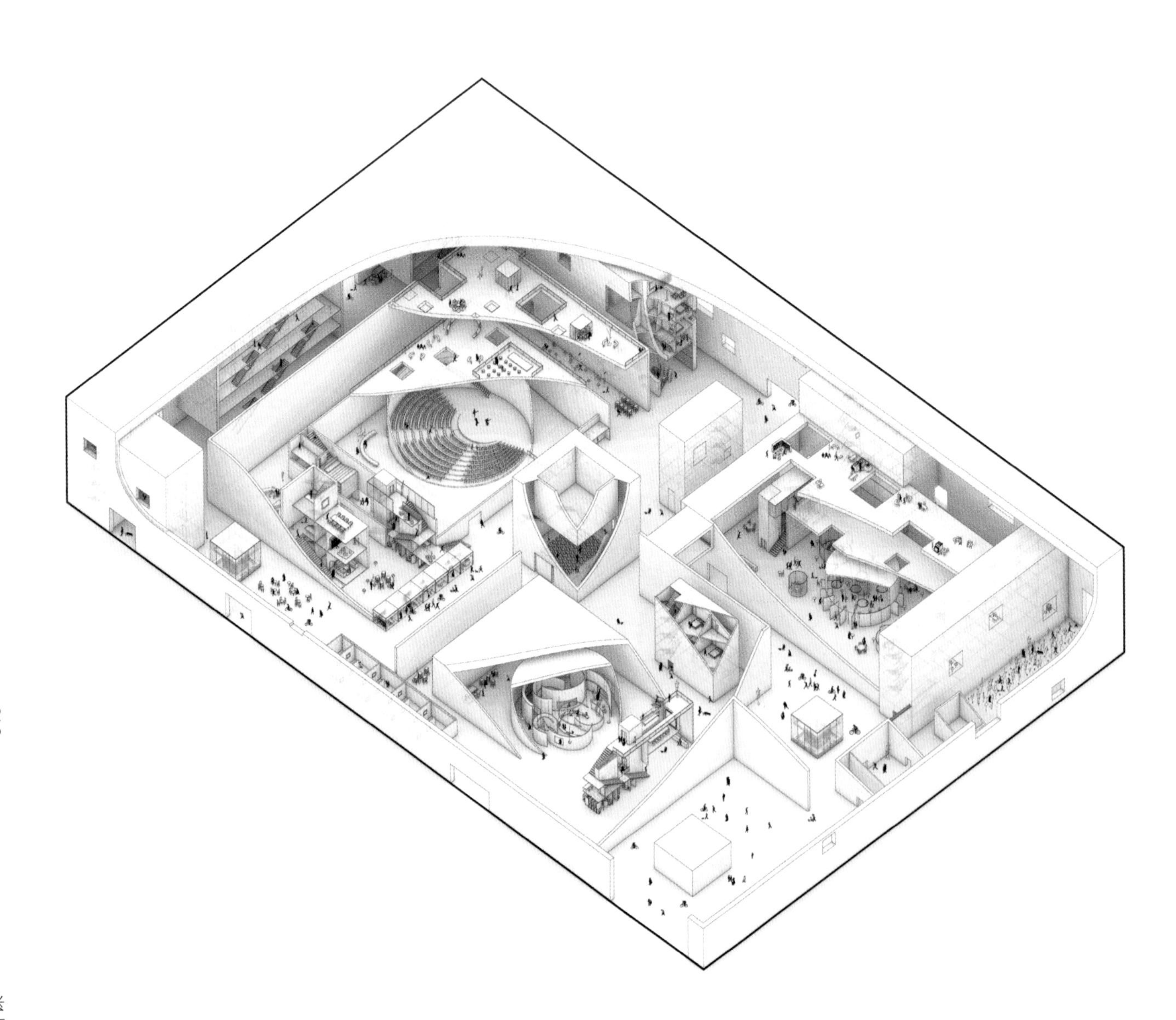

▲空间轴测

▲室内空间效果

REVIEW
05 / 学者点评

南京林业大学 耿涛

南京林业大学艺术设计学院室内设计系系主任、副教授，东南大学建筑学博士。
主要从事公共建筑、景观及室内空间设计，并聚焦设计媒介、设计方法及设计传播理论研究。

“胖” 设计课，这一选题很有库哈斯的调调，基本可以任意发挥，想要形成某种通约的注解很难，同时也没必要。照此逻辑，里昂 里昂负责抛出一个有趣命题，同学们尽情地展开诠释，并在具体设计中检验并呈现这种诠释的合法性，由此建立一种可供评判的体系。总体而言这是一个比较难的立论与论证过程，因为基本没有限制，限制条件得自己想。

作者对于方案的阐释的确“简单粗暴”，只言片语之后便直接抛出了理想中的“巨构”模型。尽管“决定性瞬间”被反复强调，但语焉不详的它却无力为整个立论提供系统性支持。仔细推敲的话，其实里面似乎还是缺失了一个能够串联起“决定性瞬间”的、基于对“胖”的分析和诠释而建立起来的基础“逻辑”，如果这个“逻辑”再能与现世建立起某种关联那就最理想不过了。

东南大学 唐芃

东南大学建筑学院副教授，硕士生导师，京都大学工学博士，日本建筑学会会员，《Frontier of Architectural Research》编委。
研究方向：基于数理分析和数字生成的历史街区风貌保护与环境更新。

从我的直觉来看，“胖”这个词，相对于“大”来说更加温暖，因此当把它作为城市与建筑的冗余空间，或者说一种交互空间的时候，仿佛可以带给我们更多的温情，更多的期待，仿佛“大白”的怀抱，在等我们扑上去体会一种不一样的柔软。

作品的场地以及命题，正是应了这样的文化背景与温情的需求。呈现出的结果是一个方形的俄罗斯套娃。层层叠叠的内里，想必应该藏着很多的“胖”。我希望看到更多的细节，来展现这些“胖”，应该要胖，要有足够的余地去容得下那些内心的依赖与感受。

POSTSCRIPT
后记

后 记

经过一年多的筹备、策划和编辑，凝聚了31位国外高校学习者、26位国内高校专家学者，以及6位编辑无数心血的《海外名校的建筑之道》，终于摆在了我的面前。

编撰过程的艰辛还历历在目，但此刻的心情只有感恩。

首先，感谢每一位作者，谢谢你们为本书立下的汗马功劳，也谢谢你们为后辈点亮的那一盏盏明灯！这些作者多数还是尚未毕业、迫于繁重课业、连正常睡眠都无法保证的在校学生，但以此为由推托或拖延写作任务的情况，一例都没有发生。能够容忍我们“吹毛求疵”又强迫症的修改意见的，对你们的感激之情，无以言表！

其次，要感谢每一位点评老师的无私奉献！这些老师们都是在分身乏术的情况下，依然为我们预留了充足的时间，按质按量地为每篇文章认真点评，容忍我们年轻团队的各种不成熟的建议和意见，精益求精地探讨和修正每一篇文章的最终定论。如此高质量的点评遂成为本书含金量的又一保证。

除此之外，本书的策划和编辑还得到了来自各方各界人士的鼓励和帮助。在此特别感谢东南大学建筑学院院长韩冬青老师，在还未看到书稿的情况下就提笔作序，自信自豪之情给予了我们完成本书的巨大动力。还有一众老师和同学，虽然你们的名字并不在书列之中，但我们必将带着各位的美好祝愿和殷切鼓励，踏踏实实地走下去。

最后要感谢的就是我们的自家人，建道设计团队中的每一位编辑人员。大家或是在读的学生，或是已经工作的设计师，都是在繁重的学习工作之余腾出自己的休息时间，争分夺秒地把握着编书的进度计划。因为有你们这样一群充满热情又自律可靠的伙伴，我们的建道设计才生机勃勃、前景繁荣。谢谢大家！

《海外名校的建筑之道》第二册已经开始紧密策划。我们将在第二册中深度挖掘其他常春藤大学、以及一些深藏不露的高端冷门建筑院校。如果你是我们公众号的忠实读者，请你持续关注我们；如果你是潜水的建筑系学霸，期待你的冒泡。我们期待这个系列能够将所有热爱建筑、热爱设计的小伙伴们召集在一起，我们欢迎所有对这个行业怀有憧憬和梦想的读者变身写手，向我们介绍你所在的专业。再次感谢你对我们的厚爱！

于美国普林斯顿